数学分析精选习题解析
(下册)

林源渠　编著

图书在版编目(CIP)数据

数学分析精选习题解析. 下册 / 林源渠编著. —北京：北京大学出版社，2016.10
ISBN 978-7-301-27603-7

Ⅰ. ①数… Ⅱ. ①林… Ⅲ. ①数学分析—高等学校—题解 Ⅳ. ①O17-44

中国版本图书馆 CIP 数据核字（2016）第 232056 号

书　　　名	数学分析精选习题解析（下册） SHUXUE FENXI JINGXUAN XITI JIEXI (XIA CE)
著作责任者	林源渠　编著
责 任 编 辑	潘丽娜
标 准 书 号	ISBN 978-7-301-27603-7
出 版 发 行	北京大学出版社
地　　　址	北京市海淀区成府路 205 号　100871
网　　　址	http://www.pup.cn　新浪官方微博：@北京大学出版社
电 子 信 箱	zpup@pup.cn
电　　　话	邮购部 62752015　发行部 62750672　编辑部 62752021
印 刷 者	三河市博文印刷有限公司
经 销 者	新华书店
	890 毫米×1240 毫米　A5　8.75 印张　224 千字 2016 年 10 月第 1 版　2023 年 5 月第 4 次印刷
定　　　价	28.00 元

未经许可，不得以任何方式复制或抄袭本书之部分或全部内容。
版权所有，侵权必究
举报电话：010-62752024　电子信箱：fd@pup.pku.edu.cn
图书如有印装质量问题，请与出版部联系，电话：010-62756370

内 容 简 介

本书是大学生学习"数学分析"课的辅导教材,分为上、下两册,共七章. 上册三章,内容包括:极限与连续,一元函数微分学,一元函数积分学;下册四章,内容包括:级数,多元函数微分学,多元函数积分学,典型综合题解析. 在每一节中,设有内容提要、典型例题解析. 通过精选的典型例题进行分析、讲解与评注,析疑解惑.

本书许多题的解法是吸取学生试卷中的想法演变而得的,特别是毕业于北京大学数学系的、国内外知名的当今青年数学家们在学生阶段的习题课上和各种测验中表现出来的睿智给本书增添了不可多得的精彩. 本书的另外一大特色是:辅导怎样"答"题的同时,还通过"敲条件,举反例"等方式引导学生如何"问"问题,就是如何给自己"提问题".

本书可作为综合大学、理工科大学、高等师范院校各专业大学生学习数学分析的学习辅导书. 对新担任数学分析课程教学任务的青年教师,本书是较好的教学参考书;对报考硕士研究生的大学生来说,也是考前复习的良师益友.

作者简介

林源渠 北京大学数学科学学院教授. 1965 年毕业于北京大学数学力学系,从事高等数学、数学分析、泛函分析、线性代数、渐近分析、数值分析、常微分方程、控制论等十余门课程的教学工作,研究方向为反应扩散方程. 在四十余年的高等数学、数学分析的教学工作中,作者对高等数学的解题思路、方法与技巧有深入研究,造诣颇深,有自己的特色. 参加编写的教材有《泛函分析讲义(上册)》《数值分析》《数学分析解题指南》《数学分析习题集》《高等数学精选习题解析》《泛函分析学习指南》等.

目 录

第四章 级数 ··· 1
  内容提要 ·· 1
    1. 级数 $\sum_{n=1}^{\infty} a_n$ 收敛的必要条件 ································· 1
    2. 柯西 (Cauchy) 收敛准则 ·· 1
    3. 调和级数 $\sum_{n=1}^{\infty} \frac{1}{n}$ ································· 1
    4. 收敛级数的性质 ··· 2
    5. 正项级数 ·· 2
    6. 正项级数的判别法 ··· 2
    7. 任意项级数 ·· 3
    8. 阿贝尔 (Abel) 判别法 ·· 3
    9. 狄利克雷 (Dirichlet) 判别法 ··· 4
    10. 绝对收敛与条件收敛 ··· 4
    11. 函数级数的概念 ·· 5
    12. 函数级数一致收敛的概念 ·· 5
    13. 函数级数一致收敛判别法 ·· 5
    14. 一致收敛函数级数性质 ··· 6
    15. 泰勒 (Taylor) 级数 ··· 7
    16. 傅里叶 (Fourier) 级数 ·· 7
  典型例题解析 ·· 9

第五章 多元函数微分学 ·· 72
  内容提要 ·· 72
    1. 极限与连续 ·· 72
    2. 偏导数与微分 ·· 73
    3. 中值公式 ·· 75
    4. 极值与普通极值 ·· 76

  5. 隐函数组存在定理与隐函数组的求导公式 ················· 76
  6. 条件极值 ·· 78
  7. λ 乘子法 ·· 78
  8. 隐函数微分的几何应用 ······································· 79
  9. 微分表达式的变量代换 ······································· 79
 典型例题解析 ·· 79

第六章 多元函数积分学 ·· 133
 内容提要 ··· 133
  1. 二重积分 ·· 133
  2. 三重积分 ·· 134
  3. 曲线积分与格林公式 ··· 136
  4. 曲面积分与高斯公式、斯托克斯公式 ···················· 138
  5. 广义重积分 ··· 140
  6. 含参变量的定积分与广义积分 ····························· 141
 典型例题解析 ·· 143

第七章 典型综合题解析 ·· 207

第四章 级 数

内 容 提 要

本章所考虑的数项级数都假定为实级数,即由实数项组成的无穷级数. 对于数项级数 $\sum_{n=1}^{\infty} a_n$,令

$$S_n = \sum_{k=1}^{n} a_k = a_1 + a_2 + \cdots + a_n,$$

称 S_n 为级数 $\sum_{n=1}^{\infty} a_n$ 的 n **项部分和**(简称项部分和).

若 $\lim_{n\to\infty} S_n = s$ 存在,则称级数 $\sum_{n=1}^{\infty} a_n$ 为收敛的,并称 s 为级数 $\sum_{n=1}^{\infty} a_n$ 的和,记为 $\sum_{n=1}^{\infty} a_n = s$; 若相反的情形,就称级数 $\sum_{n=1}^{\infty} a_n$ 为发散的.

1. 级数 $\sum_{n=1}^{\infty} a_n$ 收敛的必要条件

级数 $\sum_{n=1}^{\infty} a_n$ 收敛的必要条件是 $\lim_{n\to\infty} a_n = 0$.

2. 柯西 (Cauchy) 收敛准则

级数 $\sum_{n=1}^{\infty} a_n$ 收敛的充分必要条件是: $\forall \varepsilon > 0, \exists n_0 \in \mathbb{N}$, 使对一切满足条件 $m > n \geqslant n_0$ 的 m 和 n, 都有

$$\left|\sum_{k=n+1}^{m} a_k\right| < \varepsilon.$$

3. 调和级数 $\sum_{n=1}^{\infty} \dfrac{1}{n}$

调和级数 $\sum_{n=1}^{\infty} \dfrac{1}{n}$ 是发散的.

4. 收敛级数的性质

若级数 $\sum_{n=1}^{\infty} a_n$ 与 $\sum_{n=1}^{\infty} b_n$ 都收敛，则

① $\sum_{n=1}^{\infty} ca_n$ 收敛，且 $\sum_{n=1}^{\infty} ca_n = c\sum_{n=1}^{\infty} a_n$，其中 c 为任意实数；

② $\sum_{n=1}^{\infty} (a_n + b_n)$ 收敛，且 $\sum_{n=1}^{\infty} (a_n + b_n) = \sum_{n=1}^{\infty} a_n + \sum_{n=1}^{\infty} b_n$.

5. 正项级数

级数 $\sum_{n=1}^{\infty} a_n$ 称为非负的或正项的，是指对于每个 n，分别有 $a_n \geqslant 0$ 或 $a_n > 0$. 就非负级数而言，$\sum_{n=1}^{\infty} a_n < +\infty$ 意味着级数收敛，而 $\sum_{n=1}^{\infty} a_n = +\infty$ 意味着级数发散.

6. 正项级数的判别法

(1) 比较判别法.

设 $n \geqslant N$ 时，有 $0 \leqslant a_n \leqslant b_n$，那么，

$$\begin{cases} \sum_{n=1}^{\infty} b_n \text{ 收敛} \Rightarrow \sum_{n=1}^{\infty} a_n \text{收敛（"大头"收敛} \Rightarrow \text{"小头"收敛)}; \\ \sum_{n=1}^{\infty} a_n \text{ 发散} \Rightarrow \sum_{n=1}^{\infty} b_n \text{发散（"小头"发散} \Rightarrow \text{"大头"发散)}. \end{cases}$$

(2) 比较判别法的极限形式.

若 $\lim_{n \to \infty} \frac{a_n}{b_n} = k$，则

$$\begin{cases} \text{当} k = 0 \text{时}, \sum_{n=1}^{\infty} b_n \text{收敛} \Rightarrow \sum_{n=1}^{\infty} a_n \text{ 收敛}; \\ \text{当} k = +\infty \text{ 时}, \sum_{n=1}^{\infty} b_n \text{发散} \Rightarrow \sum_{n=1}^{\infty} a_n \text{ 发散}; \\ \text{当} k \neq 0, +\infty \text{时}, \sum_{n=1}^{\infty} a_n \text{与} \sum_{n=1}^{\infty} b_n \text{同敛散性}. \end{cases}$$

(3) 比值判别法.

给定级数 $\sum_{n=1}^{\infty} a_n, a_n > 0$，若 $\lim_{n \to \infty} \frac{a_{n+1}}{a_n} = k$，则

$$\begin{cases} \text{当} k < 1 \text{时}, \sum_{n=1}^{\infty} a_n \text{ 收敛}; \\ \text{当} k > 1 \text{时}, \sum_{n=1}^{\infty} a_n \text{ 发散}; \\ \text{当} k = 1 \text{时}, \sum_{n=1}^{\infty} a_n \text{ 可能收敛也可能发散 (此法失效)}. \end{cases}$$

(4) 根值判别法.

给定级数 $\sum_{n=1}^{\infty} a_n, a_n > 0$, 若 $\lim_{n \to \infty} \sqrt[n]{a_n} = k$, 则

$$\begin{cases} \text{当} k < 1 \text{时}, \sum_{n=1}^{\infty} a_n \text{ 收敛}; \\ \text{当} k > 1 \text{时}, \sum_{n=1}^{\infty} a_n \text{ 发散}; \\ \text{当} k = 1 \text{时}, \sum_{n=1}^{\infty} a_n \text{ 可能收敛也可能发散 (此法失效)}. \end{cases}$$

(5) 柯西积分判别法.

设 $f(x)$ 是定义在 $x > 1$ 上的非负、单调递减的连续函数, 记 $a_n = f(n)$, 则 $\sum_{n=1}^{\infty} a_n$ 与 $\int_{1}^{+\infty} f(x) \mathrm{d}x$ 同敛散性.

7. 任意项级数

有无穷多个正项和无穷多个负项的级数称为**任意项级数**. 特别地, $\sum_{n=1}^{\infty} (-1)^{n-1} a_n$, 其中 $a_n > 0$, 称为**交错级数**.

对于交错级数, 有下面的简单定理.

① **莱布尼兹 (Leibniz) 定理** 若交错级数 $\sum_{n=1}^{\infty} (-1)^{n-1} a_n$, 其中 $a_n > 0$, 满足 $a_n \geqslant a_{n+1}$, 且 $\lim_{n \to \infty} a_n = 0$, 则 $\sum_{n=1}^{\infty} (-1)^{n-1} a_n$ 收敛, 且 $\sum_{n=1}^{\infty} (-1)^{n-1} a_n \leqslant a_1$.

② (尾部决定性) 数项级数不会因为改变有限项的值而改变其敛散性.

8. 阿贝尔 (Abel) 判别法

若数列 $\{a_n\}, \{b_n\}$ 满足

① $\{b_n\}$ 是递减的正数数列;

② $\sum_{n=1}^{\infty} a_n$ 收敛,

则 $\sum_{n=1}^{\infty} a_n b_n$ 收敛.

9. 狄利克雷 (Dirichlet) 判别法

若数列 $\{a_n\}, \{b_n\}$ 满足

① $\{b_n\}$ 是递减数列, 且 $\lim_{n \to \infty} b_n = 0$;

② $\exists M$, 使得 $\left|\sum_{k=1}^{n} a_k\right| \leqslant M \, (n = 1, 2, \cdots)$,

则 $\sum_{n=1}^{\infty} a_n b_n$ 收敛.

10. 绝对收敛与条件收敛

设 $\sum_{n=1}^{\infty} u_n$ 为任意项级数, 若 $\sum_{n=1}^{\infty} |u_n|$ 收敛, 则称 $\sum_{n=1}^{\infty} u_n$ **绝对收敛**; 若 $\sum_{n=1}^{\infty} |u_n|$ 发散, 而 $\sum_{n=1}^{\infty} u_n$ 收敛, 则称 $\sum_{n=1}^{\infty} u_n$ **条件收敛**.

定理 $\sum_{n=1}^{\infty} |u_n|$ 收敛 $\Rightarrow \sum_{n=1}^{\infty} u_n$ 收敛.

收敛、绝对收敛、条件收敛、发散之间的关系如下:

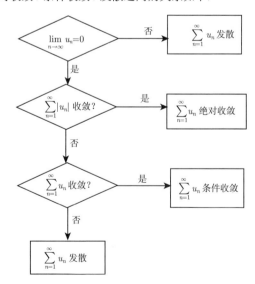

11. 函数级数的概念

形如 $\sum_{n=1}^{\infty} u_n(x)$ 的级数称为**函数项级数**，这里级数的项 $u_n(x)(n=1,2,\cdots)$ 都是某个变量的函数. 使级数 $\sum_{n=1}^{\infty} u_n(x)$ 收敛的 x 值的全体所组成的集合称为此级数的**收敛域**，而称函数 $s(x) = \lim\limits_{n\to\infty} \sum_{k=1}^{n} u_k(x)$ 为函数项级数 $\sum_{n=1}^{\infty} u_n(x)$ 的和，其中 x 属于这个级数的收敛域.

12. 函数级数一致收敛的概念

若函数序列 $\{f_n(x)\}$ 满足 $\lim\limits_{n\to\infty} f_n(x) = f(x)$ $(x \in X)$，且对 $\forall \varepsilon > 0$，$\exists N$，当 $n > N$ 时，有
$$|f_n(x) - f(x)| < \varepsilon, \quad x \in X,$$
则称函数序列 $\{f_n(x)\}$ 在 X 上**一致收敛**于 $f(x)$，记为 $f_n(x) \rightrightarrows f(x)$.

若记 $M_n = \sup\limits_{x \in X} |f_n(x) - f(x)|$，显然
$$f_n(x) \rightrightarrows f(x) \iff M_n \to 0 \, (n \to \infty).$$

若级数 $\sum_{n=1}^{\infty} u_n(x)$ 的部分和序列 $\{S_n(x)\}$ 在 X 上一致收敛，则称级数 $\sum_{n=1}^{\infty} u_n(x)$ 在 X 上**一致收敛**.

级数 $\sum_{n=1}^{\infty} u_n(x)$ 在 X 上一致收敛的充分必要条件为：$\forall \varepsilon > 0$，$\exists N$，当 $n > N$ 时，对 $\forall p \in \mathbb{N}$ 及 $x \in X$，有
$$\left| \sum_{k=n+1}^{n+p} u_k(x) \right| < \varepsilon.$$

13. 函数级数一致收敛判别法

(1) 魏尔斯特拉斯 (Weierstrass) 判别法 (M 判别法).

若 $|u_n(x)| \leqslant M_n$ ($\forall x \in X$)，且有 $\sum_{n=1}^{\infty} M_n < +\infty$，则 $\sum_{n=1}^{\infty} u_n(x)$ 在 X 上一致收敛.

(2) 狄利克雷 (Dirichlet) 判别法.

若
$$\left|\sum_{k=1}^{n} b_k(x)\right| \leqslant M, \quad \forall x \in X,$$

又 $\forall x \in X$, 序列 $\{u_n(x)\}$ 单调且 $u_n(x) \rightrightarrows 0$, 则 $\sum_{n=1}^{\infty} u_n(x) b_n(x)$ 在 X 上一致收敛.

(3) 阿贝尔 (Abel) 判别法.

若 $\sum_{n=1}^{\infty} b_n(x)$ 在 X 上一致收敛, 又 $\forall x \in X$, 序列 $\{u_n(x)\}$ 单调且 $|u_n(x)| \leqslant M$ $(\forall x \in X)$, 则 $\sum_{n=1}^{\infty} u_n(x) b_n(x)$ 在 X 上一致收敛.

(4) 阿贝尔 (Abel) 变换.

设 α_i, β_i $(i = 1, 2, \cdots, m)$ 是两组数, 令 $A_p = \sum_{i=1}^{p} \alpha_i$, $p = 1, 2, \cdots, m$, 则

$$\sum_{i=1}^{m} \alpha_i \beta_i = A_m \beta_m + \sum_{i=1}^{m-1} A_i (\beta_i - \beta_{i+1}).$$

(5) 狄尼 (Dini) 定理.

若连续函数列 $\{f_n(x)\}$ 在 $[a, b]$ 上收敛于连续函数 $f(x)$, 且 $\forall x \in [a, b]$, $\{f_n(x)\}$ 为单调数列, 则 $\{f_n(x)\}$ 在 $[a, b]$ 上一致收敛.

14. 一致收敛函数级数性质

若 $u_n(x) \in C[a, b]$ $(n = 1, 2, \cdots)$, $\sum_{n=1}^{\infty} u_n(x)$ 在 $[a, b]$ 上一致收敛, 则有

① 和函数连续定理:

$$S(x) = \sum_{n=1}^{\infty} u_n(x) \in C[a, b] \quad ([a, b] 换成 (a, b) 也对).$$

② 逐项积分定理:

$$\int_a^b S(x) \, \mathrm{d}x = \sum_{n=1}^{\infty} \int_a^b u_n(x) \, \mathrm{d}x.$$

③ 逐项微分定理:

若 $u'_n(x) \in C[a,b]$, $\sum_{n=1}^{\infty} u_n(x)$ 在 $[a,b]$ 上收敛, $\sum_{n=1}^{\infty} u'_n(x)$ 在 $[a,b]$ 上一致收敛, 则有

$$\left(\sum_{n=1}^{\infty} u_n(x)\right)' = \sum_{n=1}^{\infty} u'_n(x), \quad \forall x \in [a,b].$$

15. 泰勒 (Taylor) 级数

若函数 $f(x)$ 在点 x_0 处有各阶有穷导数, 则称级数

$$\sum_{n=0}^{\infty} \frac{f^{(n)}(x_0)}{n!}(x-x_0)^n$$

为 $f(x)$ 在 x_0 点的**泰勒 (Taylor) 级数**.

$f(x)$ 在区间 (x_0-R, x_0+R) 内等于它的 Taylor 级数的和函数的充分必要条件是: 对一切满足 $|x-x_0| < R$ 的 x 有

$$\lim_{n\to\infty} R_n(x) = 0, \quad 其中 R_n(x) 是 \text{ Taylor } 余项.$$

此时称 $f(x)$ 在 x_0 点的邻域内可展成 Taylor 级数, 即

$$f(x) = f(x_0) + \sum_{n=1}^{\infty} \frac{f^{(n)}(x_0)}{n!}(x-x_0)^n.$$

上式右端为 $f(x)$ 在 x_0 点的 **Taylor 展开式** 或 **幂级数展开式**.

在实际应用中, 为了简单起见, 取 $x_0 = 0$, 这时的 Taylor 级数

$$f(0) + \frac{f'(0)}{1!}x + \frac{f''(0)}{2!}x^2 + \cdots$$

称为**麦克劳林 (Maclaurin) 级数**.

应当注意的是, 一个函数的 Taylor 级数并不一定收敛, 并且即使收敛也不一定收敛于这个函数.

16. 傅里叶 (Fourier) 级数

(1) Fourier 级数的概念.

设 $f(x)$ 在 $[-\pi, \pi]$ 上可积, 三角级数

$$\frac{a_0}{2} + \sum_{n=1}^{\infty}(a_n \cos nx + b_n \sin nx),$$

其中

$$a_n = \frac{1}{\pi}\int_{-\pi}^{\pi} f(x)\cos nx\mathrm{d}x, \quad n = 0,1,2\cdots,$$
$$b_n = \frac{1}{\pi}\int_{-\pi}^{\pi} f(x)\sin nx\mathrm{d}x, \quad n = 1,2,3\cdots,$$

称为 $f(x)$ 的 Fourier 级数, 记为

$$f(x) \sim \frac{a_0}{2} + \sum_{n=1}^{\infty}(a_n\cos nx + b_n\sin nx).$$

(2) Fourier 级数的收敛性.

定理(狄利克雷 (Dirichlet) 定理) 设 $f(x)$ 是以 2π 为周期的周期函数, 如果它满足条件:

① 连续或只有有限个第一类间断点;

② 只有有限个极值点,

则 $f(x)$ 的 Fourier 级数在 $(-\infty, +\infty)$ 上收敛, 且

当 x 是 $f(x)$ 的连续点时, 级数收敛于 $f(x)$;

当 x 是 $f(x)$ 的间断点时, 级数收敛于 $\dfrac{f(x-0)+f(x+0)}{2}$;

当 x 为端点 $x = \pm\pi$ 时, 级数收敛于 $\dfrac{f(-\pi+0)+f(\pi-0)}{2}$.

(3) 奇、偶函数的 Fourier 级数.

设 $f(-x) = f(x)$, 则

$$b_n = 0, \quad n = 1,2,3\cdots,$$
$$a_n = \frac{2}{\pi}\int_0^{\pi} f(x)\cos nx\mathrm{d}x, \quad n = 0,1,2\cdots,$$

此时, 记为

$$f(x) \sim \frac{a_0}{2} + \sum_{n=1}^{\infty} a_n\cos nx.$$

由此可见, 偶函数的 Fourier 级数是余弦级数.

设 $f(-x) = -f(x)$, 则

$$a_n = 0, \quad n = 0,1,2,\cdots,$$
$$b_n = \frac{2}{\pi}\int_0^{\pi} f(x)\sin nx\mathrm{d}x, \quad n = 1,2,3\cdots,$$

此时, 记为

$$f(x) \sim \sum_{n=1}^{\infty} b_n\sin nx.$$

由此可见, 奇函数的 Fourier 级数是正弦级数.

典型例题解析

例 1 设正项级数 $\sum_{n=1}^{\infty} a_n$ 满足下述条件:

① $\sum_{k=1}^{n}(a_k - a_n)$ 对 n 有界,

② a_n 单调下降趋于零.

求证: $\sum_{n=1}^{\infty} a_n$ 收敛.

证明 记 $S_n = \sum_{k=1}^{n} a_k$, 并设 $\sum_{k=1}^{n}(a_k - a_n)$ 的上界为 M, 即

$$S_n - na_n \leqslant M.$$

这样, 只要证 $\{na_n\}$ 有界. 为此, 用反证法. 若 $\{na_n\}$ 无界, 则对 $\forall k$, $\exists n_k$, 使得 $n_k a_{n_k} > k$. 但 a_n 单调下降趋于零, 所以当 $m > n_k$ 充分大时, 必有

$$a_m < \frac{k}{2n_k}.$$

于是

$$\sum_{k=1}^{m}(a_k - a_m) = \left(\sum_{k=1}^{n_k} + \sum_{k=n_k}^{m}\right)(a_k - a_m) \geqslant \sum_{k=1}^{n_k}(a_k - a_m).$$

又因为 $a_1 \geqslant a_2 \geqslant \cdots \geqslant a_{n_k} > \dfrac{k}{n_k}$, 所以

$$\sum_{k=1}^{n_k}(a_k - a_m) > \sum_{k=1}^{n_k}\left(\frac{k}{n_k} - \frac{k}{2n_k}\right) = \frac{k}{2},$$

即 $\sum_{k=1}^{m}(a_k - a_m) > \dfrac{k}{2}$. 这样由 k 的任意性知 $\sum_{k=1}^{m}(a_k - a_m)$ 无界, 而这与已知条件矛盾. 因而 $\{na_n\}$ 有界. 故 $\sum_{n=1}^{\infty} a_n$ 收敛.

例 2 设 $a_n \neq 0$ $(n=1,2,\cdots)$，且 $\lim\limits_{n\to\infty} a_n = a$ $(a \neq 0)$. 求证：级数 $\sum\limits_{n=1}^{\infty} |a_n - a_{n+1}|$ 与 $\sum\limits_{n=1}^{\infty} \left|\dfrac{1}{a_{n+1}} - \dfrac{1}{a_n}\right|$ 同时敛散.

证明 设 $u_n = |a_n - a_{n+1}|$，$v_n = \left|\dfrac{1}{a_{n+1}} - \dfrac{1}{a_n}\right|$. 显然，$\sum\limits_{n=1}^{\infty} u_n$，$\sum\limits_{n=1}^{\infty} v_n$ 均为正项级数，且

$$\lim_{n\to\infty} \frac{u_n}{v_n} \qquad\qquad a^2$$
$$\| \qquad\qquad\qquad \|$$
$$\lim_{n\to\infty} \frac{|a_n - a_{n+1}|}{\left|\dfrac{1}{a_{n+1}} - \dfrac{1}{a_n}\right|} = \lim_{n\to\infty} |a_{n+1} a_n|$$

从此 U 形等式串的两端即知

$$\lim_{n\to\infty} \frac{u_n}{v_n} = a^2 \neq 0.$$

因此，$\sum\limits_{n=1}^{\infty} u_n$ 与 $\sum\limits_{n=1}^{\infty} v_n$ 同时敛散，即 $\sum\limits_{n=1}^{\infty} |a_n - a_{n+1}|$ 与 $\sum\limits_{n=1}^{\infty} \left|\dfrac{1}{a_{n+1}} - \dfrac{1}{a_n}\right|$ 同时敛散.

例 3 设级数 $\sum\limits_{n=1}^{\infty} a_n$ 收敛，$a_n > 0$，且 $\{a_n - a_{n+1}\}$ 单调递减. 求证：$\{a_n\}$ 单调递减，且

$$\lim_{n\to\infty} \left(\frac{1}{a_{n+1}} - \frac{1}{a_n}\right) = +\infty.$$

证明 由级数收敛的必要条件知，$\lim\limits_{n\to\infty} a_n = 0$，从而 $\lim\limits_{n\to\infty} (a_n - a_{n+1}) = 0$，又已知 $\{a_n - a_{n+1}\}$ 单调递减，所以 $a_n - a_{n+1} \geqslant 0$，即 $\{a_n\}$ 单调递减.

为了证明

$$\lim_{n\to\infty} \left(\frac{1}{a_{n+1}} - \frac{1}{a_n}\right) = +\infty,$$

只需证

$$\lim_{n\to\infty} \frac{a_n a_{n+1}}{a_n - a_{n+1}} = 0.$$

事实上, 由 $\sum_{n=1}^{\infty} a_n$ 收敛, $a_n > 0$, 知 $\sum_{n=1}^{\infty} a_n^2$ 收敛, 从而

$$\sum_{k=n}^{\infty} \left(a_k^2 - a_{k+1}^2\right) = a_n^2.$$

于是, 由 $\{a_n\}$ 的单调性得

$$
\begin{array}{ccc}
0 & & 0 \\
\wedge\!\! | & & \uparrow (n \to \infty) \\
\dfrac{a_n a_{n+1}}{a_n - a_{n+1}} & & \sum_{k=n}^{\infty}(a_k + a_{k+1}) \\
\wedge\!\! | & & \| \\
\dfrac{a_n^2}{a_n - a_{n+1}} & & \sum_{k=n}^{\infty} \dfrac{a_k^2 - a_{k+1}^2}{a_k - a_{k+1}} \\
\| & & \vee\!\! | \\
\dfrac{\sum_{k=n}^{\infty}\left(a_k^2 - a_{k+1}^2\right)}{a_n - a_{n+1}} & \!\!-\!\! & \sum_{k=n}^{\infty} \dfrac{a_k^2 - a_{k+1}^2}{a_n - a_{n+1}}
\end{array}
$$

从此 U 形等式–不等式串的两端即知

$$0 \leqslant \frac{a_n a_{n+1}}{a_n - a_{n+1}} \leqslant \sum_{k=n}^{\infty}(a_k + a_{k+1}) \to 0, \quad n \to \infty.$$

根据夹逼准则, 即知

$$\lim_{n \to \infty} \frac{a_n a_{n+1}}{a_n - a_{n+1}} = 0.$$

例 4 若级数 $\sum_{n=1}^{\infty} n(a_n - a_{n-1})$ 收敛且 $\lim_{n \to \infty} n a_n$ 存在. 求证: $\sum_{n=0}^{\infty} a_n$ 收敛.

证明 令 $\sigma_n = \sum_{k=1}^{n} k(a_k - a_{k-1})$, $S_n = \sum_{k=0}^{n-1} a_k$, 则

$$\underset{\substack{\|\\ \sum_{k=1}^{n}\{[ka_k-(k-1)a_{k-1}]-a_{k-1}\}}}{\sigma_n} = \underset{\substack{\|\\ na_n - \sum_{k=1}^{n} a_{k-1}}}{na_n - S_n}$$

从此 U 形等式串的两端即知

$$\sigma_n = na_n - S_n.$$

故有 $\lim_{n\to\infty} S_n = \lim_{n\to\infty} na_n - \lim_{n\to\infty} \sigma_n$ 存在, 即 $\sum_{n=0}^{\infty} a_n$ 收敛.

例 5 设 $\{a_n\}$ 是递增有界正数列. 求证: $\sum_{n=1}^{\infty}\left(1 - \frac{a_n}{a_{n+1}}\right)$ 收敛.

证明 设 $0 < a_n \leqslant M$ $(n=1,2,\cdots)$, 有

$$\underset{\substack{\|\\ \sum_{k=1}^{n}\left(1-\frac{a_k}{a_{k+1}}\right)\\ \|\\ \sum_{k=1}^{n} a_k\left(\frac{1}{a_k}-\frac{1}{a_{k+1}}\right)}}{S_n} \qquad \underset{\substack{\frac{M}{a_1}\\ \vee\!\!/\\ M\left(\frac{1}{a_1}-\frac{1}{a_{n+1}}\right)\\ \|\\ \leqslant \quad M\sum_{k=1}^{n}\left(\frac{1}{a_k}-\frac{1}{a_{k+1}}\right)}}{}$$

从此 U 形等式-不等式串的两端即知

$$S_n \leqslant \frac{M}{a_1}.$$

由于 $\sum_{n=1}^{\infty}\left(1 - \frac{a_n}{a_{n+1}}\right)$ 是正项级数, 今已证其部分和有界, 故级数 $\sum_{n=1}^{\infty}\left(1 - \frac{a_n}{a_{n+1}}\right)$ 收敛.

例 6 求证: $\int_0^\pi \dfrac{\sin x}{x}dx > \int_0^{+\infty} \dfrac{\sin x}{x}dx.$

证明 令 $x = (n-1)\pi + t$, $u_n = \int_0^\pi \dfrac{\sin t}{(n-1)\pi + t}dt$, 则有

$$\int_0^{+\infty} \dfrac{\sin x}{x}dx \qquad \sum_{n=1}^\infty (-1)^{n+1} u_n$$
$$\| \qquad\qquad\qquad\qquad \|$$
$$\sum_{n=1}^\infty \int_{(n-1)\pi}^{n\pi} \dfrac{\sin x}{x}dx = \sum_{n=1}^\infty \int_0^\pi \dfrac{\sin t}{(n-1)\pi + t}dt$$

从此 U 形等式串的两端即知

$$\int_0^{+\infty} \dfrac{\sin x}{x}dx = \sum_{n=1}^\infty (-1)^{n+1} u_n. \tag{1}$$

注意到, $u_n > u_{n+1} > 0$, 而且

$$0 < u_n \leqslant \int_0^\pi \dfrac{\sin t}{(n-1)\pi}dt = \dfrac{2}{\pi(n-1)}.$$

由极限的夹逼准则, 即知

$$\lim_{n\to\infty} u_n = 0.$$

故交错级数 $\sum_{n=1}^\infty (-1)^{n+1} u_n$ 收敛, 且其和不超过 u_1. 由 (1) 式即有

$$\int_0^{+\infty} \dfrac{\sin x}{x}dx < u_1 = \int_0^\pi \dfrac{\sin x}{x}dx.$$

例 7 求证: $\sum_{k=1}^\infty x^k (1-x)^2$ 在 $[0,1]$ 上一致收敛.

证明 设 $f_n(x) = x^n (1-x)^2$, 则

$$f_n'(x) = (n+2)x^{n-1}(1-x)\left(\dfrac{n}{n+2} - x\right) \begin{cases} > 0, & x < \dfrac{n}{n+2}, \\ = 0, & x = \dfrac{n}{n+2}, \\ < 0, & x > \dfrac{n}{n+2}. \end{cases}$$

点 $x = \dfrac{n}{n+2}$ 是函数 $f_n(x)$ 的唯一极值点, 并且是极大点, 从而达到函数的最大值. 于是当 $x \in [0,1]$ 时, 有

$$\begin{array}{ccc} x^n(1-x)^2 & & \left(\dfrac{2}{n+2}\right)^2 \\ \wedge & & \vee \\ \left(\dfrac{n}{n+2}\right)^n \cdot \left(1-\dfrac{n}{n+2}\right)^2 & = & \left(\dfrac{n}{n+2}\right)^n \left(\dfrac{2}{n+2}\right)^2 \end{array}$$

从此 U 形等式–不等式串的两端即知

$$x^n(1-x)^2 \leqslant \left(\dfrac{2}{n+2}\right)^2, \quad x \in [0,1].$$

而数项级数 $\sum\limits_{n=1}^{\infty} \left(\dfrac{2}{n+2}\right)^2$ 收敛, 根据 M 判别法, $\sum\limits_{n=1}^{\infty} x^n(1-x)^2$ 在 $[0,1]$ 上一致收敛. 见示意图 4.1.

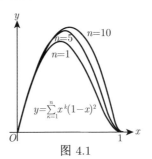

图 4.1

例 8   判断序列 $f_n(x) = \dfrac{nx}{1+n^2x^2}$ $(n=1,2,\cdots)$ 在 $[0,1]$ 上的一致收敛性.

解   因为对 $\forall x \in [0,1]$, 有

$$0 \leqslant f_n(x) = \dfrac{1}{2n} \cdot \dfrac{2nx}{1+n^2x^2} \leqslant \dfrac{1}{2n},$$

所以对 $\forall x \in [0,1]$, $\lim\limits_{n \to \infty} f_n(x) = 0$. 但是 $f_n\left(\dfrac{1}{n}\right) = \dfrac{1}{2}$, 并且 $f_n(x)$ 在点 $\dfrac{1}{n}$ 处达到它的最大值 $\left(\text{即 } \dfrac{1}{2}\right)$. 故在 $[0,1]$ 上, $f_n(x)$ 不一致收敛于 0.

评注 在本例中，$f_n(x)$ 不仅在 $\dfrac{1}{n}$ 处达到它的最大值，而且在那里也有局部极大值. 这样，我们可以说 $f_n(x)$ 在 $\dfrac{1}{n}$ 处有峰，且峰的高度是 $\dfrac{1}{2}$. 峰随着 n 增大，并向点 $x=0$ 转移. 见示意图 4.2.

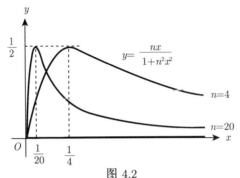

图 4.2

例 9 判断序列 $f_n(x) = \left(\dfrac{\sin x}{x}\right)^n, n=1,2,\cdots$ 在 $(0,1)$ 上的一致收敛性.

解 因为当 $0 < x < 1$ 时，$0 < \dfrac{\sin x}{x} < 1$，所以
$$f_n(x) \to 0, \quad n \to \infty.$$

取 $x_n = \dfrac{1}{n} \in (0,1)$，则有

$$
\begin{array}{ccc}
\lim\limits_{n\to\infty} f_n(x_n) & & 1 \\
\| & & \| \\
\lim\limits_{n\to\infty} \left(\dfrac{\sin\frac{1}{n}}{\frac{1}{n}}\right)^n & & e^{\lim\limits_{y\to 0^+}\frac{\sin y - y}{y^2}} \\
\| & & \| \\
\lim\limits_{y\to 0^+} \left(\dfrac{\sin y}{y}\right)^{\frac{1}{y}} & = & \lim\limits_{y\to 0^+} \left(1 + \dfrac{\sin y}{y} - 1\right)^{\frac{y}{\sin y - y} \cdot \frac{\sin y - y}{y^2}}
\end{array}
$$

从此 U 形等式串的两端即知
$$\lim_{n\to\infty} f_n(x_n) = 1.$$

所以只要取 $\varepsilon_0 = \dfrac{1}{2}$, 当 n 充分大时, 就有

$$|f_n(x_n)| > \frac{1}{2} = \varepsilon_0.$$

因此, $f_n(x)$ 在 $(0,1)$ 上不一致收敛. 见示意图 4.3.

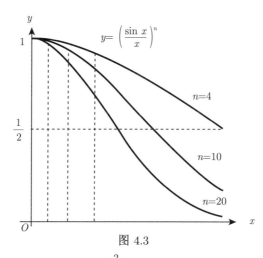

图 4.3

例 10 设 $f_n(x) = \dfrac{n^2 x}{1 + n^3 x^2}$, $0 \leqslant x \leqslant 1$, $n = 1, 2, \cdots$. 求证: $\{f_n(x)\}$ 不一致收敛, 但是它的极限函数是连续函数.

证明 当 $x = 0$ 时, $f_n(0) = 0$, 故 $\lim\limits_{n \to \infty} f_n(x) = 0$; 当 $x \neq 0$ 时,

$$0 \leqslant f_n(x) \leqslant \frac{1}{nx} \to 0, \quad n \to \infty.$$

所以

$$\lim_{n \to \infty} f_n(x) = 0, \quad 0 \leqslant x \leqslant 1,$$

即 $f_n(x)$ 的极限函数是 0, 当然是连续函数. 下证 $\{f_n(x)\}$ 在 $[0,1]$ 上不一致收敛于零. 为此, 只要证明对于任何正数 M, 在 $x = 0$ 的附近总可以选取 x 及正整数 n, 使得 $f_n(x) > M$. 因为

$$f_n'(x) = \frac{n^2(1 - n^3 x^2)}{(n^3 x^2 + 1)^2} \begin{cases} > 0, & x < n^{-\frac{3}{2}}, \\ = 0, & x = n^{-\frac{3}{2}}, \\ < 0, & x > n^{-\frac{3}{2}}, \end{cases}$$

所以点 $x = n^{-\frac{3}{2}}$ 是函数 $f_n(x)$ 的唯一极值点, 并且是极大点, 从而达到函数的最大值, 即
$$f_n(x_n) = \frac{1}{2}\sqrt{n}.$$
由此可见, 当 n 充分大时, 就有 $f_n(x_n) > M$. 因此 $\{f_n(x)\}$ 在 $[0,1]$ 上不一致收敛于零. 见示意图 4.4.

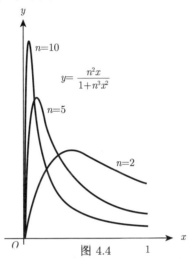

图 4.4

例 11 设 $0 < \alpha < \dfrac{\pi}{2}$. 求证:

① $\sum\limits_{n=1}^{\infty} x^n \left(1 - \dfrac{2x}{\pi}\right)^n \tan^n x$ 在 $[0, \alpha]$ 上一致收敛;

② 若 $S(x) = \sum\limits_{n=1}^{\infty} x^n \left(1 - \dfrac{2x}{\pi}\right)^n \tan^n x$, 则 $\lim\limits_{x \to \frac{\pi}{2}^-} S(x) = +\infty$.

证明 ① 记 $f(x) = x\left(1 - \dfrac{2x}{\pi}\right)\tan x$, 可以证明 $f(x)$ 在 $\left(0, \dfrac{\pi}{2}\right)$ 上单调增加. 事实上, 令
$$g(x) = x\left(1 - \dfrac{2x}{\pi}\right) - \cot x, \quad x \in \left(0, \dfrac{\pi}{2}\right).$$
则因为
$$g'(x) = \csc^2 x + 1 - \dfrac{4}{\pi}x > 0, \quad x \in \left(0, \dfrac{\pi}{2}\right),$$

所以 $g(x)$ 在 $\left(0, \dfrac{\pi}{2}\right)$ 上单调增加, 从而 $f(x) = 1 + g(x)\tan x$ 也单调增加. 又

$$\lim_{x \to 0^+} f(x) = 0, \quad \lim_{x \to \frac{\pi}{2}^-} f(x) = 1,$$

但已证 $f(x)$ 在 $\left(0, \dfrac{\pi}{2}\right)$ 上单调增加, 故有

$$0 < f(x) < 1, \quad x \in \left(0, \dfrac{\pi}{2}\right).$$

特别对 $\forall x \in [0, \alpha]$,

$$f(x) \leqslant f(\alpha) = r < 1, \quad 0 < \alpha < \dfrac{\pi}{2}.$$

因为 $\sum\limits_{n=1}^{\infty} r^n$ 收敛, 由 M 判别法, 所以 $\sum\limits_{n=1}^{\infty} x^n \left(1 - \dfrac{2x}{\pi}\right)^n \tan^n x$ 在 $[0, \alpha]$ 上一致收敛.

② 因为

$$S(x) = \sum_{n=1}^{\infty} x^n \left(1 - \dfrac{2x}{\pi}\right)^n \tan^n x = \dfrac{f(x)}{1 - f(x)},$$

所以

$$\lim_{x \to \frac{\pi}{2}^-} S(x) = \lim_{x \to \frac{\pi}{2}^-} \dfrac{f(x)}{1 - f(x)} = +\infty.$$

例 12 给定函数列 $f_n(x) = \dfrac{x(\ln n)^\alpha}{n^x}, n = 2, 3, 4 \cdots$, 试问当 α 为何值时, 成立:

① $\{f_n(x)\}$ 在 $[0, +\infty)$ 上收敛;

② $\{f_n(x)\}$ 在 $[0, +\infty)$ 上一致收敛.

解 ① 当 $x = 0$ 时, $f_n(0) = 0$, 故 $f_n(0) \to 0 \ (n \to \infty)$; 当 $x > 0$ 时, 对 $\forall \alpha \in \mathbb{R}$,

$$f_n(x) = \dfrac{x(\ln n)^\alpha}{n^x} = x\mathrm{e}^{-x \ln n}(\ln n)^\alpha \to 0, \quad n \to \infty.$$

故 α 为任何实数值时, $\{f_n(x)\}$ 在 $[0, +\infty)$ 上收敛.

② 因为

$$f_n'(x) = \frac{(\ln n)^\alpha (n^x - x n^x \ln n)}{n^{2x}} = \frac{(\ln n)^{\alpha+1}\left(\frac{1}{\ln n} - x\right)}{n^x},$$

所以

$$f_n'(x) \begin{cases} > 0, & x < \dfrac{1}{\ln n}, \\ = 0, & x = \dfrac{1}{\ln n}, \\ < 0, & x > \dfrac{1}{\ln n}. \end{cases}$$

因此, $f_n(x)$ 在点 $x = \dfrac{1}{\ln n}$ 处达到极大值. 又因为

$$f_n(0) = 0, \quad \lim_{x \to +\infty} f_n(x) = 0,$$

故当 $x \in [0, +\infty)$ 时, $f_n(x)$ 在点 $x = \dfrac{1}{\ln n}$ 处达到最大值. 再注意到, $n^{\frac{1}{\ln n}} = \mathrm{e}^{\ln n \cdot \frac{1}{\ln n}} = \mathrm{e}$, 我们有

$$f_n\left(\frac{1}{\ln n}\right) = \frac{(\ln n)^{\alpha-1}}{n^{\frac{1}{\ln n}}} = \frac{1}{\mathrm{e}}(\ln n)^{\alpha-1}.$$

由此可知, 当 $\alpha \leqslant 1$ 时, $\left\{f_n\left(\dfrac{1}{\ln n}\right)\right\}$ 收敛; 当 $\alpha > 1$ 时, $\left\{f_n\left(\dfrac{1}{\ln n}\right)\right\}$ 发散到 $+\infty$. 故当 $\alpha \leqslant 1$ 时, $\{f_n(x)\}$ 在 $[0, +\infty)$ 上一致收敛; 当 $\alpha > 1$ 时, $\{f_n(x)\}$ 在 $[0, +\infty)$ 上不一致收敛.

例 13 设正数序列 $\{a_n\}_{n \geqslant 0}$, 满足 $\sqrt{a_1} \geqslant \sqrt{a_0} + 1$, 并且对 $\forall n \in \mathbb{N}$, 有

$$\left|a_{n+1} - \frac{a_n^2}{a_{n-1}}\right| \leqslant 1.$$

求证: 数列 $\left\{\dfrac{a_{n+1}}{a_n}\right\}$ 收敛, 并且数列 $\left\{\dfrac{a_n}{\theta^n}\right\}$ 也收敛, 其中 $\theta = \lim\limits_{n \to \infty} \dfrac{a_{n+1}}{a_n}$.

证明 首先用数学归纳法证明:

$$\frac{a_{n+1}}{a_n} \geqslant 1 + \frac{1}{\sqrt{a_0}}. \tag{1}$$

当 $n = 0$ 时, 因为
$$\sqrt{a_1} \geqslant \sqrt{a_0} + 1 \Rightarrow a_1 \geqslant a_0 + 2\sqrt{a_0} + 1,$$
所以
$$\frac{a_1}{a_0} \geqslant 1 + \frac{2}{\sqrt{a_0}} + \frac{1}{a_0} > 1 + \frac{1}{\sqrt{a_0}}.$$
为书写简便, 记 $\alpha = 1 + \dfrac{1}{\sqrt{a_0}}$. 假定 (1) 式对 $n \leqslant m$ 成立, 那么我们有
$$a_k > \alpha^k a_0, \quad 1 \leqslant k \leqslant m+1. \tag{2}$$
再利用条件
$$\left| a_{n+1} - \frac{a_n^2}{a_{n-1}} \right| \leqslant 1, \quad \forall n \in \mathbb{N},$$
我们有

$$\left| \frac{a_{m+2}}{a_{m+1}} - \frac{a_1}{a_0} \right| \qquad \sum_{k=1}^{m+1} \frac{1}{a_k}$$
$$\wedge \qquad\qquad \vee$$
$$\sum_{k=1}^{m+1} \left| \frac{a_{k+1}}{a_k} - \frac{a_k}{a_{k-1}} \right| = \sum_{k=1}^{m+1} \frac{1}{a_k} \left| a_{k+1} - \frac{a_k^2}{a_{k-1}} \right|$$

从此 U 形等式-不等式串的两端即知
$$\left| \frac{a_{m+2}}{a_{m+1}} - \frac{a_1}{a_0} \right| \leqslant \sum_{k=1}^{m+1} \frac{1}{a_k}. \tag{3}$$
又由 (2) 式, 有

$$\sum_{k=1}^{m+1} \frac{1}{a_k} \qquad\qquad \frac{1}{\sqrt{a_0}}$$
$$\wedge \qquad\qquad \|$$
$$\frac{1}{a_0} \sum_{k=1}^{m+1} \alpha^{-k} \quad < \quad \frac{1}{a_0(\alpha - 1)}$$

从此 U 形不等式串的两端即知
$$\sum_{k=1}^{m+1} \frac{1}{a_k} < \frac{1}{\sqrt{a_0}}.$$

于是
$$\left|\frac{a_{m+2}}{a_{m+1}} - \frac{a_1}{a_0}\right| \leqslant \frac{1}{\sqrt{a_0}}.$$

因此

$$\begin{array}{ccc} \dfrac{a_{m+2}}{a_{m+1}} & & 1 + \dfrac{1}{\sqrt{a_0}} \\ \vee & & \wedge \\ \dfrac{a_1}{a_0} - \dfrac{1}{\sqrt{a_0}} & \geqslant & 1 + \dfrac{2}{\sqrt{a_0}} + \dfrac{1}{a_0} - \dfrac{1}{\sqrt{a_0}} \end{array}$$

从此 U 形等式–不等式串的两端即知

$$\frac{a_{m+2}}{a_{m+1}} > 1 + \frac{1}{\sqrt{a_0}}.$$

这意味着, 不等式 (1) 对 $n = m+1$ 也成立.

设 $p > q$ 是任意正整数, 用与上面同样的估计方法, 有

$$\left|\frac{a_{p+1}}{a_p} - \frac{a_{q+1}}{a_q}\right| \leqslant \sum_{k=q+1}^{p} \left|\frac{a_{k+1}}{a_k} - \frac{a_k}{a_{k-1}}\right| \leqslant \sum_{k=q+1}^{p} \frac{1}{a_k}.$$

而

$$\sum_{k=q+1}^{p} \frac{1}{a_k} < \frac{1}{a_q} \sum_{k=1}^{p-q} \frac{1}{\alpha^k} < \frac{\sqrt{a_0}}{a_q}.$$

由 (2) 式知 $a_q \to \infty, n \to \infty$. 于是

$$\left|\frac{a_{p+1}}{a_p} - \frac{a_{q+1}}{a_q}\right| < \frac{\sqrt{a_0}}{a_q}. \tag{4}$$

这意味着数列 $\left\{\dfrac{a_{n+1}}{a_n}\right\}$ 是 Cauchy 序列, 从而收敛. 在不等式 (4) 中, 令 $p \to \infty$, 得到

$$\left|\theta - \frac{a_{q+1}}{a_q}\right| \leqslant \frac{\sqrt{a_0}}{a_q},$$

上式两边同乘以 $\dfrac{a_q}{\theta^{q+1}}$, 我们有

$$\left|\frac{a_{q+1}}{\theta^{q+1}} - \frac{a_q}{\theta^q}\right| < \frac{\sqrt{a_0}}{\theta^{q+1}}.$$

这意味着 $\left\{\dfrac{a_n}{\theta^n}\right\}$ 也是 Cauchy 序列, 从而也收敛.

例 14 求证: $\displaystyle\sum_{n=1}^{\infty} na_n$ 收敛 $\Rightarrow \displaystyle\sum_{n=1}^{\infty} a_n$ 收敛.

证明 令 $b_n = a_1 + 2a_2 + \cdots + na_n$, 则有

$$b_q = a_1 + 2a_2 + \cdots + qa_q,$$
$$b_{q-1} = a_1 + 2a_2 + \cdots + (q-1)a_{q-1},$$
$$b_q - b_{q-1} = qa_q \Rightarrow a_q = \frac{b_q - b_{q-1}}{q}.$$

因为 $\displaystyle\sum_{n=1}^{\infty} na_n$ 收敛, 所以它的部分和有界, 设 $|b_n| \leqslant M$. 对 $\forall \varepsilon > 0$ 及任意整数 $p > q > \dfrac{2M}{\varepsilon}$, 我们有

$$\left| \begin{matrix} \displaystyle\sum_{n=q}^{p} a_n \\ \| \\ \dfrac{b_q - b_{q-1}}{q} \\ + \dfrac{b_{q+1} - b_q}{q+1} \\ + \cdots \\ + \dfrac{b_p - b_{p-1}}{p} \end{matrix} \right| = \left| \begin{matrix} \dfrac{2M}{q} \\ \vee \\ \dfrac{-b_{q-1}}{q} \\ + \left(\dfrac{1}{q} - \dfrac{1}{q+1}\right) b_q \\ + \cdots \\ + \left(\dfrac{1}{p-1} - \dfrac{1}{p}\right) b_{p-1} \\ + \dfrac{b_p}{p} \end{matrix} \right|$$

从此 U 形等式-不等式串的两端即知

$$\sum_{n=q}^{p} a_n \leqslant \frac{2M}{q} < \varepsilon.$$

根据柯西收敛准则, $\displaystyle\sum_{n=1}^{\infty} a_n$ 收敛.

例 15 设 $\{a_n\}$ 是一串实数列, 且 $\sum_{n=1}^{\infty} \dfrac{a_n}{n}$ 收敛. 求证:

$$\lim_{n\to\infty} \frac{1}{n} \sum_{k=1}^{n} a_k = 0.$$

证明 设 $\sum_{n=1}^{\infty} \dfrac{a_n}{n}$ 的和为 s, 即

$$\lim_{n\to\infty} \left(\frac{a_1}{1} + \frac{a_2}{2} + \cdots + \frac{a_n}{n}\right) = s.$$

记

$$\varepsilon_n = \frac{a_1}{1} + \frac{a_2}{2} + \cdots + \frac{a_n}{n} - s, \quad \sigma_n = \frac{a_1 + a_2 + \cdots + a_n}{n}.$$

现在已知 $\lim\limits_{n\to\infty} \varepsilon_n = 0$, 要证的是 $\lim\limits_{n\to\infty} \sigma_n = 0$. 下面用数学归纳法证明:

$$\sigma_n = \frac{s}{n} - \frac{\varepsilon_1 + \varepsilon_2 + + \cdots + \varepsilon_{n-1}}{n} + \varepsilon_n. \tag{1}$$

当 $n=1$ 时, $\sigma_1 = a_1$, $\varepsilon_1 = a_1 - s$, 则

(1) 式的左边 $\sigma_1 = a_1$;

(1) 式的右边 $s + \varepsilon_1 = s + (a_1 - s) = a_1$.

故当 $n=1$ 时, (1) 式成立. 今假定当 $n=m$ 时, (1) 式成立, 即

$$\sigma_m = \frac{s}{m} - \frac{\varepsilon_1 + \varepsilon_2 + + \cdots + \varepsilon_{m-1}}{m} + \varepsilon_m.$$

注意到,

$$\varepsilon_m = \frac{a_1}{1} + \frac{a_2}{2} + \cdots + \frac{a_m}{m} - s,$$

$$\varepsilon_{m+1} = \frac{a_1}{1} + \frac{a_2}{2} + \cdots + \frac{a_m}{m} + \frac{a_{m+1}}{m+1} - s,$$

我们有

$$\frac{a_{m+1}}{m+1} = \varepsilon_{m+1} - \varepsilon_m.$$

于是

$$\begin{array}{ccc}
\sigma_{m+1} & & \dfrac{s}{m+1} - \dfrac{\varepsilon_1+\varepsilon_2++\cdots+\varepsilon_m}{m+1}+\varepsilon_{m+1} \\
\| & & \| \\
\dfrac{(a_1+a_2+\cdots+a_m)+a_{m+1}}{m+1} & & \dfrac{m}{m+1}\left(\dfrac{s}{m}-\dfrac{\varepsilon_1+\varepsilon_2++\cdots+\varepsilon_m}{m}+\dfrac{\varepsilon_m}{m}+\varepsilon_m\right) \\
& & -\varepsilon_m+\varepsilon_{m+1} \\
\| & & \| \\
\dfrac{m}{m+1}\sigma_m+\dfrac{a_{m+1}}{m+1} & = & \dfrac{m}{m+1}\left(\dfrac{s}{m}-\dfrac{\varepsilon_1+\varepsilon_2++\cdots+\varepsilon_{m-1}}{m}+\varepsilon_m\right) \\
& & +\varepsilon_{m+1}-\varepsilon_m
\end{array}$$

从此 U 形等式串的两端即知

$$\sigma_{m+1}=\frac{s}{m+1}-\frac{\varepsilon_1+\varepsilon_2++\cdots+\varepsilon_m}{m+1}+\varepsilon_{m+1}.$$

故当 $n=m+1$ 时, (1) 式成立. 最后, (1) 式显然蕴涵 $\lim\limits_{n\to\infty}\sigma_n=0$.

例 16 设 $f_n(x)$ 为定义在 $[a,b]$ 上的函数列, 如果存在某一个 $x_0\in[a,b]$, 数列 $\{f_n(x_0)\}$ 收敛, 且对任意的 $n, f_n'(x)$ $(n=1,2,\cdots)$ 在 $[a,b]$ 上连续, $\{f_n'(x)\}$ 在 $[a,b]$ 上一致收敛. 求证: 函数列 $\{f_n(x)\}$ 在 $[a,b]$ 上一致收敛.

证明 记 $v(x)=f_n(x)-f_m(x)$, 因为数列 $\{f_n(x_0)\}$ 收敛, 所以对 $\forall \varepsilon>0, \exists N_1$, 当 $n,m>N_1$ 时, 有

$$|v(x_0)|<\frac{\varepsilon}{2}.$$

又因为 $\{f_n'(x)\}$ 在 $[a,b]$ 上一致收敛, 故对上述 $\varepsilon>0, \exists N_2$, 当 $n,m>N_2$ 时, 有

$$|v'(x)|<\frac{\varepsilon}{2(b-a)}.$$

又因为 $f_n'(x)$ $(n=1,2,\cdots)$ 在 $[a,b]$ 上连续, 故对 $\forall x\in[a,b]$, 函数 $v(x)$ 在以 x_0 与 x 为端点所构成的区间上, 满足微分中值定理的条件, 从而有

$$v(x)=v(x_0)+v'(\xi)(x-x_0), \quad \text{其中}\xi \text{ 位于}x\text{与}x_0\text{之间}.$$

取 $N = \max\{N_1, N_2\}$，当 $n, m > N$ 时，对 $\forall x \in [a,b]$，有

$$\underset{|v(x_0)| + |v'(\xi)||x - x_0|}{\overset{|v(x)|}{\wedge}} < \underset{\Vert}{\frac{\varepsilon}{2}} + \frac{\varepsilon}{2(b-a)} \cdot (b-a)$$

从此 U 形等式-不等式串的两端即知

$$|v(x)| < \varepsilon, \quad 即 \quad |f_n(x) - f_m(x)| < \varepsilon.$$

故函数列 $\{f_n(x)\}$ 在 $[a,b]$ 上一致收敛.

例 17 证明：① $\int_0^1 x^{-x} \mathrm{d}x = \sum_{n=1}^{\infty} n^{-n}$；

② $\int_0^1 x^n \left(\ln \frac{1}{x}\right)^n \mathrm{d}x = \frac{n!}{(n+1)^{n+1}}.$

证明 ① 因为

$$x^{-x} = \mathrm{e}^{-x\ln x} = 1 + \sum_{n=1}^{\infty} (-1)^n \frac{x^n \ln^n x}{n!}, \tag{1}$$

以及 $|x\ln x|\ (0 < x \leqslant 1)$ 的最大值为 $\dfrac{1}{\mathrm{e}}$，所以

$$\left|(-1)^n \frac{x^n \ln^n x}{n!}\right| \leqslant \frac{\mathrm{e}^{-n}}{n!}.$$

而 $\sum_{n=1}^{\infty} \dfrac{\mathrm{e}^{-n}}{n!}$ 收敛，故函数项级数 $\sum_{n=1}^{\infty} (-1)^n \dfrac{x^n \ln^n x}{n!}$ 一致收敛，从而

$$\int_0^1 x^{-x} \mathrm{d}x = \int_0^1 1 \mathrm{d}x + \int_0^1 \sum_{n=1}^{\infty} (-1)^n \frac{x^n \ln^n x}{n!} \mathrm{d}x$$
$$= 1 + \sum_{n=1}^{\infty} (-1)^n \frac{1}{n!} \int_0^1 x^n \ln^n x \mathrm{d}x.$$

进一步用分部积分法得

$$\int_0^1 x^n \ln^n x \mathrm{d}x \qquad\qquad \frac{(-1)^n n!}{(n+1)^{n+1}}$$
$$\shortparallel \qquad\qquad\qquad\qquad \shortparallel$$
$$-\frac{n}{n+1}\int_0^1 x^n \ln^{n-1} x \mathrm{d}x \qquad\qquad \vdots$$
$$\shortparallel \qquad\qquad\qquad\qquad \shortparallel$$
$$\frac{n(n-1)}{(n+1)^2}\int_0^1 x^n \ln^{n-2} x \mathrm{d}x = \frac{-n(n-1)(n-2)}{(n+1)^3}\int_0^1 x^n \ln^{n-3} x \mathrm{d}x$$

从此 U 形等式串的两端即知

$$\int_0^1 x^n \ln^n x \mathrm{d}x = \frac{(-1)^n n!}{(n+1)^{n+1}}. \tag{2}$$

联合 (1), (2) 两式即得

$$\int_0^1 x^{-x}\mathrm{d}x \qquad\qquad \sum_{n=1}^\infty n^{-n}$$
$$\shortparallel \qquad\qquad\qquad\qquad \shortparallel$$
$$1+\sum_{n=1}^\infty \frac{(-1)^n}{n!}\int_0^1 x^n \ln^n x \mathrm{d}x = 1+\sum_{n=1}^\infty \frac{1}{(n+1)^{n+1}}$$

从此 U 形等式串的两端即知

$$\int_0^1 x^{-x}\mathrm{d}x = \sum_{n=1}^\infty n^{-n}.$$

② 因为

$$\int_0^1 x^n \left(\ln \frac{1}{x}\right)^n \mathrm{d}x = \int_0^1 x^n (-\ln x)^n \mathrm{d}x$$
$$= \int_0^1 (-1)^n x^n \ln^n x \mathrm{d}x,$$

应用第①小题中的等式 (2), 即得

$$\int_0^1 x^n \left(\ln \frac{1}{x}\right)^n \mathrm{d}x = (-1)^n \cdot \frac{(-1)^n n!}{(n+1)^{n+1}}$$
$$= \frac{n!}{(n+1)^{n+1}}.$$

例 18 试确定 $\sum\limits_{n=1}^{\infty} \dfrac{x^n}{1+x^{2n}}$ 的收敛区域和一致收敛区域.

解 先考虑收敛区域:

当 $x=1$ 时, $\dfrac{x^n}{1+x^{2n}} = \dfrac{1}{2} \nrightarrow 0$, 故此时 $\sum\limits_{n=1}^{\infty} \dfrac{x^n}{1+x^{2n}}$ 发散;

当 $|x|<1$ 时, $\left|\dfrac{x^n}{1+x^{2n}}\right| \leqslant |x|^n$, 故此时 $\sum\limits_{n=1}^{\infty} \dfrac{x^n}{1+x^{2n}}$ 收敛;

当 $|x|>1$ 时, $\left|\dfrac{x^n}{1+x^{2n}}\right| \leqslant \dfrac{1}{|x|^n}$, 故此时 $\sum\limits_{n=1}^{\infty} \dfrac{x^n}{1+x^{2n}}$ 收敛.

综合之, $\sum\limits_{n=1}^{\infty} \dfrac{x^n}{1+x^{2n}}$ 的收敛区域是 $(-\infty,-1) \cup (-1,1) \cup (1,+\infty)$.

再考虑一致收敛区域. 从升级收敛区域入手, 当 $|x|<1$ 时, $\left|\dfrac{x^n}{1+x^{2n}}\right| \leqslant |x|^n$, 此时保证了 $\sum\limits_{n=1}^{\infty} \dfrac{x^n}{1+x^{2n}}$ 收敛, 但是不能保证 $\sum\limits_{n=1}^{\infty} \dfrac{x^n}{1+x^{2n}}$ 一致收敛. 为此, 只要指出对某个 $\varepsilon_0>0$, 可求得 $x_0 \in (-1,1)$, 对任意的 N, 使得 $|x_0^N|<1$, 但是 $\left|\dfrac{x_0^N}{1+x_0^{2N}}\right| > \varepsilon_0$ 即可, 这时 $\sum\limits_{n=1}^{\infty} \dfrac{x^n}{1+x^{2n}}$ 在 $(-1,1)$ 上不收敛. 从而 $\sum\limits_{n=1}^{\infty} \dfrac{x^n}{1+x^{2n}}$ 在 $(-1,1)$ 上不一致收敛.

事实上, 令 $f(x) = \dfrac{x}{1+x^2}$, $g(x) = f(1-x)$, 如图 4.5 所示, 则有

$$\begin{cases} f(x) < g(x), & 0 < x < \dfrac{1}{2}, \\ f(x) = g(x) = 0.4, & x = \dfrac{1}{2}, \\ f(x) > g(x), & \dfrac{1}{2} < x < 1. \end{cases}$$

如取 $\varepsilon_0 = 0.4$, 可求得 $x_1 \in \left(0, \dfrac{1}{2}\right)$, 使得对任意的 N,

$$g(x_1^N) > 0.4.$$

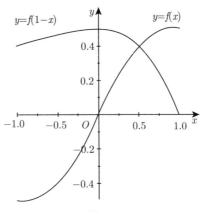

图 4.5

设 $x_0 \in \left(\dfrac{1}{2}, 1\right)$, 使得 $x_0^N = 1 - x_1^N \in \left(\dfrac{1}{2}, 1\right)$, 则有

$$f\left(x_0^N\right) = g\left(1 - x_0^N\right) = g\left(x_1^N\right) > 0.4, \quad x_0 \in \left(\dfrac{1}{2}, 1\right) \subset (-1, 1).$$

由此可见,

$$f\left(x_0^n\right) \nrightarrow 0, \quad n \to \infty.$$

于是 $\sum\limits_{n=1}^{\infty} \dfrac{x^n}{1+x^{2n}}$ 在 $(-1, 1)$ 上不一致收敛. 同理 $\sum\limits_{n=1}^{\infty} \dfrac{x^n}{1+x^{2n}}$ 在 $(-\infty, -1)$ 和 $(1, +\infty)$ 上都不一致收敛.

对任意的 $0 < \delta_1, \delta_2, \delta_3 < 1$, 因为

$$|f(x^n)| \leqslant \begin{cases} \dfrac{1}{(1+\delta_1)^n}, & x \in (-\infty, -1-\delta_1), \\ \dfrac{1}{(1-\delta_2)^n}, & x \in (-1+\delta_2, 1-\delta_2), \\ \dfrac{1}{(1+\delta_3)^n}, & x \in (1+\delta_3, +\infty), \end{cases}$$

所以一致收敛区域为

$$(-\infty, -1-\delta_1) \cup (-1+\delta_2, 1-\delta_2) \cup (1+\delta_3, +\infty).$$

例 19 求证: $\sum\limits_{n=1}^{\infty} \dfrac{n^2}{\sqrt{n!}} \left(x^n + x^{-n}\right)$ 在 $\dfrac{1}{2} \leqslant |x| \leqslant 2$ 上一致收敛.

证明 令 $f(x) = x^n + x^{-n}$, 则

$$f'(x) = nx^{-n-1}\left(x^{2n} - 1\right) \begin{cases} < 0, & \dfrac{1}{2} \leqslant x < 1, \\ > 0, & 1 < x \leqslant 2. \end{cases}$$

故 $f(x)$ 在 $\left[\dfrac{1}{2}, 1\right)$ 上递减, 在 $(1, 2]$ 上递增. 又 $f\left(\dfrac{1}{2}\right) = f(2) = 2^n + 2^{-n}$, 故当 $\dfrac{1}{2} \leqslant x \leqslant 2$ 时,

$$\max |f(x)| = \max f(x) = 2^n + 2^{-n}.$$

容易验证, $|f(-x)| = |f(x)|$, 故当 $-2 \leqslant x \leqslant -\dfrac{1}{2}$ 时,

$$\max |f(x)| = 2^n + 2^{-n}.$$

总之, 当 $\dfrac{1}{2} \leqslant |x| \leqslant 2$ 时, $\max|f(x)| = 2^n + 2^{-n}$. 因此,

$$\begin{array}{ccc} |u_n(x)| & & \dfrac{n^2 2^{n+1}}{\sqrt{n!}} \\ \| & & \vee \\ \left|\dfrac{n^2}{\sqrt{n!}}(x^n + x^{-n})\right| & \leqslant & \dfrac{n^2}{\sqrt{n!}}\left(2^n + \dfrac{1}{2^n}\right) \end{array}$$

从此 U 形等式–不等式串的两端即知

$$|u_n(x)| < \dfrac{n^2 2^{n+1}}{\sqrt{n!}}.$$

令 $a_n = \dfrac{n^2 2^{n+1}}{\sqrt{n!}}$, 则有

$$\dfrac{a_{n+1}}{a_n} = \dfrac{2}{\sqrt{n+1}}\left(1 + \dfrac{1}{n}\right)^2 \leqslant \dfrac{8}{\sqrt{n+1}}.$$

故有 $\lim\limits_{n \to \infty} \dfrac{a_{n+1}}{a_n} = 0$. 由比值判别法知, 级数 $\sum\limits_{n=1}^{\infty} a_n = \sum\limits_{n=1}^{\infty} \dfrac{n^2 2^{n+1}}{\sqrt{n!}}$ 收敛, 故由 M 判别法知, 级数 $\sum\limits_{n=1}^{\infty} \dfrac{n^2}{\sqrt{n!}}(x^n + x^{-n})$ 在 $\dfrac{1}{2} \leqslant |x| \leqslant 2$ 上一

致收敛.

例 20 设 $a_n > 0$ $(n = 1, 2, \cdots)$, 且 $\sum_{n=1}^{\infty} a_n$ 发散, 又设 $S_n = \sum_{k=1}^{n} a_k$. 求证: $\sum_{n=1}^{\infty} \dfrac{a_n}{S_n}$ 发散.

证明 因为 $\sum_{n=1}^{\infty} a_n$ 发散, 即 $\lim_{n \to \infty} S_n = +\infty \, (n \to \infty)$. 令 $u_n = \dfrac{a_n}{S_n}$. 根据柯西收敛原理, 要证 $\sum_{n=1}^{\infty} u_n$ 发散, 只要证 $\exists \varepsilon_0 > 0$, 对 $\forall N \in \mathbb{N}$,

$$\left| \sum_{k=N+1}^{N+p} u_k \right| > \varepsilon_0, \quad \text{其中 } p \text{ 为某充分大的正整数}.$$

事实上, 对 $\varepsilon_0 = \dfrac{1}{2}$, 我们有

$$\begin{array}{ccc} \left| \displaystyle\sum_{k=N+1}^{N+p} u_k \right| & & \dfrac{S_{N+p} - S_N}{S_{N+p}} = 1 - \dfrac{S_N}{S_{N+p}} \\ \| & & \| \\ \displaystyle\sum_{k=N+1}^{N+p} \dfrac{a_k}{S_k} & > & \displaystyle\sum_{k=N+1}^{N+p} \dfrac{a_k}{S_{N+p}} \end{array}$$

从此 U 形等式–不等式串的两端即知

$$\left| \sum_{k=N+1}^{N+p} u_k \right| > 1 - \dfrac{S_N}{S_{N+p}}. \tag{1}$$

又因为 $\lim_{p \to \infty} \dfrac{S_N}{S_{N+p}} = 0$, 所以 $\exists P \in \mathbb{N}$, 使得

$$\left| \dfrac{S_N}{S_{N+p}} \right| < \dfrac{1}{2}, \quad \text{只要} \quad p > P.$$

于是由 (1) 式, 即得

$$\left| \sum_{k=N+1}^{N+p} u_k \right| > \dfrac{1}{2}, \quad \text{只要} \quad p > P.$$

因此, 根据柯西收敛原理, $\sum_{n=1}^{\infty} \dfrac{a_n}{S_n} = \sum_{n=1}^{\infty} u_n$ 发散.

例 21 判别级数 $\sum_{n=2}^{\infty} \dfrac{\sin\left(2\pi\sqrt{n^2+1}\right)}{(\ln n)^p}$ $(p>0)$ 的敛散性.

解 因为

$$\dfrac{\sin\left(2\pi\sqrt{n^2+1}\right)}{(\ln n)^p} \qquad \dfrac{\pi}{n(\ln n)^p}$$

$$\| \qquad\qquad \wr$$

$$\dfrac{\sin\left(2\pi\sqrt{n^2+1}-2\pi n\right)}{(\ln n)^p} = \dfrac{\sin\dfrac{2\pi}{\sqrt{n^2+1}+n}}{(\ln n)^p}$$

从此 U 形等式–不等式串的两端即知

$$\dfrac{\sin\left(2\pi\sqrt{n^2+1}\right)}{(\ln n)^p} \sim \dfrac{\pi}{n(\ln n)^p}.$$

所以用积分判别法, 易知当 $p>1$ 时, 原级数收敛; 当 $0<p\leqslant 1$ 时, 原级数发散.

例 22 设 $\{f_n(x)\}$ 是定义在 $[a,b]$ 上的连续函数列, 且 $f_n(x)$ 一致收敛于 $f(x)$. 若 $\{x_n\} \subset [a,b]$, $x_n \to x_0\ (n\to\infty)$, 求证:

$$\lim_{n\to\infty} f_n(x_n) = f(x_0).$$

证明 $\forall \varepsilon>0$, 由于 $f_n(x) \rightrightarrows f(x)$, 故 $\exists N_1$, 使得当 $n>N_1$ 时, 对 $\forall x \in [a,b]$, 有

$$|f_n(x)-f(x)| < \dfrac{\varepsilon}{2},$$

特别地

$$|f_n(x_n)-f(x_n)| < \dfrac{\varepsilon}{2}.$$

又由 $f_n(x) \rightrightarrows f(x)$ 知 $f(x)$ 在 $[a,b]$ 上连续, 即 $\exists \delta>0$, 使得当 $|x-x_0|<\delta$ 时,

$$|f(x)-f(x_0)| < \dfrac{\varepsilon}{2}.$$

所以当 $|x - x_0| < \delta$ 时,有

$$|f_n(x_n) - f(x_0)| \qquad \varepsilon$$
$$\wedge \qquad\qquad =$$
$$|f_n(x_n) - f(x_n)|$$
$$+ \qquad\qquad < \frac{\varepsilon}{2} + \frac{\varepsilon}{2}$$
$$|f(x_n) - f(x_0)|$$

从此 U 形等式-不等式串的两端即知

$$|f_n(x_n) - f(x_0)| < \varepsilon.$$

故 $\lim\limits_{n \to \infty} f_n(x_n) = f(x_0)$.

例 23 ① 研究函数 $f(x) = \sum\limits_{n=0}^{\infty} \dfrac{1}{2^n + x}$ 在 $[0, +\infty)$ 上的连续性、一致连续性、可微性与单调性.

② 求证: $f(x) \sim \dfrac{\ln(1 + 2x)}{x \ln 2} \, (x \to +\infty)$.

解 ① 因为 $\left|\dfrac{1}{2^n + x}\right| \leqslant \dfrac{1}{2^n}$,而 $\sum\limits_{n=0}^{\infty} \dfrac{1}{2^n}$ 收敛,所以 $\sum\limits_{n=0}^{\infty} \dfrac{1}{2^n + x}$ 在 $[0, +\infty)$ 上一致收敛,且 $\dfrac{1}{2^n + x}$ 在 $[0, +\infty)$ 上连续,所以 $f(x) = \sum\limits_{n=0}^{\infty} \dfrac{1}{2^n + x}$ 在 $[0, +\infty)$ 上连续. 对 $\forall \varepsilon > 0$,取 $\delta = \dfrac{3}{4}\varepsilon$,当 $|x_1 - x_2| < \delta$,且 $x_1, x_2 \in [0, +\infty)$ 时,

$$|f(x_1) - f(x_2)| \qquad\qquad \varepsilon$$
$$= \qquad\qquad\qquad \vee$$
$$\left|\sum\limits_{n=0}^{\infty} \dfrac{1}{2^n + x_1} - \sum\limits_{n=0}^{\infty} \dfrac{1}{2^n + x_2}\right| \qquad \dfrac{4}{3}|x_1 - x_2|$$
$$\wedge \qquad\qquad\qquad =$$
$$\sum\limits_{n=0}^{\infty} \dfrac{|x_1 - x_2|}{(2^n + x_1)(2^n + x_2)} \leqslant |x_1 - x_2| \sum\limits_{n=0}^{\infty} \dfrac{1}{2^{2n}}$$

从此 U 形等式-不等式串的两端即知

$$|f(x_1) - f(x_2)| < \varepsilon, \quad \text{只要} \quad |x_1 - x_2| < \delta.$$

所以 $f(x) = \sum_{n=0}^{\infty} \frac{1}{2^n + x}$ 在 $[0, +\infty)$ 上一致连续. 又 $\frac{1}{2^n + x}$ 在 $[0, +\infty)$ 上可微, 则有
$$\left(\frac{1}{2^n + x}\right)' = -\frac{1}{(x+2^n)^2}.$$
又因为 $\sum_{n=0}^{\infty}\left|\frac{1}{(x+2^n)^2}\right| \leqslant \sum_{n=0}^{\infty} \frac{1}{2^{2n}}$ 收敛, 所以 $-\sum_{n=0}^{\infty} \frac{1}{(x+2^n)^2}$ 一致收敛, 因此 $f(x) = \sum_{n=0}^{\infty} \frac{1}{2^n + x}$ 在 $[0, +\infty)$ 上可微. 记 $F(x) = -\sum_{n=0}^{\infty} \frac{1}{(x+2^n)^2}$, 则有 $f'(x) = F(x)$. 因为 $F(x) < 0$, 所以 $f(x)$ 单调递减.

② 因为 $f(x) = \sum_{n=0}^{\infty} \frac{1}{2^n + x}$ 在 $[0, +\infty)$ 上一致收敛, 所以
$$\int_x^{2x} f(u)\, \mathrm{d}u = \sum_{n=0}^{\infty} \int_x^{2x} \frac{\mathrm{d}u}{2^n + u} \tag{1}$$
$$= \lim_{m \to \infty} \sum_{n=0}^{m} \ln \frac{2^n + 2x}{2^n + x}.$$

进一步,
$$\sum_{n=0}^{m} \ln \frac{2^n + 2x}{2^n + x} \qquad\qquad \ln(1+2x) + \ln \frac{2^m}{2^m + x}$$
$$\parallel \qquad\qquad\qquad\qquad \parallel$$
$$\ln \frac{1+2x}{1+x} + \sum_{n=1}^{m} \ln \frac{2^n + 2x}{2^n + x} \qquad \ln \frac{1+2x}{1+x} + m\ln 2 - \ln \frac{2^m + x}{1+x}$$
$$\parallel \qquad\qquad\qquad\qquad \parallel$$
$$\ln \frac{1+2x}{1+x} + \sum_{n=1}^{m} \ln 2 \frac{2^{n-1} + x}{2^n + x} = \ln \frac{1+2x}{1+x} + m\ln 2 - \sum_{n=1}^{m} \ln \frac{2^n + x}{2^{n-1} + x}$$

从此 U 形等式串的两端即知
$$\sum_{n=0}^{m} \ln \frac{2^n + 2x}{2^n + x} = \ln(1+2x) + \ln \frac{2^m}{2^m + x}. \tag{2}$$

联立 (1), (2) 两式得
$$\int_x^{2x} f(u)\, \mathrm{d}u = \ln(1+2x). \tag{3}$$

又因为 e^t 单调增加，$xf(x)$ 单调增加，故 $\mathrm{e}^t f(\mathrm{e}^t)$ 单调增加，所以

$$xf(x)\ln 2 \quad\quad\quad 2xf(2x)\ln 2$$
$$\wedge | \quad\quad\quad\quad\quad | \vee$$
$$\int_x^{2x} f(u)\,\mathrm{d}u \stackrel{u=\mathrm{e}^t}{=\!=\!=} \int_{\ln x}^{\ln 2x} \mathrm{e}^t f(\mathrm{e}^t)\,\mathrm{d}t$$

从此 U 形等式–不等式串的两端即知

$$xf(x)\ln 2 \leqslant \int_x^{2x} f(u)\,\mathrm{d}u \leqslant 2xf(2x)\ln 2. \tag{4}$$

又

$$f(2x) = \sum_{n=0}^{\infty} \frac{1}{2^n + 2x} \quad\quad\quad \frac{1}{1+2x} + \frac{1}{2}f(x)$$
$$\|\quad\quad\quad\quad\quad\quad\quad\quad\quad\quad \|$$
$$\frac{1}{1+2x} + \frac{1}{2}\sum_{n=1}^{\infty} \frac{1}{2^{n-1}+x} = \frac{1}{1+2x} + \frac{1}{2}\sum_{k=0}^{\infty} \frac{1}{2^k+x}$$

从此 U 形等式串的两端即知

$$f(2x) = \frac{1}{1+2x} + \frac{1}{2}f(x). \tag{5}$$

联合 (3), (4), (5) 三式, 得

$$xf(x)\ln 2 \leqslant \ln(1+2x) \leqslant x\left(\frac{2}{1+2x} + f(x)\right)\ln 2,$$

即

$$0 \leqslant \ln(1+2x) - xf(x)\ln 2 \leqslant \frac{2x\ln 2}{1+2x}.$$

两边同除以 $\ln(1+2x)$, 得

$$0 \leqslant 1 - \frac{xf(x)\ln 2}{\ln(1+2x)} \leqslant \frac{2x\ln 2}{(1+2x)\ln(1+2x)}.$$

又 $\lim\limits_{x\to+\infty} \dfrac{2x\ln 2}{(1+2x)\ln(1+2x)} = 0$, 所以根据极限的两边夹逼准则, 得

$$\lim_{x\to+\infty} \frac{xf(x)\ln 2}{\ln(1+2x)} = 1,$$

即
$$f(x) \sim \frac{\ln(1+2x)}{x\ln 2}, \quad x \to +\infty.$$

例 24 设对每个自然数 n,$f_n(x)$ 为 $[a,b]$ 上的单调函数,$\{f_n(x)\}$ 收敛于连续函数 $f(x)$. 求证: $\{f_n(x)\}$ 必在 $[a,b]$ 上一致收敛.

证明 因为 $f(x)$ 在 $[a,b]$ 上连续,所以 $f(x)$ 在 $[a,b]$ 上一致连续,可分割 $[a,b]$,使 $f(x)$ 在每个子区间上的振幅小于 $\dfrac{\varepsilon}{2}$. 因为分点是有限个,故存在 N,使当 $n > N$ 时,对所有分点 x_j,有

$$|f_n(x_j) - f(x_j)| < \frac{\varepsilon}{2}.$$

由 $f_n(x)$ 的单调性知,当 $x \in [x_j, x_{j+1}]$ 时,有

$$|f_n(x) - f(x)| \leqslant \max\{|f_n(x_j) - f(x)|, |f_n(x_{j+1}) - f(x)|\},$$

而

$$\begin{array}{ccc} |f_n(x_j) - f(x)| & & \varepsilon \\ \wedge & & \| \\ |f_n(x_j) - f(x_j)| & & \\ + & < & \dfrac{\varepsilon}{2} + \dfrac{\varepsilon}{2} \\ |f(x_j) - f(x)| & & \end{array}$$

从此 U 形等式-不等式串的两端即知

$$|f_n(x_j) - f(x)| < \varepsilon.$$

因为 $\forall x \in [a,b]$,总要属于某一子区间 $[x_j, x_{j+1}]$,故 $\{f_n(x)\}$ 在 $[a,b]$ 上一致收敛.

例 25 (狄尼 (Dini) 定理) 设 $\{f_n(x)\}$ 是在 $[a,b]$ 上收敛的连续函数列,并且在 $[a,b]$ 上有

$$f_n(x) \leqslant f_{n+1}(x), \quad n = 1, 2, \cdots.$$

求证:若 $f_n(x)$ 的极限函数 $f(x)$ 在 $[a,b]$ 上连续,则序列 $\{f_n(x)\}$ 在 $[a,b]$ 上一致收敛.

分析 因为 $f_n(x) \leqslant f_{n+1}(x) \leqslant \cdots \leqslant f(x)$, 记 $g_n(x) = f(x) - f_n(x)$, 则 $g_n(x)$ 在 $[a,b]$ 上连续, 并对 $\forall x \in [a,b]$, 有

$$g_n(x) \searrow 0, \quad n \to \infty.$$

要证 $g_n(x) \rightrightarrows 0$.

证明 **法一** $\forall \varepsilon > 0, \forall x_0 \in [a,b], \exists N_0$, 使得 $g_{N_0}(x_0) < \varepsilon$. 由 $g_{N_0}(x)$ 的连续性知

$$\lim_{x \to x_0} g_{N_0}(x) = g_{N_0}(x_0).$$

故 $\exists \delta_{x_0} > 0$, 使得当 $x \in \mathcal{U}_{\delta_{x_0}}(x_0) \cap (a,b)$ 时, 有

$$g_{N_0}(x) < \varepsilon.$$

因为 $\{g_n(x)\}$ 单调下降, 故当 $n > N_0$ 时, 不等式 $g_n(x) \leqslant g_{N_0}(x) < \varepsilon$ 在 $\mathcal{U}_{\delta_{x_0}}(x_0) \cap (a,b)$ 上成立. 记

$$H = \{\mathcal{U}_{\delta_{x_0}}(x_0) \mid x_0 \in [a,b]\},$$

则 H 为 $[a,b]$ 的开覆盖. 存在有限子覆盖 $\left\{\mathcal{U}_{\delta_{x_k}}(x_k)\right\}\Big|_{k=1}^m$, 在每个子覆盖 $\mathcal{U}_{\delta_{x_k}}(x_k) \cap (a,b)$ 上, $\exists N_k$, 使得当 $n > N_k$ 时, 不等式 $g_n(x) \leqslant g_{N_k}(x) < \varepsilon$ 在 $\mathcal{U}_{\delta_{x_k}}(x_k) \cap (a,b)$ 上成立. 令 $N = \max\{N_1, N_2, \cdots, N_m\}$, 则当 $n > N$ 时, $\forall x \in [a,b]$, 有 $g_n(x) < \varepsilon$. 故 $g_n(x) \rightrightarrows 0$.

法二 用反证法. 假设 $g_n(x) \rightrightarrows 0, x \in [a,b]$ 不成立, 则 $\exists \varepsilon_0 > 0$, 对 $\forall k \in \mathbb{N}, \exists n_k$ 及 $x_k \in [a,b]$, 使得

$$g_k(x_k) \geqslant \varepsilon_0.$$

由列紧性定理, $\{x_k\}$ 有收敛子列 $\{x_{k_j}\}$, 不妨设 $x_{k_j} \to \xi$, 而 $\xi \in [a,b]$. 因为 $g_n(\xi) \to 0 \, (n \to \infty)$, 所以 $\exists N$, 使得

$$g_N(\xi) < \varepsilon_0.$$

再由 $g_n(x)$ 的连续性以及 $x_{k_j} \to \xi$ 可得, $\exists J$, 当 $j > J$ 时, 有

$$g_N(x_{k_j}) < \varepsilon_0.$$

因此, 当 $n > N, j > J$ 时, 有

$$g_n(x_{k_j}) \leqslant g_N(x_{k_j}) < \varepsilon_0.$$

最后, 固定 N, 当 $k_j > N$ 时, 便有

$$g_{k_j}(x_{k_j}) \leqslant g_N(x_{k_j}) < \varepsilon_0.$$

这与 $g_k(x_k) \geqslant \varepsilon_0$ 矛盾.

评注 ① 狄尼定理只要 $\{f_n(x)\}$ 单调, 上升或下降都可以, 我们虽然假定 $f_n(x) \leqslant f_{n+1}(x)$, 但对于 $f_n(x) \geqslant f_{n+1}(x)$, 只要考虑 $\{-f_n(x)\}$ 就可以了.

② 本例与上例是不一样的. 上例是对每个自然数 n, $f_n(x)$ 作为 x 的函数在 $[a,b]$ 上单调, 而本例是在 $[a,b]$ 上有

$$f_n(x) \leqslant f_{n+1}(x), \quad n = 1, 2, \cdots,$$

说的是, 固定 $x \in [a,b]$, 对 n 单调.

例 26 设 $\{u_n(x)\}$ 是 $[a,b]$ 上正的递减 (即 $u_{n+1}(x) \leqslant u_n(x)$) 且收敛于 0 的函数列, 每个 $u_n(x)$ 都是 $[a,b]$ 上的递增函数. 求证: 级数 $\sum\limits_{n=1}^{\infty} (-1)^{n-1} u_n(x)$ 在 $[a,b]$ 上一致收敛.

证明 令 $v_n(x) = (-1)^n$, 则 $\left|\sum\limits_{k=1}^{n} v_k(x)\right| \leqslant 1$. 因为 $u_n(x)$ ($n = 1, 2, \cdots$) 是 $[a,b]$ 上的递增函数, 故对 $\forall x \in [a,b]$, 有

$$0 < u_n(x) \leqslant u_n(b), \quad n = 1, 2, \cdots.$$

又因为 $\{u_n(b)\}$ 收敛于 0, 故对 $\forall \varepsilon > 0, \exists n_0$, 当 $n > n_0$ 时, 有

$$0 < u_n(b) < \varepsilon.$$

又因为每个 $u_n(x)$ 都是 $[a,b]$ 上的递增函数, 故当 $n > n_0$ 时, 有

$$0 < u_n(x) < \varepsilon,$$

即 $\{u_n(x)\}$ 在 $[a,b]$ 上一致收敛于 0. 由题设还知 $\{u_n(x)\}$ 在 $[a,b]$ 上递减, 故据 Dirichlet 判别法, 级数 $\sum_{n=1}^{\infty}(-1)^{n-1}u_n(x)$ 在 $[a,b]$ 上一致收敛.

例 27 设 $\sum_{n=1}^{\infty}u_n(x)$ 在 $[a,b]$ 上收敛, $u_n(x)$ 在 $[a,b]$ 上有连续导数, 且对 $\forall x\in[a,b]$ 及 $n=1,2,\cdots$, 成立
$$\left|\sum_{k=1}^{n}u_k'(x)\right|\leqslant M.$$

求证: $\sum_{n=1}^{\infty}u_n(x)$ 在 $[a,b]$ 上一致收敛.

证明 法一 用反证法. 设
$$S_n(x)=\sum_{k=1}^{n}u_k(x),\quad \lim_{n\to\infty}S_n(x)=S(x),\quad x\in[a,b].$$

假如 $S_n(x)$ 不一致收敛于 $S(x)$, 即 $\exists\varepsilon_0>0$, 对 $\forall n_0$, $\exists n>n_0$ 及 $x_n\in[a,b]$, 使用
$$|S_n(x_n)-S(x_n)|\geqslant\varepsilon_0. \tag{1}$$

$\{x_n\}$ 有收敛子列, 不妨设这子列就是本身, 即有 $x_n\to x_0\,(n\to\infty)$, 则 $x_0\in[a,b]$, 且
$$|S_n(x_0)-S(x_0)|=\left|\begin{array}{c}S_n(x_0)-S_n(x_n)\\+\\S_n(x_n)-S(x_n)\\+\\S(x_n)-S(x_0)\end{array}\right|\geqslant\begin{array}{c}|S_n(x_n)-S(x_n)|\\-\\|S_n(x_0)-S_n(x_n)|\\-\\|S(x_n)-S(x_0)|.\end{array}$$

由微分中值定理,
$$|S_n(x_0)-S_n(x_n)|=|S_n'(\xi)(x_n-x_0)|.$$

再由题设条件及 $x_n\to x_0\,(n\to\infty)$, 可使上式右端小于 $\dfrac{1}{3}\varepsilon_0$, 同样成立
$$|S(x_n)-S(x_0)|\leqslant\frac{1}{3}\varepsilon_0$$

(这是由于 $|S_n(y) - S_n(x)| \leqslant M|x-y|$,取极限即得 $|S(y) - S(x)| \leqslant M|x-y|$). 从而, 由 (1) 式, 对任意的 n_0, 均有 $n > n_0$, 使得

$$|S_n(x_0) - S(x_0)| \geqslant \varepsilon_0 - \frac{1}{3}\varepsilon_0 - \frac{1}{3}\varepsilon_0 = \frac{1}{3}\varepsilon_0.$$

这与 $\{S_n(x)\}$ 在 x_0 处收敛发生矛盾. 故 $\{S_n(x)\}$ 必一致收敛于 $S(x)$, 即 $\sum_{n=1}^{\infty} u_n(x)$ 在 $[a,b]$ 上一致收敛.

法二 设 $S_n(x) = \sum_{k=1}^{n} u_k(x)$. 任取 $x_0 \in [a,b]$, 由柯西收敛准则知, $\forall \varepsilon > 0, \exists N = N(x_0, \varepsilon)$, 使得当 $m > n > N$ 时, 有

$$|S_m(x_0) - S_n(x_0)| < \frac{\varepsilon}{2}.$$

而 $\forall x \in [a,b]$, 有

$$
\begin{array}{ccc}
|S_m(x) - S_n(x)| & & 2M|x - x_0| + \dfrac{\varepsilon}{2} \\
\wedge & & \vee \\
|S_m(x) - S_m(x_0)| & & |S'_m(\zeta)(x - x_0)| \\
+ & & + \\
|S_m(x_0) - S_n(x_0)| & \leqslant & \varepsilon/2 \\
+ & & + \\
|S_n(x_0) - S_n(x)| & & |S'_m(\eta)(x - x_0)|
\end{array}
$$

从此 U 形不等式串的两端即知

$$|S_m(x) - S_n(x)| \leqslant 2M|x - x_0| + \frac{\varepsilon}{2},$$

其中 ζ, η 均为 x_0 与 x 之间的某个点. 因此只要取 $\delta < \dfrac{\varepsilon}{4M}$, 便可使得当 $x \in U(x_0, \delta), m > n > N$ 时, 有

$$|S_m(x) - S_n(x)| < \varepsilon.$$

让 x_0 取遍 $[a,b]$ 的所有值, 则可得覆盖 $[a,b]$ 的开区间族

$$H = \left\{ \mathcal{U}_\delta(x_0) | x_0 \in [a,b] \right\}.$$

由有限覆盖定理, 存在 H 的有限子集 $\mathcal{U}_\delta(x_1), \mathcal{U}_\delta(x_2), \cdots, \mathcal{U}_\delta(x_k)$ 覆盖 $[a,b]$. 设与这 k 个点相应的 N 为 $N_1, N_2, \cdots, N_k$, 令 $N = \max\{N_1, N_2, \cdots, N_K\}$, 则当 $n > N$ 时, 对 $\forall x \in [a,b]$, 有

$$|S_m(x) - S_n(x)| < \varepsilon.$$

由柯西收敛准则知 $\sum\limits_{n=1}^{\infty} u_n(x)$ 在 $[a,b]$ 上一致收敛.

例 28 设 $f(x)$ 在 $[0,1]$ 上连续, $f(1) = 0$. 求证: 序列 $\{g_n(x) = x^n f(x)\}$ 在 $[0,1]$ 上一致收敛.

证明 法一 记 $g(x) = \lim\limits_{n \to \infty} g_n(x) = 0$, 则 $g(x)$ 在 $[0,1]$ 上连续. 由于 $g_n(x) \geqslant g_{n+1}(x)$, 根据狄尼定理, $\{g_n(x)\}$ 在 $[0,1]$ 上一致收敛.

法二 因为 $f(x)$ 在 $[0,1]$ 上连续, 所以 $f(x)$ 在 $[0,1]$ 上有界, 设 $|f(x)| \leqslant M$. 又因为 $f(1) = 0$, 所以对 $\forall \varepsilon > 0, \exists \delta > 0$, 使得当 $x \in [1-\delta, 1]$ 时, 有 $|f(x)| < \varepsilon$. 此时, 对 $\forall n$, 有

$$|g_n(x) - g(x)| = x^n |f(x)| < \varepsilon.$$

当 $x \in [0, 1-\delta]$ 时, 有

$$|g_n(x) - g(x)| = x^n |f(x)| \leqslant M(1-\delta)^n,$$

可知存在 N, 当 $n > N$ 时,

$$(1-\delta)^n < \frac{\varepsilon}{M}.$$

此时, 对 $\forall x \in [0,1]$, 有

$$|g_n(x) - g(x)| < \varepsilon.$$

故 $g_n(x)$ 在 $[0,1]$ 上一致收敛.

例 29 设 $f(x)$ 在 $\left[\dfrac{1}{2}, 1\right]$ 上连续. 求证:

① 序列 $\{x^n f(x)\}$ 在 $\left[\dfrac{1}{2}, 1\right]$ 上收敛.

② 序列 $\{x^n f(x)\}$ 在 $\left[\dfrac{1}{2}, 1\right]$ 上一致收敛的充分必要条件是 $f(x)$ 在 $\left[\dfrac{1}{2}, 1\right]$ 上有界, 且 $f(1) = 0$.

证明 ① 因为 $f(x)$ 在 $\left[\dfrac{1}{2}, 1\right]$ 上连续, 所以 $f(x)$ 在 $\left[\dfrac{1}{2}, 1\right]$ 上有界. 故当 $\dfrac{1}{2} \leqslant x < 1$ 时,

$$\lim_{n \to \infty} x^n f(x) = 0;$$

而当 $x = 1$ 时,

$$\lim_{n \to \infty} x^n f(x) = f(1).$$

故 $\{x^n f(x)\}$ 在 $\left[\dfrac{1}{2}, 1\right]$ 上收敛, 其极限函数是

$$g(x) = \begin{cases} 0, & \dfrac{1}{2} \leqslant x < 1, \\ f(1), & x = 1. \end{cases}$$

② **必要性** 事实上, 设 $\{x^n f(x)\}$ 在 $\left[\dfrac{1}{2}, 1\right]$ 上一致收敛, 因 $x^n f(x)$ $(n = 1, 2, \cdots)$ 在 $\left[\dfrac{1}{2}, 1\right]$ 上连续, 故其极限函数 $g(x)$ 在 $\left[\dfrac{1}{2}, 1\right]$ 上也连续, 从而

$$f(1) = g(1) = \lim_{x \to 1^-} g(x) = 0.$$

充分性 事实上, 设 $f(1) = 0$, 这时 $g(x) \equiv 0$. 考虑 $|x^n f(x) - 0|$, 因为 $f(x)$ 在点 $x = 1$ 处连续, 故对 $\forall \varepsilon > 0, \exists \delta \left(0 < \delta < \dfrac{1}{2}\right)$, 使得当 $1 - \delta < x \leqslant 1$ 时,

$$|f(x)| = |f(x) - f(1)| < \varepsilon.$$

从而, 当 $1 - \delta < x \leqslant 1$ 时,

$$|x^n f(x) - 0| \leqslant |f(x)| < \varepsilon.$$

当 $\frac{1}{2} \leqslant x \leqslant 1-\delta$ 时, 因

$$|x^n f(x) - 0| \leqslant (1-\delta)^n \max_{x \in [\frac{1}{2},1]} |f(x)| \to 0, \quad n \to \infty,$$

故 $\exists N$, 使得当 $n > N$ 时, 对 $\forall x \in \left[\frac{1}{2}, 1-\delta\right]$, 有

$$|x^n f(x) - 0| < \varepsilon.$$

综上所述, 对以上的 $\varepsilon > 0$, 存在如上的 $n > N$, 使得当 $n > N$ 时, 对 $\forall x \in \left[\frac{1}{2}, 1\right]$, 有

$$|x^n f(x) - 0| < \varepsilon.$$

由定义知 $\{x^n f(x)\}$ 在 $\left[\frac{1}{2}, 1\right]$ 上一致收敛.

例 30 设 $\{f_n(x)\}$ 在区间 (a, c) 内收敛, $f_n(x)$ 在 $x = c$ 左连续, $\lim_{n \to \infty} f_n(c)$ 不存在. 求证: 对 $\forall \delta > 0 \, (\delta < c - a)$, $\{f_n(x)\}$ 在 $(c-\delta, c)$ 内必不一致收敛.

证明 用反证法. 假定 $\{f_n(x)\}$ 在 (b, c) 内一致收敛. 由柯西收敛准则, 对 $\forall \varepsilon > 0$, $\exists N(\varepsilon)$, 使得当 $m, n > N$ 时, $\forall x \in (b, c)$, 有

$$|f_m(x) - f_n(x)| < \frac{\varepsilon}{2}. \tag{1}$$

又因为 $f_n(x) \ (n = 1, 2, \cdots)$ 在 $x = c$ 左连续, 在 (1) 式中令 $x \to c^-$, 得

$$|f_m(c) - f_n(c)| \leqslant \frac{\varepsilon}{2} < \varepsilon.$$

由柯西收敛准则知 $\{f_n(c)\}$ 收敛, 此与题设矛盾.

评注 这一命题对函数项级数可叙述为: 若函数项级数 $\sum_{n=1}^{\infty} u_n(x)$ 在区间 (a, c) 内收敛, $u_n(x) \ (n = 1, 2, \cdots)$ 在 $x = c$ 左连续, $\sum_{n=1}^{\infty} u_n(c)$ 发散, 则对 $\forall \delta > 0 \, (\delta < c - a)$, 级数 $\sum_{n=1}^{\infty} u_n(x)$ 在 $(c-\delta, c)$ 内必不一致收敛.

例 31 若 $\sum\limits_{n=1}^{\infty} a_n$ 为正项级数, 令 $S_n = \sum\limits_{k=1}^{n} a_k$. 讨论级数 $\sum\limits_{n=1}^{\infty} a_n \mathrm{e}^{-S_n x}$ 的收敛域、一致收敛域和非一致收敛域.

解 分两种情况讨论.

情况 1 设 $\sum\limits_{n=1}^{\infty} a_n$ 收敛于 S, 则由

$$a_n \mathrm{e}^{-S_n x} \leqslant a_n \mathrm{e}^{|S_n x|} \leqslant a_n \mathrm{e}^{|Sx|},$$

利用比较判别法知 $\sum\limits_{n=1}^{\infty} a_n \mathrm{e}^{-S_n x}$ 对任一实数收敛, 收敛域为 $(-\infty, +\infty)$. 对任一实数 a, 在 $[a, +\infty)$ 内有

$$a_n \mathrm{e}^{-S_n x} \leqslant a_n \mathrm{e}^{S|a|}.$$

由 M 判别法知 $\sum\limits_{n=1}^{\infty} a_n \mathrm{e}^{-S_n x}$ 一致收敛. 在 $(-\infty, a)$ 内, 由于对 $\forall x$,

$$\lim_{n \to \infty} a_n \mathrm{e}^{-S_n x} = +\infty,$$

即 $a_n \mathrm{e}^{-S_n x}$ 不一致收敛于零. 故 $\sum\limits_{n=1}^{\infty} a_n \mathrm{e}^{-S_n x}$ 在 $(-\infty, a)$ 内不一致收敛.

情况 2 设 $\sum\limits_{n=1}^{\infty} a_n$ 发散, 即 $\lim\limits_{n \to \infty} S_n = +\infty$, 则当 $x > 0$ 时,

$$\begin{array}{ccc} a_n \mathrm{e}^{-S_n x} & & \dfrac{2}{x^2}\left(\dfrac{1}{S_{n-1}} - \dfrac{1}{S_n}\right) \\ \| & & \| \\ \dfrac{a_n}{\mathrm{e}^{S_n x}} & & \dfrac{2}{x^2} \cdot \dfrac{S_n - S_{n-1}}{S_n S_{n-1}} \\ \wedge & & \vee \\ \dfrac{2 a_n}{x^2 S_n^2} & = & \dfrac{2}{x^2} \cdot \dfrac{S_n - S_{n-1}}{S_n^2} \end{array}$$

从此 U 形等式- 不等式串的两端即知

$$a_n \mathrm{e}^{-S_n x} \leqslant \dfrac{2}{x^2}\left(\dfrac{1}{S_{n-1}} - \dfrac{1}{S_n}\right).$$

由于级数 $\sum\limits_{n=2}^{\infty}\left(\dfrac{1}{S_{n-1}}-\dfrac{1}{S_n}\right)$ 收敛, 故 $\sum\limits_{n=1}^{\infty}a_n\mathrm{e}^{-S_nx}$ 收敛. 但因 $a_n\mathrm{e}^{-S_nx}$ 在 $x=0$ 连续, 当 $x=0$ 时级数 $\sum\limits_{n=1}^{\infty}a_n\mathrm{e}^{-S_nx}=\sum\limits_{n=1}^{\infty}a_n$ 发散. 故由上例知, 级数 $\sum\limits_{n=1}^{\infty}a_n\mathrm{e}^{-S_nx}$ 在 $x=0$ 的任何右邻域内非一致收敛.

对 $\forall \delta>0$, 当 $x\in[\delta,+\infty)$ 时,
$$a_n\mathrm{e}^{-S_nx}\leqslant a_n\mathrm{e}^{-S_n\delta}\leqslant \dfrac{2}{\delta^2}\left(\dfrac{1}{S_{n-1}}-\dfrac{1}{S_n}\right),$$
由 M 判别法知 $\sum\limits_{n=1}^{\infty}a_n\mathrm{e}^{-S_nx}$ 在 $[\delta,+\infty)$ 上一致收敛.

当 $x\leqslant 0$ 时, $a_n\mathrm{e}^{-S_nx}\geqslant a_n$, 故 $\sum\limits_{n=1}^{\infty}a_n\mathrm{e}^{-S_nx}$ 级数发散.

例 32 设
$$f_n(x)=\sum_{k=0}^{n-1}\dfrac{1}{n}f\left(x+\dfrac{k}{n}\right),\quad n=1,2,\cdots,$$
$f(x)$ 在 $(-\infty,+\infty)$ 上连续. 求证: $\{f_n(x)\}$ 在任一有限区间 $[a,b]$ 上一致收敛.

证明 由 $f(x)$ 的连续性知, $f(x)$ 在任一有限区间上可积, 故有极限函数 $F(x)$ 成立.

$$
\begin{array}{ccc}
F(x) & & \sum\limits_{k=0}^{n-1}\dfrac{1}{n}f\left(x+\dfrac{k}{n}+\dfrac{\theta_k}{n}\right) \\
\| & & \| \\
\lim\limits_{n\to\infty}f_n(x) & & \sum\limits_{k=0}^{n-1}\int_{x+\frac{k}{n}}^{x+\frac{k+1}{n}}f(t)\,\mathrm{d}t \\
\| & & \| \\
\int_0^1 f(x+t)\,\mathrm{d}t & = & \int_x^{x+1}f(t)\,\mathrm{d}t
\end{array}
$$

从此 U 形等式串的两端即知

$$F(x) = \sum_{k=0}^{n-1} \frac{1}{n} f\left(x + \frac{k}{n} + \frac{\theta_k}{n}\right),$$

其中 $0 \leqslant \theta_k \leqslant 1$, 且最后一个等式

$$\int_{x+\frac{k}{n}}^{x+\frac{k+1}{n}} f(t)\,\mathrm{d}t = \frac{1}{n} f\left(x + \frac{k}{n} + \frac{\theta_k}{n}\right)$$

是根据积分中值定理得到的.

对任一有限区间 $[a,b]$, 因为 $f(x)$ 在 $[a,b+2]$ 上一致连续, 故对 $\forall \varepsilon > 0, \exists N$, 使得当 $n > N$ 时, 对 $\forall x \in [a,b]$, 有

$$\left| f\left(x + \frac{k}{n}\right) - f\left(x + \frac{k}{n} + \frac{\theta_k}{n}\right) \right| < \varepsilon,$$

从而

$$|f_n(x) - F(x)| < \frac{1}{n} \cdot n\varepsilon = \varepsilon.$$

例 33 设 $f(x)$ 在 $x=0$ 附近连续可导, $f(0)=0$, $0<f'(0)<1$, 令 $f_1(x) = f(x)$, $f_{n+1}(x) = f(f_n(x))\,(n=1,2,\cdots)$. 求证: 级数 $\sum_{n=1}^{\infty} f_n(x)$ 在 $x=0$ 的右邻域一致收敛.

证明 由 $f'(x)$ 的连续性知 $\exists \delta > 0$, 使得当 $0 < x < \delta$ 时,

$$0 < f'(x) < \beta < 1, \quad f(x) > f(0) = 0,$$

则

$$f_1(x) = f(x) = \int_0^x f'(t)\,\mathrm{d}t < \int_0^x \beta\,\mathrm{d}t = \beta x,$$

$$f_2(x) = f(f_1(x)) < \beta f_1(x) < \beta^2 x.$$

设 $f_n(x) < \beta^n x$, 则

$$\begin{array}{ccc}
f_{n+1}(x) & & \beta^{n+1} x \\
\| & & \| \\
f(f_n(x)) & & \int_0^{\beta^n x} \beta\,\mathrm{d}t \\
\wedge & & \vee \\
f(\beta^n x) & = & \int_0^{\beta^n x} f'(t)\,\mathrm{d}t
\end{array}$$

从此 U 形等式-不等式串的两端即知

$$f_{n+1}(x) < \beta^{n+1}x.$$

根据数学归纳法原理, $\forall n \in \mathbb{N}$, 有 $f_n(x) < \beta^n x$. 因此, 当 $x \in (0, \delta)$ 时,

$$f_n(x) < \beta^n \delta, \quad \beta < 1.$$

故由 M 判别法知, 级数 $\sum_{n=1}^{\infty} f_n(x)$ 在 $(0, \delta)$ 上一致收敛.

例 34 设 $\{a_n\}$ 为常数数列. 求证: 函数项级数 $\sum_{n=1}^{\infty} \dfrac{a_n}{n!} \int_0^x t^n \mathrm{e}^{-t} \mathrm{d}t$ 在 $[0, +\infty)$ 内一致收敛的充分必要条件是级数 $\sum_{n=1}^{\infty} a_n$ 收敛.

证明 充分性 记

$$u_n(x) = \frac{a_n}{n!} \int_0^x t^n \mathrm{e}^{-t} \mathrm{d}t,$$

使用 n 次分部积分法可得

$$u_n(x) = a_n \left[1 - \left(1 + x + \frac{x^2}{2!} + \cdots + \frac{x^n}{n!} \right) \mathrm{e}^{-x} \right].$$

令

$$b_n(x) = 1 - \left(1 + x + \frac{x^2}{2!} + \cdots + \frac{x^n}{n!} \right) \mathrm{e}^{-x},$$

则 $\{b_n(x)\}$ 为单调数列, 且在 $[0, +\infty)$ 上一致有界. 故当级数 $\sum_{n=1}^{\infty} a_n$ 收敛时, 由 Abel 判别法, 级数 $\sum_{n=1}^{\infty} u_n(x)$ 在 $[0, +\infty)$ 内一致收敛.

必要性 设函数项级数 $\sum_{n=1}^{\infty} u_n(x)$ 在 $[0, +\infty)$ 内一致收敛, 由柯西收敛准则, 对 $\forall \varepsilon > 0, \exists N \in \mathbb{N}$, 使得当 $m > n > N$ 时, $\forall x \geqslant 0$, 有

$$\left| \sum_{k=n}^{m} u_k(x) \right| < \varepsilon.$$

令 $x \to +\infty$,
$$u_k(x) \to \frac{a_k}{k!} \int_0^{+\infty} t^k e^{-t} dt = a_k.$$

故有 $\left|\sum_{k=n}^{m} a_k\right| \leqslant \varepsilon$, 即 $\sum_{n=1}^{\infty} a_n$ 收敛.

例 35 设 $\{a_n\}$ 是单调减少的正数列. 求证: 级数 $\sum_{n=1}^{\infty} a_n \sin nx$ 在任何区间上一致收敛的充分必要条件是 $\lim\limits_{n \to \infty} na_n = 0$.

证明 **必要性** 事实上, 设级数 $\sum_{n=1}^{\infty} a_n \sin nx$ 在任何区间上一致收敛, 则对 $\forall \varepsilon > 0$, $\exists N$, 使得当 $n > N$ 时,

$$|a_n \sin nx + a_{n+1} \sin(n+1)x + \cdots + a_{2n} \sin 2nx| < \varepsilon$$

对 $\forall x \in (-\infty, +\infty)$ 都成立. 特别取 $x = \dfrac{1}{2n}$, 则

$$0 < a_n \sin \frac{1}{2} + a_{n+1} \sin\left(\frac{1}{2} + \frac{1}{2n}\right) + \cdots + a_{2n} \sin 1 < \varepsilon. \tag{1}$$

因 $\{a_n\}$ 是单调减少的正数列, 故

$$a_{2n} \sin \frac{1}{2} < a_n \sin \frac{1}{2},$$
$$a_{2n} \sin \frac{1}{2} < a_{n+1} \sin\left(\frac{1}{2} + \frac{1}{2n}\right),$$
$$\cdots\cdots\cdots$$
$$a_{2n} \sin \frac{1}{2} < a_{2n} \sin 1.$$

将上面 n 个不等式相加, 由 (1) 式得到

$$0 < na_{2n} \sin \frac{1}{2} < \varepsilon.$$

因而 $2na_{2n} \to 0 \ (n \to \infty)$. 同理可证,

$$(2n+1)a_{2n+1} \to 0, \quad n \to \infty.$$

所以 $\lim\limits_{n\to\infty} na_n = 0$.

充分性 设 $\lim\limits_{n\to\infty} na_n = 0$. 令 $\mu_n = \sup\limits_{m\geqslant n}\{ma_m\}$, 则 $\lim\limits_{n\to\infty} \mu_n = 0$. 记

$$s_{n,m} = a_n \sin nx + a_{n+1}\sin(n+1)x + \cdots + a_m \sin mx.$$

我们证明对任意 x 及 $m > n$, 均有

$$|s_{n,m}| \leqslant (\pi + 1)\mu_n. \tag{2}$$

由于 $s_{n,m}$ 是周期为 2π 的奇函数, 故只需证明在 $[0,\pi]$ 上不等式 (2) 成立就行了. 把区间 $[0,\pi]$ 分成三个小区段:

$$\left[0, \frac{\pi}{m}\right], \quad \left[\frac{\pi}{m}, \frac{\pi}{n}\right], \quad \left[\frac{\pi}{n}, \pi\right].$$

现证 (2) 式在这三个区间上都成立.

① $x \in \left[\frac{\pi}{n}, \pi\right]$. 由于

$$|\sin x + \cdots + \sin rx| \qquad \frac{1}{\frac{2}{\pi}\cdot\frac{x}{2}} = \frac{\pi}{x}$$
$$\| \qquad\qquad \vee\!\!/$$
$$\left|\frac{\cos\left(n - \frac{1}{2}\right)x - \cos\left(r + \frac{1}{2}\right)x}{2\sin\frac{x}{2}}\right| \leqslant \frac{1}{\sin\frac{x}{2}}$$

从此 U 形等式–不等式串的两端即知

$$|\sin x + \cdots + \sin rx| \leqslant \frac{\pi}{x}.$$

于是由 Abel 引理, 即得

$$|s_{n,m}| \qquad\qquad na_n \leqslant \mu_n$$
$$\| \qquad\qquad\qquad \vee\!\!/$$
$$|a_n \sin nx + a_{n+1}\sin(n+1)x + \cdots + a_m\sin mx| \leqslant a_n\frac{\pi}{x}$$

从此 U 形等式-不等式串的两端即知

$$|s_{n,m}| \leqslant \mu_n \leqslant (\pi+1)\mu_n.$$

② $x \in \left[0, \dfrac{\pi}{m}\right]$. 因为 $\sin\theta \leqslant \theta$, 所以

$$|s_{n,m}| \qquad \pi\mu_n$$
$$\wedge\!\!\!\backslash \qquad\qquad \vee\!\!\!/$$
$$a_n nx + \cdots + a_m mx \ \leqslant \ m\mu_n x$$

从此 U 形等式-不等式串的两端即知

$$|s_{n,m}| \leqslant \pi\mu_n.$$

③ $x \in \left[\dfrac{\pi}{m}, \dfrac{\pi}{n}\right]$, 这时 $n \leqslant \dfrac{\pi}{x} \leqslant m$, 令 $k = \left[\dfrac{\pi}{x}\right]$, 并把 $s_{n,m}$ 分成两部分:

$$s_{n,m} = \underbrace{a_n \sin nx + \cdots + a_k \sin kx}_{s_{n,k}} + \underbrace{a_{k+1}\sin(k+1)x + \cdots + a_m \sin mx}_{s_{k+1,m}}$$

对于第一个和, 因 $x \leqslant \dfrac{\pi}{k}$, 故由 ② 的结论知

$$|s_{n,k}| \leqslant \pi\mu_n;$$

对于第二个和, 因 $x > \dfrac{\pi}{k+1}$, 故由 ① 的结论知

$$|s_{k+1,m}| \leqslant \mu_n.$$

于是有

$$|s_{n,m}| \leqslant |s_{n,k}| + |s_{k+1,m}| \leqslant (\pi+1)\mu_n.$$

综上所述, 便知 (2) 式成立. 于是由 $\lim\limits_{n\to\infty}\mu_n = 0$, 可知级数 $\sum\limits_{n=1}^{\infty} a_n \sin nx$ 在任何区间上一致收敛.

例 36 设 $f(x)$ 在区间 $\left[0, \dfrac{1}{2}\right]$ 上连续可微, 且 $f(0)=0, f'(x)\geqslant 0$, $x \in \left(0, \dfrac{1}{2}\right)$. 求证: $\sum\limits_{n=1}^{\infty}(-1)^{n-1}f(x^n)$ 在 $\left[0, \dfrac{1}{2}\right]$ 上一致收敛.

证明 令 $b_n(x) = f(x^n)$, $a_n = (-1)^{n-1}$. 显然 $\{b_n(x)\}$ 单调减少, 且
$$|b_n(x)| < f\left(\frac{1}{2^n}\right) \to 0, \quad x \in \left(0, \frac{1}{2}\right).$$

故 $\{b_n(x)\}$ 在 $\left[0, \frac{1}{2}\right]$ 上一致收敛于零. 根据 Dirichlet 判别法, 级数 $\sum_{n=1}^{\infty} (-1)^{n-1} f(x^n)$ 在 $\left[0, \frac{1}{2}\right]$ 上一致收敛.

例 37 设 $\{x_n\} \subset (0,1)$, 且当 $i \neq j$ 时, $x_i \neq x_j$. 试讨论函数 $f(x) = \sum_{n=1}^{\infty} \dfrac{\operatorname{sgn}(x - x_n)}{2^n}$ 在 $(0,1)$ 内的连续性.

解 我们将指出, 函数 $f(x)$ 在点 x_n $(n = 1, 2, \cdots)$ 处不连续, 而在 $(0,1)$ 中的其他点处连续. 为此, 记
$$f_n(x) = \frac{\operatorname{sgn}(x - x_n)}{2^n}, \quad n = 1, 2, \cdots.$$

对 $\forall x \in (0,1)$, 因为 $\sum_{n=1}^{\infty} \dfrac{1}{2^n}$ 收敛, 故级数 $\sum_{n=1}^{\infty} f_n(x)$ 也收敛, 从而 $f(x)$ 在 $(0,1)$ 内有定义. 对于任意的正整数 n, 为证 $f(x)$ 在 x_n 处不连续, 我们记
$$f(x) = f_n(x) + \sum_{k \neq n} f_k(x) = f_n(x) + \widetilde{f_n}(x). \tag{1}$$

显然, $f_n(x)$ 在点 x_n 不连续, 而对 (1) 式中的级数, 其每一项
$$f_k(x) = \frac{\operatorname{sgn}(x - x_k)}{2^k}, \quad k \neq n$$

在点 x_n 连续. 又 $\sum_{k \neq n} f_k(x)$ 在 $(0,1)$ 内一致收敛, 从而 $\widetilde{f_n}(x)$ 在点 x_n 连续, 由此可知, $f(x)$ 在点 x_n 不连续. 对 $\forall x_0 \in (0,1) \setminus \{x_n\}$, 所有 $f_n(x)$ 在点 x_0 连续, 而 $\sum_{n=1}^{\infty} f_n(x)$ 在 $(0,1)$ 上一致收敛于 $f(x)$, 故 $f(x)$ 在点 x_0 连续.

例 38 设 $\sum_{n=1}^{\infty} f_n(x) = F(x)$ 在 (a,b) 内处处收敛，在任意闭区间 $[\alpha, \beta]$ $(a < \alpha < \beta < b)$ 上连续，且有

$$|F_n(x)| = \left|\sum_{k=1}^{n} f_k(x)\right| \leqslant M, \quad x \in [a,b], n = 1, 2, \cdots.$$

求证: $\sum_{n=1}^{\infty} f_n(x)$ 可逐项积分.

证明 易知 $F(x)$ 在 (a,b) 内连续，又因为

$$|F_n(x)| = \left|\sum_{k=1}^{n} f_k(x)\right| \leqslant M, \quad x \in [a,b], \, n = 1, 2, \cdots.$$

令 $n \to \infty$，即知 $|F(x)| \leqslant M$，从而 $F(x)$ 在 $[a,b]$ 上可积. $\forall \varepsilon > 0$，取 c, d 满足 $a < c < d < b$，且

$$c - a < \frac{\varepsilon}{5(M+1)}, \quad b - d < \frac{\varepsilon}{5(M+1)}.$$

在 $[c,d]$ 上，$\sum_{n=1}^{\infty} f_n(x)$ 一致收敛. 于是 $\exists N$，使得当 $n > N$ 时，

$$|F(x) - F_n(x)| < \frac{\varepsilon}{5(d-c)}.$$

因此，

$$\left|\int_a^b F(x)\,\mathrm{d}x - \int_a^b F_n(x)\,\mathrm{d}x\right|$$
$$\leqslant \int_a^b |F(x) - F_n(x)|\,\mathrm{d}x$$
$$= \int_a^c |F(x) - F_n(x)|\,\mathrm{d}x + \int_c^d |F(x) - F_n(x)|\,\mathrm{d}x + \int_d^b |F(x) - F_n(x)|\,\mathrm{d}x$$
$$< \varepsilon$$

$$\leqslant 2M \cdot \frac{\varepsilon}{5(M+1)} + \frac{\varepsilon}{5(d-c)} \cdot (d-c) + 2M \cdot \frac{\varepsilon}{5(M+1)}$$

从此 U 形等式-不等式串的两端即知
$$\left|\int_a^b F(x)\,\mathrm{d}x - \int_a^b F_n(x)\,\mathrm{d}x\right| < \varepsilon.$$
即 $\sum\limits_{n=1}^{\infty} f_n(x)$ 可逐项积分.

例 39 设 $f_n(x)$ 在 $(-\infty, +\infty)$ 上一致连续, 且 $\{f_n(x)\}$ 在 $(-\infty, +\infty)$ 上一致收敛于 $f(x)$. 求证: $f(x)$ 在 $(-\infty, +\infty)$ 上一致连续.

证明 因为 $\{f_n(x)\}$ 在 $(-\infty, +\infty)$ 上一致收敛于 $f(x)$, 所以对 $\forall \varepsilon > 0, \exists N \in \mathbb{N}$, 使得当 $n \geqslant N$ 时, 对 $\forall x \in (-\infty, +\infty)$, 都有
$$|f(x) - f_n(x)| < \frac{\varepsilon}{3}.$$
特别有
$$|f(x) - f_N(x)| < \frac{\varepsilon}{3}.$$
对任意 $x_1, x_2 \in (-\infty, +\infty)$, 考虑

$$\begin{array}{ccc}
|f(x_1)-f(x_2)| & & \dfrac{2\varepsilon}{3}+|f_N(x_1)-f_N(x_2)| \\
\wedge & & \vee \\
\begin{array}{c} |f(x_1)-f_N(x_1)| \\ + \\ |f_N(x_1)-f_N(x_2)| \\ + \\ |f_N(x_2)-f(x_2)| \end{array} & < & \left(\begin{array}{c} \dfrac{\varepsilon}{3} \\ + \\ |f_N(x_1)-f_N(x_2)| \\ + \\ \dfrac{\varepsilon}{3} \end{array}\right)
\end{array}$$

从此 U 形等式-不等式串的两端即知
$$|f(x_1) - f(x_2)| < \frac{2\varepsilon}{3} + |f_N(x_1) - f_N(x_2)|.$$
因 $f_N(x)$ 在 $(-\infty, +\infty)$ 上一致连续, 故对上述的 $\varepsilon > 0, \exists \delta > 0$, 当 $|x_1 - x_2| < \delta$ 时, 便有
$$|f_N(x_1) - f_N(x_2)| < \frac{\varepsilon}{3}.$$

从而
$$|f(x_1)-f(x_2)|<\frac{2\varepsilon}{3}+\frac{\varepsilon}{3}=\varepsilon.$$
即 $f(x)$ 在 $(-\infty,+\infty)$ 上一致连续.

评注 思考时, 参看下图所示是有启发的:

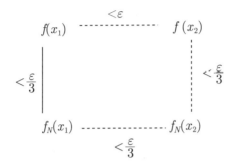

例 40 设 $f_n(x)$ $(n=1,2,\cdots)$ 都在 $[a,b]$ 上连续, 且 $\sum_{n=1}^{\infty}f_n(x)$ 在 (a,b) 内一致收敛. 求证: $\sum_{n=1}^{\infty}f_n(x)$ 在 $[a,b]$ 上一致连续.

证明 **法一** 因为 $f(x)=\sum_{n=1}^{\infty}f_n(x)$ 在 (a,b) 内一致收敛, 且 $f_n(x)$ 在 $[a,b]$ 上连续, 所以 $f(x)$ 在 $[a,b]$ 上连续. 下面只要证 $f(x)$ 在左、右端点分别右连续与左连续, 这里只证 $f(x)$ 在 a 点右连续.

首先证 $\sum_{n=1}^{\infty}f_n(a)$ 收敛. 用反证法. 假若 $\sum_{n=1}^{\infty}f_n(a)$ 不收敛, 则 $\exists\varepsilon_0>0$, 对 $\forall m\in\mathbb{N}$, 总 $\exists p\in\mathbb{N}$, 使得
$$\left|\sum_{n=m}^{p}f_n(a)\right|\geqslant\varepsilon_0.$$
由 $f_n(x)$ 在 $[a,b]$ 上一致连续, 则对 $n=m,m+1,\cdots,p$ 和 $\varepsilon_0>0$, $\exists\delta>0$, 使得当 $|x-a|<\delta$ 时, 有
$$|f_n(x)-f_n(a)|<\frac{\varepsilon_0}{2p}.$$
从而

$$\left|\sum_{n=m}^{p} f_n(x)\right| \qquad\qquad \frac{\varepsilon_0}{2}$$
$$\|\qquad\qquad\qquad\qquad\|$$
$$\left|\sum_{n=m}^{p}\left(f_n(x)-f_n(a)+f_n(a)\right)\right| \qquad \varepsilon_0-\frac{\varepsilon_0}{2}$$
$$\vee\!\!\!/ \qquad\qquad\qquad\qquad \wedge\!\!\!\backslash$$
$$\left|\sum_{n=m}^{p} f_n(a)\right| \qquad\qquad \left|\sum_{n=m}^{p} f_n(a)\right|$$
$$- \qquad\qquad\geqslant\qquad\qquad -$$
$$\left|\sum_{n=m}^{p}\left(f_n(x)-f_n(a)\right)\right| \qquad \sum_{n=m}^{p}\left|f_n(x)-f_n(a)\right|$$

从此 U 形等式-不等式串的两端即知

$$\left|\sum_{n=m}^{p} f_n(x)\right| \geqslant \frac{\varepsilon_0}{2}.$$

从而导致 $\sum_{n=1}^{\infty} f_n(x)$ 在 (a,b) 内不一致收敛, 矛盾.

其次设 $\sum_{n=1}^{\infty} f_n(a) = f(a)$, 对 $\forall \varepsilon > 0$, $\exists N_1 \in \mathbb{N}$, 使得

$$\left|\sum_{n=N_1}^{\infty} f_n(a)\right| < \varepsilon.$$

再由 $\sum_{n=1}^{\infty} f_n(x)$ 在 (a,b) 内一致收敛, $\exists N_2 \in \mathbb{N}$, 使得对 $\forall x \in [a,b]$ 均成立

$$\left|\sum_{n=N_2}^{\infty} f_n(a)\right| < \varepsilon.$$

取 $N = \max\{N_1, N_2\}$, 对 $n = 1, 2, \cdots, N$, 存在公共的 $\delta > 0$, 使得当 $0 \leqslant x - a < \delta$ 时,

$$|f_n(a) - f_n(x)| < \frac{\varepsilon}{N}.$$

从而

$$\left|\sum_{n=1}^{\infty}(f_n(a)-f_n(x))\right| \qquad 3\varepsilon$$
$$\shortparallel \qquad \vee$$
$$\left|\begin{array}{l}\sum_{n=1}^{N}(f_n(a)-f_n(x))\\+\\\sum_{n=N+1}^{\infty}(f_n(a)-f_n(x))\end{array}\right| \leqslant \left|\sum_{n=1}^{N}(f_n(a)-f_n(x))\right|+\left|\sum_{n=N+1}^{\infty}(f_n(a)-f_n(x))\right|$$

从此 U 形等式-不等式串的两端即知

$$\left|\sum_{n=1}^{\infty}(f_n(a)-f_n(x))\right|<3\varepsilon,$$

即

$$f(x)\to f(a), \quad x\to a^+.$$

法二 已证 $\sum_{n=1}^{\infty}f_n(x)$ 在 $[a,b]$ 上一致收敛, 从而 $\sum_{n=1}^{\infty}f_n(x)$ 在 $[a,b]$ 上连续, 当然一致连续. 为此, 因为 $f_n(x)$ $(n=1,2,\cdots)$ 都在 $[a,b]$ 上连续, 所以

$$\lim_{x\to a^+}f_n(x)=f_n(a), \quad \lim_{x\to b^-}f_n(x)=f_n(b).$$

从而由 $\sum_{n=1}^{\infty}f_n(x)$ 在 (a,b) 内一致收敛知, $\sum_{n=1}^{\infty}f_n(x)$ 在 $[a,b]$ 上一致收敛. 从而 $\sum_{n=1}^{\infty}f_n(x)$ 在 $[a,b]$ 上连续, 当然一致连续.

例 41 设 $\sum_{n=1}^{\infty}f_n(x)$ 在点 x_0 的某个空心邻域

$$\mathcal{U}^0(x_0)=\{x\mid 0<|x-x_0|<\delta\}$$

内一致收敛, 且 $\lim\limits_{x \to x_0} f_n(x) = c_n$. 求证: $\sum\limits_{n=1}^{\infty} c_n$ 收敛, 且

$$\lim_{x \to x_0} \sum_{n=1}^{\infty} f_n(x) = \sum_{n=1}^{\infty} \lim_{x \to x_0} f_n(x) = \sum_{n=1}^{\infty} c_n.$$

证明 **法一** 因为级数 $\sum\limits_{n=1}^{\infty} f_n(x)$ 在 $\mathcal{U}^0(x_0)$ 内一致收敛, 所以 $\forall \varepsilon > 0, \exists N > 0$, 使得对 $\forall n > N, \forall p \in \mathbb{N}$, 有

$$\left| \sum_{k=n+1}^{n+p} f_k(x) \right| < \varepsilon, \quad \forall x \in \mathcal{U}^0(x_0).$$

令 $x \to x_0$ 得

$$\left| \sum_{k=n+1}^{n+p} c_k \right| \leqslant \varepsilon.$$

由柯西收敛准则, $\sum\limits_{n=1}^{\infty} c_n$ 收敛, 设其和为 C. 设

$$S(x) = \sum_{n=1}^{\infty} f_n(x), \quad S_n(x) = \sum_{k=1}^{n} f_k(x), \quad x \in \mathcal{U}^0(x_0).$$

由其一致收敛性知, $\forall \varepsilon > 0, \exists n_0 \in \mathbb{N}$, 使得

$$|S(x) - S_{n_0}(x)| < \frac{\varepsilon}{3}, \quad \left| C - \sum_{k=1}^{n_0} c_k \right| < \frac{\varepsilon}{3}.$$

又

$$S_{n_0}(x) = \sum_{k=1}^{n_0} f_k(x) \to \sum_{k=1}^{n_0} c_k.$$

对上述的 $\varepsilon > 0, \exists \delta > 0, \forall x : 0 < |x - x_0| < \delta$, 有

$$\left| S_{n_0}(x) - \sum_{k=1}^{n_0} c_k \right| < \frac{\varepsilon}{3}.$$

$$|S(x) - C| \leqslant |S(x) - S_{n_0}(x)| + \left|S_{n_0}(x) - \sum_{k=1}^{n_0} c_k\right| + \left|C - \sum_{k=1}^{n_0} c_k\right| < \varepsilon.$$

故 $\lim\limits_{x \to x_0} S(x) = C$.

法二 关于 $\sum\limits_{n=1}^{\infty} c_n$ 收敛性同证法一. 因为 $\lim\limits_{x \to x_0} f_n(x) = c_n$ 存在, 补充 $f_n(x)$ 在 x_0 处的值 $f_n(x_0) = c_n$, 则 $f_n(x)$ 在 $x = x_0$ 连续且 $\sum\limits_{n=1}^{\infty} f_n(x)$ 一致收敛. 从而和函数在 $x = x_0$ 连续, 由和函数连续性知

$$\lim_{x \to x_0} \sum_{n=1}^{\infty} f_n(x) = \sum_{n=1}^{\infty} \lim_{x \to x_0} f_n(x) = \sum_{n=1}^{\infty} c_n.$$

评注 本例表明, 若 $\sum\limits_{n=1}^{\infty} f_n(x)$ 在 x_0 的某个空心邻域 $\mathcal{U}^0(x_0)$ 内一致收敛, 且 $\sum\limits_{n=1}^{\infty} f_n(x_0)$ 收敛, 则 $\sum\limits_{n=1}^{\infty} f_n(x)$ 在 x_0 的某个邻域 $\mathcal{U}(x_0)$ 内一致收敛.

例 42 设 $\{x_n\}$ 是区间 $(0,1)$ 中的全体有理数. 对 $x \in (0,1)$, 定义

$$f(x) = \sum_{x_n < x} \frac{1}{2^n},$$

计算积分 $\int_0^1 f(x) \, \mathrm{d}x$.

解 令

$$g_n(x) = \begin{cases} 0, & x \leqslant x_n, \\ \dfrac{1}{2^n}, & x > x_n, \end{cases}$$

则级数 $\sum\limits_{n=1}^{\infty} g_n(x)$ 在 $(0,1)$ 上一致收敛于 $f(x)$, 而

$$f(x) = \sum_{n=1}^{\infty} g_n(x),$$

$$\int_0^1 g_n(x)\,dx = \int_0^{x_n} g_n(x)\,dx + \int_{x_n}^1 g_n(x)\,dx = \frac{1-x_n}{2^n}.$$

故

$$\int_0^1 f(x)\,dx \qquad \sum_{n=1}^\infty \frac{1-x_n}{2^n}$$
$$\|\qquad\qquad\qquad\|$$
$$\int_0^1 \sum_{n=1}^\infty g_n(x)\,dx = \sum_{n=1}^\infty \int_0^1 g_n(x)\,dx$$

从此 U 形等式串的两端即知

$$\int_0^1 f(x)\,dx = \sum_{n=1}^\infty \frac{1-x_n}{2^n}.$$

例 43 求幂级数 $\sum_{n=1}^\infty n 2^{\frac{n}{2}} x^{3n-1}$ 的收敛区间与和函数.

解 考察幂级数 $f(x) = \sum_{n=0}^\infty \frac{1}{3} 2^{\frac{n}{2}} x^{3n}$, 由于

$$\sqrt[n]{\frac{1}{3} 2^{\frac{n}{2}}} = \sqrt[n]{\frac{1}{3}} \cdot \sqrt{2} \to \sqrt{2}, \quad n \to \infty,$$

所以当 $|x^3| < \frac{1}{\sqrt{2}}$, 即 $|x| < \frac{1}{\sqrt[6]{2}}$ 时, 该级数收敛, 且

$$f(x) = \frac{1}{3} \cdot \frac{1}{1-\sqrt{2}x^3}.$$

由幂级数在收敛区间内逐项求导性质得

$$f'(x) = \sum_{n=1}^\infty \left(\frac{1}{3} \cdot 2^{\frac{n}{2}} x^{3n}\right)', \quad x \in \left(-\frac{1}{\sqrt[6]{2}}, \frac{1}{\sqrt[6]{2}}\right),$$

也即当 $x \in \left(-\frac{1}{\sqrt[6]{2}}, \frac{1}{\sqrt[6]{2}}\right)$ 时, 有

$$\sum_{n=1}^\infty n \cdot 2^{\frac{n}{2}} x^{3n-1} = \left(\frac{1}{3} \cdot \frac{1}{1-\sqrt{2}x^3}\right)' = \frac{\sqrt{2}x^2}{\left(1-\sqrt{2}x^3\right)^2}.$$

下面考虑区间端点的情况: 当 $x = \pm \dfrac{1}{\sqrt[6]{2}}$ 时, 原级数为 $\sum\limits_{n=1}^{\infty}(\pm 1)^{3n-1}\sqrt[6]{2}n$, 显然发散. 最后得到, 原级数的收敛区间为 $\left(-\dfrac{1}{\sqrt[6]{2}}, \dfrac{1}{\sqrt[6]{2}}\right)$, 和函数为 $\dfrac{\sqrt{2}x^2}{\left(1-\sqrt{2}x^3\right)^2}$.

例 44 求证: $\sum\limits_{n=1}^{\infty}\dfrac{\ln(1+nx)}{nx^n}$ 在 $(1,+\infty)$ 上连续.

证明 对 $\forall x_0 \in (1,+\infty)$, 总存在实数 $a > 1$, 使得 $x_0 \in [a,+\infty)$. 因为

$$\dfrac{\ln(1+nx)}{nx^n} \qquad \dfrac{1}{a^{n-1}}$$
$$\wedge \qquad\qquad \vee$$
$$\dfrac{nx}{nx^n} \ = \ \dfrac{1}{x^{n-1}}$$

从此 U 形等式–不等式串的两端即知

$$\dfrac{\ln(1+nx)}{nx^n} \leqslant \dfrac{1}{a^{n-1}}.$$

但 $a > 1$, 所以数项级数 $\sum\limits_{n=1}^{\infty}\dfrac{1}{a^{n-1}}$ 收敛. 于是由 M 判别法知, 级数 $\sum\limits_{n=1}^{\infty}\dfrac{\ln(1+nx)}{nx^n}$ 在 $[a,+\infty)$ 上一致收敛, 从而和函数在点 x_0 连续. 这样, 由点 x_0 的任意性知, 级数 $\sum\limits_{n=1}^{\infty}\dfrac{\ln(1+nx)}{nx^n}$ 在 $(1,+\infty)$ 上连续.

例 45 求值: $\lim\limits_{x\to 1^-}(1-x)\sum\limits_{n=1}^{\infty}(-1)^{n-1}\dfrac{x^n}{1-x^{2n}}$.

解 记 $\alpha_n(x) = \dfrac{1}{1+x^n}$, $u_n(x) = (-1)^{n-1}$, $v_n(x) = \dfrac{x^n(1-x)}{1-x^n}$, 则令

$$\beta_n(x) = u_n(x) \cdot v_n(x).$$

并考虑 $x \in \left[\dfrac{1}{2}, 1\right]$. 因为

$$\left|\sum_{k=1}^{n}u_k(x)\right| = \left|\sum_{k=1}^{n}(-1)^{k-1}\right| \leqslant 1 \ (\text{一致有界}).$$

又

$$
\begin{array}{ccc}
v_n(x) & & \dfrac{2}{n} \\
\| & & \vee \\
\dfrac{x^n(1-x)}{1-x^n} & & \dfrac{1}{nx} \\
\| & & \| \\
\dfrac{x^n}{1+x+\cdots+x^{n-1}} & \leqslant & \dfrac{x^n}{nx^{n-1}}
\end{array}
$$

从此 U 形等式-不等式串的两端即知

$$v_n(x) < \frac{2}{n}.$$

所以 $\{v_n(x)\}$ 关于 n 单调下降且一致收敛于 0,故由 Dirichlet 判别法知,$\sum_{n=1}^{\infty}\beta_n(x)$ 在 $\left[\dfrac{1}{2},1\right]$ 上一致收敛. 而 $\{\alpha_n(x)\}$ 关于 n 单调增加且 $|\alpha_n(x)| \leqslant 1$(一致有界). 故由 Abel 判别法知,$\sum_{n=1}^{\infty}\alpha_n(x)\beta_n(x)$ 在 $\left[\dfrac{1}{2},1\right]$ 上一致收敛. 又因为每一项 $\alpha_n(x)\beta_n(x)$ 均在 $\left[\dfrac{1}{2},1\right]$ 上连续,所以

$$
\begin{array}{ccc}
\displaystyle\lim_{x\to 1^-}(1-x)\sum_{n=1}^{\infty}(-1)^{n-1}\dfrac{x^n}{1-x^{2n}} & & \dfrac{1}{2}\ln 2 \\
\| & & \| \\
\displaystyle\lim_{x\to 1^-}\sum_{n=1}^{\infty}\alpha_n(x)\beta_n(x) & & \displaystyle\sum_{n=1}^{\infty}(-1)^{n-1}\dfrac{1}{2n} \\
\| & & \| \\
\displaystyle\sum_{n=1}^{\infty}\lim_{x\to 1^-}\alpha_n(x)\beta_n(x) & = & \displaystyle\sum_{n=1}^{\infty}\lim_{x\to 1^-}(-1)^{n-1}\dfrac{x^n}{1+x+\cdots+x^{2n-1}}
\end{array}
$$

从此 U 形等式串的两端即知

$$\lim_{x\to 1^-}(1-x)\sum_{n=1}^{\infty}(-1)^{n-1}\frac{x^n}{1-x^{2n}} = \frac{1}{2}\ln 2.$$

例 46 数列 $\{a_n\}$, $\{b_n\}$ 满足 $a_n > 0$, 级数 $\sum_{n=0}^{\infty} a_n x^n$ 当 $|x| < 1$ 时收敛, 当 $x = 1$ 时发散. 又 $\lim_{n \to \infty} \dfrac{b_n}{a_n} = A$ $(0 \leqslant A < +\infty)$, 求证:

$$\lim_{x \to 1^-} \frac{\sum_{n=0}^{\infty} b_n x^n}{\sum_{n=0}^{\infty} a_n x^n} = A.$$

证明 因为 $\lim_{n \to \infty} \dfrac{b_n}{a_n} = A$, 所以对 $\forall \varepsilon > 0$, $\exists N$, 当 $n > N$ 时, 就有

$$\left| \frac{b_n}{a_n} - A \right| < \varepsilon \quad \text{或} \quad |b_n - A a_n| < a_n \varepsilon.$$

从而

$$\frac{\left| \sum_{n=0}^{\infty} b_n x^n}{\sum_{n=0}^{\infty} a_n x^n} - A \right| \quad \begin{array}{c} \dfrac{\sum_{n=0}^{N} |b_n - A a_n| x^n}{\sum_{n=0}^{\infty} a_n x^n} \\ + \\ \dfrac{\sum_{n=N+1}^{\infty} |b_n - A a_n| x^n}{\sum_{n=0}^{\infty} a_n x^n} \end{array}$$

$$\| \qquad\qquad \|$$

$$\frac{\left| \sum_{n=0}^{\infty} (b_n - A a_n) x^n \right|}{\sum_{n=0}^{\infty} a_n x^n} \leqslant \frac{1}{\sum_{n=0}^{\infty} a_n x^n} \left(\begin{array}{c} \sum_{n=0}^{N} |b_n - A a_n| x^n \\ + \\ \sum_{n=N+1}^{\infty} |b_n - A a_n| x^n \end{array} \right)$$

从此 U 形等式-不等式串的两端即知

$$\left|\frac{\sum\limits_{n=0}^{\infty} b_n x^n}{\sum\limits_{n=0}^{\infty} a_n x^n} - A\right| \leqslant \frac{\sum\limits_{n=0}^{N} |b_n - Aa_n| x^n}{\left|\sum\limits_{n=0}^{\infty} a_n x^n\right|} + \frac{\sum\limits_{n=N+1}^{\infty} |b_n - Aa_n| x^n}{\left|\sum\limits_{n=0}^{\infty} a_n x^n\right|}.$$

又因为 $\sum\limits_{n=0}^{\infty} a_n x^n$ 当 $x = 1$ 时发散, 即 $\sum\limits_{n=0}^{\infty} a_n$ 发散, 所以

$$\lim_{x \to 1^-} \left|\sum_{n=0}^{\infty} a_n x^n\right| \to +\infty.$$

然而 $\sum\limits_{n=0}^{N} |b_n - Aa_n| x^n$ 为有限数, 所以只要 x 充分接近 1 就有

$$\frac{\sum\limits_{n=0}^{N} |b_n - Aa_n| x^n}{\left|\sum\limits_{n=0}^{\infty} a_n x^n\right|} < \varepsilon.$$

于是对 $\forall \varepsilon > 0, \exists \delta > 0$, 当 $0 < 1 - \delta < x < 1$ 时就有

$$\frac{\sum\limits_{n=N+1}^{\infty} |b_n - Aa_n| x^n}{\left|\sum\limits_{n=0}^{\infty} a_n x^n\right|} < \varepsilon \frac{\sum\limits_{n=N+1}^{\infty} a_n x^n}{\sum\limits_{n=0}^{\infty} a_n x^n} < \varepsilon.$$

于是

$$\lim_{x \to 1^-} \frac{\sum\limits_{n=0}^{\infty} b_n x^n}{\sum\limits_{n=0}^{\infty} a_n x^n} = A.$$

例 47 假定函数 $u_n(x)$ 在区间 $(0, 1)$ 上单调增加, 且 $u_n(x) \geqslant 0$ $(n = 1, 2, \cdots)$. 又假定 $\sum\limits_{n=1}^{\infty} u_n(x)$ 在 $(0, 1)$ 内收敛并且有上界, 求证:

$\sum_{n=1}^{\infty} u_n(x)$ 在 $(0,1)$ 内一致收敛，并且

$$\lim_{x \to 1^-} \sum_{n=1}^{\infty} u_n(x) = \sum_{n=1}^{\infty} \lim_{x \to 1^-} u_n(x).$$

证明 设 $S(x) = \sum_{n=1}^{\infty} u_n(x)$，因为 $u_n(x)$ 在区间 $(0,1)$ 上单调增加，所以 $S(x)$ 也是在区间 $(0,1)$ 上单调增加. 从而 $\lim_{x \to 1^-} S(x)$ 存在且有限. 事实上，若 $\lim_{x \to 1^-} S(x) = +\infty$，则对 $\forall M > 0, \exists \delta > 0$，当 $x \in (1-\delta, 1)$ 时，有

$$S(x) > M, \quad 即 \quad \sum_{n=1}^{\infty} u_n(x) > M,$$

这与 $\sum_{n=1}^{\infty} u_n(x)$ 在 $(0,1)$ 内收敛并且有上界，矛盾.

又因为 $u_n(x)$ 在区间 $(0,1)$ 上单调增加，所以 $\lim_{x \to 1^-} u_n(x)$ 也存在. 记 $u_n(1) = \lim_{x \to 1^-} u_n(x)$，显然对 $\forall x \in (0,1)$，都有

$$u_n(x) \leqslant u_n(1).$$

下证级数 $\sum_{n=1}^{\infty} u_n(1)$ 收敛. 因为 $u_n(1) \geqslant 0$，故只需证部分和 $S_n(1) = \sum_{k=1}^{n} u_k(1)$ 有界. 用反证法. 若 $S_n(1)$ 无界，对 $\forall A > 0, \exists N$，使得

$$S_N(1) = \sum_{k=1}^{N} u_k(1) > A.$$

但是因为 $u_n(1) = \lim_{x \to 1^-} u_n(x)$，所以对 $\frac{\varepsilon}{2^n} > 0, \exists \delta_n > 0$，当 $0 < 1-x < \delta_n$ 时，有

$$u_n(1) < u_n(x) + \frac{\varepsilon}{2^n}, \quad n = 1, 2, \cdots, N.$$

现取 $\delta = \min\{\delta_1, \delta_2, \cdots, \delta_n\}$，则当 $0 < 1-x < \delta$ 时，

$$\sum_{k=1}^{N} u_k(1) < \sum_{k=1}^{N} u_k(x) + \varepsilon < \sum_{n=1}^{\infty} u_n(x) + \varepsilon,$$

这与 $S_N(1) > A$ 矛盾. 从而 $S_n(1)$ 有界, 即级数 $\sum\limits_{n=1}^{\infty} u_n(1)$ 收敛, 而由 M 判别法知 $\sum\limits_{n=1}^{\infty} u_n(x)$ 在 $(0,1)$ 内一致收敛. 故有

$$\begin{array}{ccc} \lim\limits_{x\to 1^-} S(x) & & \sum\limits_{n=1}^{\infty} u_n(1) \\ \| & & \| \\ \lim\limits_{x\to 1^-} \sum\limits_{n=1}^{\infty} u_n(x) & = & \sum\limits_{n=1}^{\infty} \lim\limits_{x\to 1^-} u_n(x) \end{array}$$

从此 U 形等式串的两端即知

$$\lim_{x\to 1^-} \sum_{n=1}^{\infty} u_n(x) = \sum_{n=1}^{\infty} \lim_{x\to 1^-} u_n(x).$$

例 48 设幂级数 $\sum\limits_{n=1}^{\infty} a_n x^n$ 的收敛半径大于零. 求证:

① $\lim\limits_{x\to 0} \sum\limits_{n=1}^{\infty} a_n x^n = 0$;

② 若 $a_1 \neq 0$, 并且在原点的一个邻域内,

$$\left| \sum_{n=1}^{\infty} a_n x^n \right| \geqslant |a_1||x| - 2x^2$$

处处成立, 那么 $|a_2| \leqslant 2$.

证明 ① 设 $\sum\limits_{n=1}^{\infty} a_n x^n$ 的收敛半径为 $R > 0$, 则级数 $\sum\limits_{n=1}^{\infty} a_n x^n$ 在 $(-R, R)$ 内的任一闭区间上一致收敛. 故

$$\begin{array}{ccc} \lim\limits_{x\to 0} \sum\limits_{n=1}^{\infty} a_n x^n & & 0 \\ \| & & \| \\ \sum\limits_{n=1}^{\infty} \lim\limits_{x\to 0} a_n x^n & = & \sum\limits_{n=1}^{\infty} a_n \lim\limits_{x\to 0} x^n \end{array}$$

② 用反证法. 若 $|a_2| > 2$. 首先讨论 $a_2 > 2$ 的情形.

$$\sum_{n=1}^{\infty} a_n x^n = a_1 x + a_2 x^2 + x^2 \sum_{n=3}^{\infty} a_n x^{n-2}.$$

$a_2 > 2$ 可设为 $a_2 = 2 + \varepsilon$, 其中 $\varepsilon > 0$. 应用第 ① 小题的结果, 对上述的 $\varepsilon > 0$, $\exists \delta > 0$, 使得当 $0 < |x| < \delta$ 时, 有

$$\left| \sum_{n=3}^{\infty} a_n x^{n-2} \right| < \varepsilon.$$

从而

$$\left| \sum_{n=1}^{\infty} a_n x^n \right| < |a_1 x + a_2 x^2| + \varepsilon x^2.$$

另一方面, 只要 $|a_2 x| < |a_1| \neq 0$, 就成立

$$a_2 x^2 < |a_1||x|.$$

这样, 当 $a_1 > 0$ 时, 取 $x \in (-\delta, 0)$, 当 $a_1 < 0$ 时, 取 $x \in (0, \delta)$, 从而

$$|a_1 x + a_2 x^2| = |a_1||x| - a_2 x^2 = |a_1||x| - (2 + \varepsilon) x^2.$$

故

$$\left| \sum_{n=1}^{\infty} a_n x^n \right| \qquad |a_1||x| - 2x^2$$
$$\wedge \qquad\qquad\qquad\qquad ||$$
$$|a_1 x + a_2 x^2| + \varepsilon x^2 = |a_1||x| - (2 + \varepsilon) x^2 + \varepsilon x^2$$

从此 U 形等式–不等式串的两端即知

$$\left| \sum_{n=1}^{\infty} a_n x^n \right| < |a_1||x| - 2x^2.$$

这就是说, 存在原点的右邻域 $(0, \delta)$ 或原点的左邻域 $(-\delta, 0)$, 使得

$$\left| \sum_{n=1}^{\infty} a_n x^n \right| < |a_1||x| - 2x^2,$$

这显然与已知矛盾.

同理可证 $a_2 < -2$ 的情形.

例 49 设 $F(x) = \sum_{n=1}^{\infty} \dfrac{\cos nx}{\sqrt{n^3 + n}}$. 求证:

① $F(x)$ 在 $(-\infty, +\infty)$ 上连续;

② 若 $g(x)$ 是 $F(x)$ 的原函数, 且 $g(0) = 0$, 则
$$\frac{1}{\sqrt{2}} - \frac{1}{15} < g\left(\frac{\pi}{2}\right) < \frac{1}{\sqrt{2}}.$$

证明 ① $\forall x \in (-\infty, +\infty)$, 有
$$\left| \frac{\cos nx}{\sqrt{n^3 + n}} \right| \leqslant \frac{1}{n^{\frac{3}{2}}},$$

而 $\sum_{n=1}^{\infty} \dfrac{1}{n^{\frac{3}{2}}}$ 收敛. 故 $F(x) = \sum_{n=1}^{\infty} \dfrac{\cos nx}{\sqrt{n^3 + n}}$ 在 $(-\infty, +\infty)$ 上连续.

②
$$\begin{array}{ccc} g(x) & & \sum_{n=1}^{\infty} \dfrac{\sin nx}{n\sqrt{n^3 + n}} \\ \| & & \| \\ \int_0^x F(t)\,\mathrm{d}t & = & \sum_{n=1}^{\infty} \int_0^x \dfrac{\cos nt}{\sqrt{n^3 + n}}\mathrm{d}t \end{array}$$

从此 U 形等式串的两端即知
$$g(x) = \sum_{n=1}^{\infty} \frac{\sin nx}{n\sqrt{n^3 + n}}.$$

于是
$$g\left(\frac{\pi}{2}\right) = \sum_{n=1}^{\infty} \frac{\sin \frac{n\pi}{2}}{n\sqrt{n^3 + n}}$$
$$= \frac{1}{\sqrt{2}} - \frac{1}{3\sqrt{30}} + \cdots$$

为交错级数, 显然一般项单调递减趋于零, 所以 $g\left(\dfrac{\pi}{2}\right) < \dfrac{1}{\sqrt{2}}$, 且余项 $|R_n| < \dfrac{1}{3\sqrt{30}}$, 故
$$g\left(\frac{\pi}{2}\right) > \frac{1}{\sqrt{2}} - \frac{1}{3\sqrt{30}} > \frac{1}{\sqrt{2}} - \frac{1}{15}.$$

例 50 设 $f(x)$ 及其各阶导函数皆在 $(0,2)$ 中非负, 求证:

① 对 $\forall x, y, 0 < x < y < 2$, $\lim\limits_{n \to \infty} \dfrac{f^{(n)}(x)}{n!} (y-x)^n = 0$.

② $f(x)$ 在 $(0,2)$ 中任一点处可展开为幂级数.

证明 ① $\forall\, 0 < x < y < 2$ 及 $\forall n$, 由 Taylor 公式知,

$$f(y) = f(x) + \sum_{k=1}^{n} \frac{f^{(k)}(x)}{k!} (y-x)^k + \frac{1}{(n+1)!} f^{(n+1)}(\xi)(y-x)^{n+1}.$$

于是

$$\sum_{k=1}^{n} \frac{f^{(k)}(x)}{k!} (y-x)^k = f(y) - f(x) - \frac{1}{(n+1)!} f^{(n+1)}(\xi)(y-x)^{n+1},$$

$$\xi \in (x, y).$$

由于 $f(x)$ 各阶导数在 $(0,2)$ 中非负, 所以

$$0 \leqslant \sum_{k=1}^{n} \frac{f^{(k)}(x)}{k!} (y-x)^k \leqslant f(y) - f(x),$$

正项级数部分和有界必收敛, 故 $\sum\limits_{k=1}^{\infty} \dfrac{f^{(k)}(x)}{k!} (y-x)^k$ 收敛, 从而

$$\lim_{n \to \infty} \frac{f^{(n)}(x)}{n!} (y-x)^n = 0.$$

② $\forall x_0 \in (0,2)$, $\exists y \in (0,2)$, 使得 $0 < x_0 < y < 2$, 由 Taylor 公式知,

$$f(y) = f(x_0) + \sum_{k=1}^{n-1} \frac{f^{(k)}(x)}{k!} (y-x_0)^k + \frac{f^{(n)}(\xi)}{n!} (y-x_0)^n$$

及

$$f^{(n)}(y) - f^{(n)}(\xi) = f^{(n+1)}(\eta)(y-\xi) > 0 \quad (x_0 < \xi < y),$$

所以

$$\frac{f^{(n)}(\xi)}{n!} (y-x_0)^n \leqslant \frac{f^{(n)}(y)}{n!} (y-x_0)^n.$$

应用第 ① 小题的结果

$$\lim_{n\to\infty}\frac{f^{(n)}(y)}{n!}(y-x_0)^n=0,$$

即余项极限, 且

$$\lim_{n\to\infty}\frac{f^{(n)}(\xi)}{n!}(y-x_0)^n=0,$$

从而 $f(x)$ 在 x_0 可展成幂级数. 由 $x_0 \in (0,2)$ 的任意性知, $f(x)$ 在 $(0,2)$ 内的任一点可展成幂级数.

例 51 求证: 当 x 为非整数时, $\sum_{n=-\infty}^{\infty}\frac{1}{(n-x)^2}$ 收敛, 周期为 1, 且和函数连续.

证明

$$\sum_{n=-\infty}^{\infty}\frac{1}{(n-x)^2}=\sum_{n=0}^{\infty}\frac{1}{(n-x)^2}+\sum_{n=1}^{\infty}\frac{1}{(-n-x)^2}.$$

当 x 为非整数时,

$$\lim_{n\to\infty}\frac{\frac{1}{(n\pm x)^2}}{\frac{1}{(n-1)^2}}=1,$$

又因为 $\sum_{n=2}^{\infty}\frac{1}{(n-1)^2}$ 收敛, 所以 $\sum_{n=-\infty}^{\infty}\frac{1}{(n-x)^2}$ 收敛. 设其和函数为 $f(x)$, 则

$$\underset{\underset{\sum_{n=-\infty}^{\infty}\frac{1}{(n-x-1)^2}}{\parallel}}{f(x+1)} \quad \underline{\underline{k=n-1}} \quad \underset{\underset{\sum_{k=-\infty}^{\infty}\frac{1}{(k-x)^2}}{\parallel}}{f(x)}$$

从此 U 形等式串的两端即知

$$f(x+1)=f(x).$$

故 $f(x)$ 周期为 1. 因此, $f(x)$ 的连续性只要在 $(0,1)$ 中证明即可. 因为

$$\frac{1}{(n-x)^2} < \frac{1}{(n-1)^2}, \quad \frac{1}{(n+x)^2} < \frac{1}{n^2} \quad (n>2),$$

所以级数在 $(0,1)$ 内一致收敛, 故 $f(x)$ 连续.

例 52 设 $\{f_n(x)\}$ 为 $[a,b]$ 上的连续函数列, 满足条件

① $f_n(x) \geqslant f_{n+1}(x), \forall x \in [a,b], \ n=1,2,\cdots;$

② $\lim\limits_{n\to\infty} f_n(x) = f(x), \forall x \in [a,b].$

求证: $f(x)$ 在 $[a,b]$ 上必能达到最大值.

证明 法一 因为 $f_1(x) \geqslant f_2(x) \geqslant \cdots \geqslant f(x), f_1(x)$ 在 $[a,b]$ 上连续, 因而有界, 故 $f(x)$ 在 $[a,b]$ 上有界. 记 $\mu = \sup\limits_{x\in[a,b]} \{f(x)\}$. 分情况讨论:

① 若 $\mu \in f([a,b]) = E$, 则命题得证.

② 若 $\mu \notin E$, 则 E 中存在收敛数列

$$y_n = f(x_n) \to \mu, \quad n \to \infty.$$

因为 $\{x_n\} \subset [a,b]$. 故存在收敛子列 $\{x_{n_k}\}$ 收敛于 $x_0 \in [a,b]$, 且

$$y_{n_k} = f(x_{n_k}) \to \mu, \quad n \to \infty.$$

于是 $\forall \varepsilon > 0, \exists k_0$, 当 $k \geqslant k_0$ 时, 有

$$f(x_{n_k}) > \mu - \varepsilon.$$

故当 $k \geqslant k_0$ 时, $\forall n$,

$$f_n(x_{n_k}) \geqslant f(x_{n_k}) > \mu - \varepsilon.$$

由 f_n 的连续性,

$$f_n(x_0) = \lim_{k\to\infty} f_n(x_{n_k}) \geqslant \mu - \varepsilon.$$

从而

$$\lim_{n\to\infty} f_n(x_0) = f(x_0) \geqslant \mu - \varepsilon.$$

但 $f(x_0) \leqslant \mu$, 由 $\varepsilon > 0$ 的任意性知 $f(x_0) = \mu$.

法二 设
$$\mu_n = \max_{x \in [a,b]} \{f_n(x)\} = f_n(x_n), \quad x_n \in [a,b].$$

当 $m > n$ 时, $\forall x \in [a,b]$, 有

$$\begin{array}{ccc} f(x) & & f_n(x_n) \\ \wedge & & \vee \\ f_m(x) \leqslant f_m(x_m) & \leqslant & f_n(x_m) \end{array}$$

从此 U 形等式–不等式串的两端即知

$$f(x) \leqslant f_n(x_n).$$

即 $f(x) \leqslant \mu_m \leqslant \mu_n$, $\{\mu_n\}$ 单调下降有下界, 故收敛, 即 $\mu = \lim\limits_{n \to \infty} \mu_n$, μ 为 $\{\mu_n\}$ 的下确界, 也就是最小上界, 故也是 $f(x)$ 的上界.

又由 $\{x_n\} \subset [a,b]$, 故存在子列 $\{x_{n_k}\}$ 收敛于 $x_0 \in [a,b]$. 一方面, $f(x_0) \leqslant \mu$, 另一方面, 因为 $\lim\limits_{n \to \infty} f_n(x_0) = f(x_0)$, 对 $\forall \varepsilon > 0$, $\exists N$, 使得

$$f(x_0) > f_N(x_0) - \varepsilon.$$

又由 $f_N(x)$ 的连续性, 及 $\lim\limits_{k \to \infty} x_{n_k} = x_0$, 对上述的 $\varepsilon > 0$, $\exists k_0$, 使得当 $k \geqslant k_0$ 时,

$$f_N(x_0) \geqslant f_N(x_{n_k}) - \varepsilon.$$

再因为 $n_k \to \infty \ (k \to \infty)$, $\exists k_1 \geqslant k_0$, 使得当 $k \geqslant k_1$ 时, $n_k > N$, 便有

$$f_N(x_{n_k}) \geqslant f_{n_k}(x_{n_k}).$$

综合之, 我们有

$$\begin{array}{ccc} f(x_0) & & f_{n_k}(x_{n_k}) - 2\varepsilon \\ \vee & & \wedge \\ f_N(x_0) - \varepsilon & \geqslant & f_N(x_{n_k}) - 2\varepsilon \end{array}$$

从此 U 形等式–不等式串的两端即知

$$f(x_0) > f_{n_k}(x_{n_k}) - 2\varepsilon.$$

令 $k \to \infty$, 得
$$f(x_0) \geqslant \mu - 2\varepsilon.$$
再让 $\varepsilon \to 0$, 即得
$$f(x_0) \geqslant \mu.$$
最后综合以上两方面, 即知
$$f(x_0) = \mu.$$

评注　本题函数的具体例子, 例如
$$f_n(x) = \left(\frac{\sin x}{x}\right)^n, \quad x \in [-1, 1],$$
$$f(x) = \begin{cases} 0, & x \neq 0, \\ 1, & x = 1, \end{cases}$$

满足条件:
① $f_n(x) \geqslant f_{n+1}(x), \forall x \in [-1, 1], n = 1, 2, \cdots$;
② $\lim\limits_{n \to \infty} f_n(x) = f(x), \forall x \in [-1, 1]$.

$f(x)$ 在 $[-1, 1]$ 上达到最大值 $f(0) = 1$. 见示意图 4.6.

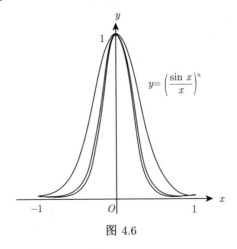

图 4.6

第五章 多元函数微分学

内 容 提 要

1. 极限与连续

本章考虑的是，定义在 n 维欧氏空间 $\mathbb{R}^n$ 特别是二维欧氏空间 $\mathbb{R}^2$ 的子集上的函数. 基本定义和性质如下：

设 D 为 $\mathbb{R}^2$ 中的点集，$f(x,y)$ 是定义在 D 上的二元函数，(x_0, y_0) 是 D 的聚点，A 是一定数. 如果对于任给的 $\varepsilon > 0$，都有 $\delta > 0$，使当
$$0 < \|(x, y) - (x_0, y_0)\| = \sqrt{(x-x_0)^2 + (y-y_0)^2} < \delta,$$
且当 $(x, y) \in D$ 时，有
$$|f(x, y) - A| < \varepsilon,$$
我们就说当 $(x, y) \to (x_0, y_0)$ 时，函数 $f(x,y)$ 以 A 为极限，并记为
$$\lim_{(x,y)\to(x_0,y_0)} f(x,y) = A.$$

连续函数的概念由极限概念立即可以得到，亦即若 $f(x,y)$ 在点 (x_0, y_0) 有定义，又 $\lim_{(x,y)\to(x_0,y_0)} f(x,y)$ 存在且等于 $f(x_0, y_0)$，则称函数 $f(x, y)$ 在点 (x_0, y_0) 连续 (对于 D 的孤立点，我们约定 f 在该点是连续的). 若 $f(x, y)$ 在每一点 $(x, y) \in D$ 连续，则称 $f(x, y)$ 在 D 上连续.

关于极限的性质和运算法则，连续函数的运算法则以及有界闭集上连续函数的性质，均和一元函数的情形相仿，这里不再赘述.

前面所考虑的函数 $f(x, y)$ 是当 x, y 同时趋于各自的极限时所得到的. 此外，我们还要讨论 x, y 先后相继地趋于各自的极限时的极限. 前者称为**二重极限**，后者称为**累次极限**.

若对任一固定的 y，当 $x \to a$ 时 $f(x, y)$ 的极限存在，亦即
$$\lim_{x \to a} f(x, y) = \varphi(y).$$
而 $\varphi(y)$ 在 $y \to b$ 时的极限也存在并等于 L，亦即
$$\lim_{y \to b} \varphi(y) = L,$$

那么称 L 为 $f(x,y)$ 先对 x、后对 y 的累次极限，记为

$$\lim_{y \to b} \lim_{x \to a} f(x,y) = L.$$

这个累次极限，对任意 y，动点 $P(x,y)$ 沿着折线 PCA 趋向 $A(a,b)$（见示意图 5.1）. 同理，累次极限 $\lim\limits_{x \to a}\lim\limits_{y \to b} f(x,y)$，对任意 x，动点 $P(x,y)$ 沿着折线 PBA 趋向 $A(a,b)$（见示意图 5.1）.

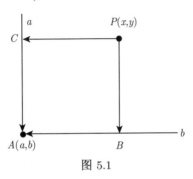

图 5.1

定理 若二元函数 $f(x,y)$ 在点 $P(a,b)$ 的二重极限和累次极限（先 $y \to b$，后 $x \to a$）都存在，则

$$\lim_{(x,y) \to (a,b)} f(x,y) = \lim_{x \to a}\lim_{y \to b} f(x,y).$$

对于函数 $y = f(x)$，我们有所谓左极限和右极限的概念，现在对于二元函数，我们也来考虑函数沿着某个方向的极限. 设 $f(x,y)$ 定义在 (x_0, y_0) 的某个邻域上，假如存在

$$\lim_{\rho \to 0^+} f(x_0 + \rho \cos\alpha, y_0 + \rho \cos\beta) = l,$$

就是当动点 (x,y) 沿着由 $(\cos\alpha, \cos\beta)$ 所确定的半直线趋于 (x_0, y_0)，则称 l 为 $f(x,y)$ 沿着向量 $(\cos\alpha, \cos\beta)$ 的**方向极限**.

2. 偏导数与微分

对函数 $u = f(x,y)$ 加给 x 以改变量 Δx，于是函数相应地也得一改变量

$$\Delta_x u = f(x + \Delta x, y) - f(x,y).$$

若极限

$$\lim_{\Delta x \to 0} \frac{\Delta_x u}{\Delta x} = \lim_{\Delta x \to 0} \frac{f(x + \Delta x, y) - f(x,y)}{\Delta x}$$

存在, 则此极限值就称为函数 $f(x,y)$ 在点 (x,y) 处对 x **的偏导数**, 记为 $\dfrac{\partial f}{\partial x}$ (或 f'_x, $\dfrac{\partial u}{\partial x}$, u'_x). 同样地, $\dfrac{\partial f}{\partial y}$ 就是极限值 (如果存在)

$$\lim_{\Delta y \to 0} \frac{f(x, y + \Delta y) - f(x,y)}{\Delta y}.$$

从定义立刻可知, 若 $f(x,y)$ 在点 (x,y) 关于 x (或 y) 可导 (有穷导数), 则 $f(x,y)$ 在点 (x,y) 关于 x (或 y) 连续. 不过要注意, 此时并不能推出 $f(x,y)$ 关于两个变量是连续的.

与一元函数一样, 可类似地定义高阶偏导数. 一般地, $f'_x(x,y)$ 及 $f'_y(x,y)$ 仍是 x, y 的函数, 如果它们对 x 或对 y 还可以求偏导数, 就称为原来函数的**二阶偏导数**, 记为

$$f''_{xx} = \frac{\partial f'_x}{\partial x}, \quad \text{或} \quad \frac{\partial^2 f}{\partial x^2}, \quad \frac{\partial^2 u}{\partial x^2};$$

$$f''_{yy} = \frac{\partial f'_y}{\partial y}, \quad \text{或} \quad \frac{\partial^2 f}{\partial y^2}, \quad \frac{\partial^2 u}{\partial y^2};$$

$$f''_{xy} = \frac{\partial f'_x}{\partial y}, \quad \text{或} \quad \frac{\partial^2 f}{\partial x \partial y}, \quad \frac{\partial^2 u}{\partial x \partial y};$$

$$f''_{yx} = \frac{\partial f'_y}{\partial x}, \quad \text{或} \quad \frac{\partial^2 f}{\partial y \partial x}, \quad \frac{\partial^2 u}{\partial y \partial x}.$$

一般而言, 对各个不同变量求偏导数的次方是不可交换的.

设函数 $f(x,y)$ 定义于某区域内, $P(x,y)$ 为这区域内任一点, l 为过 P 点的任一有向线段; 再设 $P'(x+\Delta x, y+\Delta y)$ 为这方向上另一任意点, $|PP'|$ 是 P, P' 两点间线段的长度, 令 $P' \to P$ 沿着 l 方向, 此时, 若存在

$$\lim_{P' \to P} \frac{f(P') - f(P)}{|PP'|},$$

则此极限就称为 $f(x,y)$ 在 P 点沿 l 的**方向导数**, 记为 $\dfrac{\partial f}{\partial l}$. 此时称 $f(x,y)$ 在 P 点是**弱可微的**.

若函数 $u = f(x,y)$ 的全改变量 Δu 可表示为

$$\Delta u = f(x + \Delta x, y + \Delta y) - f(x,y)$$
$$= A\Delta x + B\Delta y + o(\rho),$$

其中, 系数 A, B 与 $\Delta x, \Delta y$ 无关, $\rho = \sqrt{(\Delta x)^2 + (\Delta y)^2}$, 则称函数 $f(x,y)$ 在点 (x,y) **可微**. $A\Delta x + B\Delta y$ 为点 (x,y) 的**全微分**, 记为 du 或 $df(x,y)$, 即

$$du = df(x,y) = A\Delta x + B\Delta y.$$

若 $f(x,y)$ 在点 (x,y) 可微, 则

$$\underset{\substack{\| \\ \lim\limits_{\Delta x \to 0} \dfrac{f(x+\Delta x, y) - f(x,y)}{\Delta x}}}{f'_x(x,y)} = \underset{\substack{\| \\ \lim\limits_{\Delta x \to 0} \dfrac{A\Delta x + o\left(\sqrt{(\Delta x)^2}\right)}{\Delta x}}}{A}$$

从此 U 形等式串的两端即知

$$f'_x(x,y) = A.$$

完全同样地可以证明, 此时 f'_y 也存在且等于 B, 故有

$$\mathrm{d}u = \frac{\partial f}{\partial x}\Delta x + \frac{\partial f}{\partial y}\Delta y.$$

因自变量的改变量等于自变量的微分, 故上式可写为

$$\mathrm{d}u = \frac{\partial f}{\partial x}\mathrm{d}x + \frac{\partial f}{\partial y}\mathrm{d}y.$$

对一元函数而言, 可微与可导 (有穷导数) 是同一回事; 而对多元函数来说, 偏导数存在不一定可微.

函数 $z=f(x,y)$ 的微分 $\mathrm{d}z = \dfrac{\partial f}{\partial x}\mathrm{d}x + \dfrac{\partial f}{\partial y}\mathrm{d}y$ 的微分 $\mathrm{d}(\mathrm{d}z)$ 叫**二阶微分**, 记为 $\mathrm{d}^2 z$, 可以用逐次微分计算, 也可以按如下公式计算:

$$\mathrm{d}^2 z = \begin{cases} \left(\mathrm{d}x\dfrac{\partial}{\partial x} + \mathrm{d}y\dfrac{\partial}{\partial y}\right)^2 f(x,y) & \\ (x,y \text{为自变量时}); & (1) \\ \left(\mathrm{d}x\dfrac{\partial}{\partial x} + \mathrm{d}y\dfrac{\partial}{\partial y}\right)^2 f(x,y) + \dfrac{\partial f}{\partial x}\mathrm{d}^2 x + \dfrac{\partial f}{\partial y}\mathrm{d}^2 y & \\ (x,y \text{为中间变量时}). & (2) \end{cases}$$

当 x,y 为自变量时, 求二阶微分的关键是视 $\mathrm{d}x, \mathrm{d}y$ 为常数, 所以

$$\mathrm{d}^2 x = 0, \quad \mathrm{d}^2 y = 0.$$

二阶微分不具有形式不变性, 如 (2) 式比 (1) 多了两项 (即二阶微分表达式对自变量和中间变量是不同的).

3. 中值公式

设 $f(x,y)$ 在点 $M_0(x_0, y_0)$ 的某个邻域内存在偏导数, 则存在

$$\xi = x_0 + \theta_1(x-x_0), \quad \eta = y_0 + \theta_2(y-y_0), \quad 0 < \theta_1, \theta_2 < 1,$$

使得

$$f(x,y) - f(x_0, y_0) = f_x(\xi, y_0)(x-x_0) + f_y(x_0, \eta)(y-y_0).$$

4. 极值与普通极值

下面我们再引入二元函数的极值概念.

若函数 $f(x,y)$ 在点 $M_0(x_0,y_0)$ 的某个邻域内成立不等式

$$f(x,y) \leqslant f(x_0,y_0),$$

则称 $f(x,y)$ 在点 M_0 取得**局部极大值**$f(x_0,y_0)$, 点 $M_0(x_0,y_0)$ 称为函数 $f(x,y)$ 的**极大点**; 类似地, 若在点 $M_0(x_0,y_0)$ 的某个邻域内成立不等式

$$f(x,y) \geqslant f(x_0,y_0),$$

则称 $f(x,y)$ 在点 M_0 取得**局部极小值**$f(x_0,y_0)$, 点 $M_0(x_0,y_0)$ 称为函数 $f(x,y)$ 的**极小点**.

局部极大值与极小值统称为**局部极值**; 极大点与极小点统称为**极值点**.

如果函数 $u=f(x,y)$ 在 (x_0,y_0) 点存在偏导数, 且在 (x_0,y_0) 处有局部极值, 则

$$f'_x(x_0,y_0) = 0, \quad f'_y(x_0,y_0) = 0.$$

如果 $u=f(x,y)$ 的所有二阶偏导数都在 (x_0,y_0) 附近连续, 并且

$$f'_x(x_0,y_0) = 0, \quad f'_y(x_0,y_0) = 0.$$

令

$$A = f''_{x^2}(x_0,y_0), \quad B = f''_{xy}(x_0,y_0), \quad C = f''_{y^2}(x_0,y_0),$$

则有下表所示的结果:

$AC - B^2$	$f(x_0,y_0)$
> 0	$A < 0$, 极大值 $A > 0$, 极小值
< 0	非极值
$= 0$	不定

5. 隐函数组存在定理与隐函数组的求导公式

(1) 隐函数组存在定理.

设有 m 个 $m+k$ 元函数形成的方程组

$$\begin{cases} F_1(x_1,\cdots,x_k,u_1,\cdots,u_m)=0,\\ F_2(x_1,\cdots,x_k,u_1,\cdots,u_m)=0,\\ \cdots\cdots\cdots\\ F_m(x_1,\cdots,x_k,u_1,\cdots,u_m)=0. \end{cases}$$

若有一点 $P_0=(x_1^0,\cdots,x_k^0,u_1^0,\cdots,u_m^0)\in\mathbb{R}^{m+k}$ 满足上述方程组, 并在 P_0 的一个邻域 U 内, 函数 $F_1,\cdots,F_m$ 有连续的一阶偏导数, 且有

$$J(P_0)=\frac{\partial(F_1,\cdots,F_m)}{\partial(u_1,\cdots,u_m)}\neq 0,$$

则在 $Q_0=(x_1^0,\cdots,x_k^0)\in\mathbb{R}^k$ 的某个小邻域 V 中, 存在唯一的一组连续函数 $u_n=u_n(x_1,\cdots,x_k), n=1,\cdots,m$, 满足上述方程组且满足下列条件:

$$u_n^0=u_n(x_1^0,\cdots,x_n^0),\quad n=1,\cdots,m.$$

(2) 隐函数组的求导公式.

① 如果 $y_k=f_k(x_1,x_2), k=1,2$ 在区域 D 中有连续偏导数, 且

$$x_j=g_j(t_1,t_2),\quad j=1,2,$$

在区域 $D=\widetilde{D}$ 中有连续偏导数, 其中

$$D\supset g_1(\widetilde{D})\times g_2(\widetilde{D}),$$

那么

$$\frac{\partial(y_1,y_2)}{\partial(t_1,t_2)}=\frac{\partial(y_1,y_2)}{\partial(x_1,x_2)}\cdot\frac{\partial(x_1,x_2)}{\partial(t_1,t_2)}.$$

② 如果 $y_k=f_k(x_1,x_2), k=1,2$ 在区域 D 中有连续偏导数, 且它们的反函数

$$x_j=h_j(y_1,y_2),\quad j=1,2$$

存在, 在区域 D 中也有连续偏导数, 那么

$$\frac{\partial(y_1,y_2)}{\partial(x_1,x_2)}\cdot\frac{\partial(x_1,x_2)}{\partial(y_1,y_2)}=1.$$

6. 条件极值

求多元函数的极值问题或最大值、最小值问题时,对自变量的取值往往要附加一定的约束条件,这类附有约束条件的极值问题,称为**条件极值**,即

$$\begin{cases} u = f(x_1, \cdots, x_n), \\ \varphi_1(x_1, \cdots, x_n) = 0, \\ \cdots\cdots\cdots \\ \varphi_m(x_1, \cdots, x_n) = 0, \quad \text{其中 } m < n. \end{cases}$$

7. λ 乘子法

$$\begin{cases} u = f(x_1, \cdots, x_n), \\ \varphi_1(x_1, \cdots, x_n) = 0, \\ \cdots\cdots\cdots \\ \varphi_m(x_1, \cdots, x_n) = 0, \end{cases}$$

考虑

$$F(x_1, \cdots, x_n, \lambda_1, \cdots, \lambda_m) = f + \lambda_1\varphi_1 + \cdots + \lambda_m\varphi_m,$$

及方程组

$$\frac{\partial F}{\partial x_1} = \frac{\partial f}{\partial x_1} - \lambda_1\frac{\partial \varphi_1}{\partial x_1} - \cdots - \lambda_m\frac{\partial \varphi_m}{\partial x_1} = 0,$$

$$\cdots\cdots\cdots$$

$$\frac{\partial F}{\partial x_n} = \frac{\partial f}{\partial x_n} - \lambda_1\frac{\partial \varphi_1}{\partial x_n} - \cdots - \lambda_m\frac{\partial \varphi_m}{\partial x_n} = 0,$$

$$\frac{\partial F}{\partial \lambda_1} = \varphi_1(x_1, \cdots, x_n) = 0,$$

$$\cdots\cdots\cdots$$

$$\frac{\partial F}{\partial \lambda_m} = \varphi_m(x_1, \cdots, x_n) = 0,$$

解得 $(x_1^0, \cdots, x_n^0, \lambda_1^0, \cdots, \lambda_m^0)$,从而得 f 在 $\varphi_i = 0 \, (i = 1, 2, \cdots, m)$ 下的驻点 $(x_1^0, \cdots, x_n^0)$.

充分条件 设多元函数 $f(x_1, \cdots, x_n), \varphi_i(x_1, \cdots, x_n), i = 1, 2, \cdots, m$ 在点 $P_0(x_1^0, \cdots, x_n^0)$ 有二阶连续偏导数,且设在点 P_0 连同 $\lambda_1^0, \cdots, \lambda_m^0$ 满足条件极值存在的必要条件,对不全为 0 的 $\mathrm{d}x_1, \cdots, \mathrm{d}x_n$ 恒有

$$\mathrm{d}^2 F(x_1^0, \cdots, x_n^0) \begin{cases} > 0, & f(x_1^0, \cdots, x_n^0) \text{ 为极小值}, \\ < 0, & f(x_1^0, \cdots, x_n^0) \text{ 为极大值}, \\ \text{变号}, & \text{非极值}. \end{cases}$$

8. 隐函数微分的几何应用

(1) 参数方程给出的曲面的切平面方程.

设 $x = x(u,v), y = y(u,v), z = z(u,v)$, 记函数在点 $M(u_0, v_0)$ 的值为 x_0, y_0, z_0, 则曲面在点 (x_0, y_0, z_0) 的切平面方程为

$$(x - x_0) \left.\frac{\partial(y,z)}{\partial(u,v)}\right|_M + (y - y_0) \left.\frac{\partial(z,x)}{\partial(u,v)}\right|_M + (z - z_0) \left.\frac{\partial(x,y)}{\partial(u,v)}\right|_M = 0.$$

向量 $\left(\left.\dfrac{\partial(y,z)}{\partial(u,v)}\right|_M, \left.\dfrac{\partial(z,x)}{\partial(u,v)}\right|_M, \left.\dfrac{\partial(x,y)}{\partial(u,v)}\right|_M \right)$ 为曲面在点 (x_0, y_0, z_0) 的法向量.

(2) 隐函数方程给出的曲面的切平面方程.

设给定空间曲面 $f(x,y,z) = 0$, 它在 M 点的切平面方程为

$$(x - x_0) \left.\frac{\partial f}{\partial x}\right|_M + (y - y_0) \left.\frac{\partial f}{\partial y}\right|_M + (z - z_0) \left.\frac{\partial f}{\partial z}\right|_M = 0,$$

法向量为 $\left\{ \dfrac{\partial f}{\partial x}, \dfrac{\partial f}{\partial y}, \dfrac{\partial f}{\partial z} \right\}\bigg|_M$.

9. 微分表达式的变量代换

本段将利用一些例题来说明如何通过变量代换, 将微分表达式的形式变换为另一种形式.

典型例题解析

例 1 设函数 $f(x,y)$ 在域 $D = \{(x,y) \mid a < x < A, b < y < B\}$ 上连续. 函数 $\varphi(x)$ 在区间 (a, A) 内连续, 且 $b < \varphi(x) < B$. 求证: $F(x) = f(x, \varphi(x))$ 也在区间 (a, A) 内连续.

证明 任取 $(x_0, y_0) \in D$. 由题设, 函数 $f(x,y)$ 在 D 内连续, 故对任给的 $\varepsilon > 0$, 存在 $\delta > 0$, 使当 $(x,y) \in D$, 且 $|x - x_0| < \delta, |y - y_0| < \delta$ 时, 就有

$$|f(x,y) - f(x_0, y_0)| < \varepsilon.$$

由 $\varphi(x)$ 在 $[a, A]$ 中的连续性可知, 对上述的 $\delta > 0$, $\exists \eta > 0$ (可取 $\eta < \delta$), 使得当 $x \in [a, A]$, 且 $|x - x_0| < \eta$ 时, 有

$$|\varphi(x) - \varphi(x_0)| = |y - y_0| < \delta.$$

于是

$$|f(x,\varphi(x)) - f(x_0,\varphi(x_0))| < \varepsilon, \quad 即 \quad |F(x) - F(x_0)| < \varepsilon.$$

因此, $F(x)$ 在点 x_0 处连续. 由 x_0 的任意性知 $F(x)$ 在 $[a,A]$ 内是连续的.

例 2 设函数 $f(x,y)$ 在域 $a \leqslant x \leqslant A, b \leqslant y \leqslant B$ 上连续,而函数列 $\{\varphi_n(x)\}$ 在 $[a,A]$ 上一致收敛,且

$$b \leqslant \varphi_n(x) \leqslant B.$$

求证: $\{F_n(x)\} = \{f(x,\varphi_n(x))\}$ 也在 $[a,A]$ 上一致收敛.

证明 因为 $b \leqslant \varphi_n(x) \leqslant B$, 故 $F_n(x) = f(x,\varphi_n(x))$ 有意义. 由题设, $f(x,y)$ 在闭域 $a \leqslant x \leqslant A, b \leqslant y \leqslant B$ 上连续, 故在此域上一致连续, 即对任意的 $\varepsilon > 0$, 存在 $\delta > 0$, 使对于此域中的任意两点 (x_1,y_1), (x_2,y_2), 只要 $|x_1 - x_2| < \delta, |y_1 - y_2| < \delta$. 就有

$$|f(x_1,y_1) - f(x_2,y_2)| < \varepsilon.$$

特别地, 当 $|y_1 - y_2| < \delta$ 时, 对 $\forall x \in [a,A]$, 均有

$$|f(x,y_1) - f(x,y_2)| < \varepsilon.$$

对于上述的 $\delta > 0$, 因 $\{\varphi_n(x)\}$ 在 $[a,A]$ 上一致收敛, 故存在正整数 n_0, 使当 $m > n_0, n > n_0$ 时, 对 $\forall x \in [a,A]$, 均有

$$|\varphi_n(x) - \varphi_m(x)| < \delta.$$

于是, 对任给的 $\varepsilon > 0$, 存在正整数 n_0, 使当 $m > n_0, n > n_0$ 时, 对 $\forall x \in [a,A]$, 均有

$$|f(x,\varphi_n(x)) - f(x,\varphi_m(x))| < \varepsilon,$$

即

$$|F_n(x) - F_m(x)| < \varepsilon.$$

因此，$\{F_n(x)\}$ 在 $[a, A]$ 上一致收敛.

例3 设 $f(x, y)$ 在 $D = [a, b] \times [c, d]$ 上有定义，若 $f(x, y)$ 对 y 在 $[c, d]$ 上连续，对 x 在 $[a, b]$ 上关于 $y \in [c, d]$ 一致连续. 求证：$f(x, y)$ 在 D 上连续.

证明 $\forall (x_0, y_0) \in D$，对 $\forall \varepsilon > 0$，因为 $f(x, y)$ 对 x 在 $[a, b]$ 上，关于 $y \in [c, d]$ 一致连续，所以 $\exists \delta_1 > 0$，使得对 $\forall y \in [c, d]$，有

$$|f(x, y) - f(x_0, y)| < \frac{\varepsilon}{2}, \quad 只要 \quad |x - x_0| < \delta_1. \tag{1}$$

又因为 $f(x, y)$ 对 y 在 $[c, d]$ 上连续，所以 $f(x_0, y)$ 对 y 在 $[c, d]$ 上连续. 对上述的 $\varepsilon > 0$，$\exists \delta_2 > 0$，使得

$$|f(x_0, y) - f(x_0, y_0)| < \frac{\varepsilon}{2}, \quad 只要 \quad |y - y_0| < \delta_2. \tag{2}$$

令 $\delta = \min\{\delta_1, \delta_2\}$，联立 (1), (2) 两式得

$$\begin{array}{c} |f(x, y) - f(x_0, y_0)| \qquad\qquad \varepsilon \\ \wedge \qquad\qquad\qquad \| \\ |f(x, y) - f(x_0, y)| + |f(x_0, y) - f(x_0, y_0)| \quad < \quad \dfrac{\varepsilon}{2} + \dfrac{\varepsilon}{2} \end{array}$$

从此 U 形等式–不等式串的两端即知

$$|f(x, y) - f(x_0, y_0)| < \varepsilon,$$

于是 $f(x, y)$ 在 D 上连续.

例4 设函数 $f(x, y)$ 在区域 G 内对变量 x 连续，对变量 y 满足李普希兹 (Lipschitz) 条件，即对任何 $(x, y') \in G, (x, y'') \in G$，有

$$|f(x, y') - f(x, y'')| \leqslant k|y' - y''|,$$

其中 k 是正常数. 证明：函数 $f(x, y)$ 在区域 G 内连续.

证明 对任一固定点 $M_0(x_0, y_0) \in G$，因为区域的定义是开集，所以 $\exists \delta_0 > 0$，使得只要 $|x - x_0| < \delta_0, |y - y_0| < \delta_0$，就有 $(x, y) \in G$. 对 $\forall \varepsilon > 0$，因为 $f(x, y_0)$ 在点 x_0 连续，所以 $\exists \delta_1 > 0$，使得

$$|f(x, y_0) - f(x_0, y_0)| < \frac{\varepsilon}{2}, \quad 只要 \ |x - x_0| < \delta_1. \tag{1}$$

又根据 $f(x, y)$ 对变量 y 满足李普希兹条件的假设，令 $\delta = \min\left\{\delta_0, \delta_1, \dfrac{\varepsilon}{2k}\right\} > 0$，当 $|y - y_0| < \delta$ 时，便保证 $(x, y) \in G, (x, y_0) \in G$，且

$$|f(x, y) - f(x, y_0)| \leqslant k |y - y_0| < \frac{\varepsilon}{2}. \tag{2}$$

联立 (1), (2) 两式，即知

$$\begin{array}{ccc} |f(x,y) - f(x_0, y_0)| & & \varepsilon \\ \wedge & & \| \\ |f(x,y) - f(x, y_0)| + |f(x, y_0) - f(x_0, y_0)| & < & \dfrac{\varepsilon}{2} + \dfrac{\varepsilon}{2} \end{array}$$

从此 U 形等式-不等式串的两端即知

$$|f(x, y) - f(x_0, y_0)| < \varepsilon, \quad 只要 \quad |x - x_0| < \delta, |y - y_0| < \delta.$$

例 5 已知二元函数 $f(x, y)$ 在点 (x_0, y_0) 的某邻域内对 x (固定 y) 连续，对 y (固定 x) 连续，且对 x (固定 y) 单调. 证明：$f(x, y)$ 在点 (x_0, y_0) 处连续.

证明 设 (x_0, y_0) 为函数 $f(x, y)$ 在定义域 G 内的任一点. 由于 $f(x, y)$ 关于 x 连续，故对 $\forall \varepsilon > 0, \exists \delta_1 > 0$ (假定 δ_1 足够小，使我们所考虑的点都落在 G 内)，使得当 $|x - x_0| \leqslant \delta_1$ 时，有

$$|f(x, y_0) - f(x_0, y_0)| < \frac{\varepsilon}{2}. \tag{1}$$

对于点 $(x_0 - \delta_1, y_0)$ 以及点 $(x_0 + \delta_1, y_0)$，由于 $f(x, y)$ 关于 y 连续，故对上述的 $\varepsilon > 0, \exists \delta_2 > 0$ (假定 δ_2 足够小，使我们所考虑的点都落在 G 内)，使得当 $|y - y_0| \leqslant \delta_2$ 时，同时有

$$\begin{cases} |f(x_0 - \delta_1, y) - f(x_0 - \delta_1, y_0)| < \dfrac{\varepsilon}{2}, \\ |f(x_0 + \delta_1, y) - f(x_0 + \delta_1, y_0)| < \dfrac{\varepsilon}{2}. \end{cases} \tag{2}$$

联立 (1), (2) 两式, 即知

$$\begin{array}{c} |f(x_0 \pm \delta_1, y) - f(x_0, y_0)| \\ \wedge \\ |f(x_0 \pm \delta_1, y) - f(x_0 \pm \delta_1, y_0)| \\ + |f(x_0 \pm \delta_1, y_0) - f(x_0, y_0)| \end{array} \begin{array}{c} \varepsilon \\ \| \\ < \dfrac{\varepsilon}{2} + \dfrac{\varepsilon}{2} \end{array}$$

从此 U 形等式-不等式串的两端即知

$$|f(x_0 \pm \delta_1, y) - f(x_0, y_0)| < \varepsilon. \tag{3}$$

不等式 (3) 的几何意义是, 图 5.2 阴影矩形的左右两条边界点处的函数值与 $f(x_0, y_0)$ 之差的绝对值小于 ε.

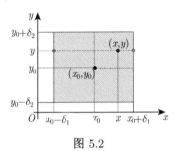

图 5.2

把 (3) 式左边的绝对值去掉, 改写成

$$\begin{cases} \max\{f(x_0 - \delta_1, y), f(x_0 + \delta_1, y)\} < f(x_0, y_0) + \varepsilon, \\ \min\{f(x_0 - \delta_1, y), f(x_0 + \delta_1, y)\} > f(x_0, y_0) - \varepsilon. \end{cases} \tag{4}$$

由于 $f(x, y)$ 当固定 y 时, 对 x 单调, 不妨设 f 关于 x 单调增加, 于是, 当 $|x - x_0| \leqslant \delta_1$, $|y - y_0| \leqslant \delta_2$ 时, 便有

$$f(x_0 - \delta_1, y) \leqslant f(x, y) \leqslant f(x_0 + \delta_1, y). \tag{5}$$

不等式 (5) 的几何意义是, 图 5.2 阴影矩形中的每一条水平线段上每个点处的函数值被夹在该线段的两端函数值之间. 再由 f 关于 x 单调增加, 及不等式 (4), 有

$$f(x_0 + \delta_1, y) = \max\{f(x_0 - \delta_1, y), f(x_0 + \delta_1, y)\} < f(x_0, y_0) + \varepsilon,$$

$$f(x_0-\delta_1,y)=\min\{f(x_0-\delta_1,y),f(x_0+\delta_1,y)\}>f(x_0,y_0)-\varepsilon.$$

于是

$$\begin{array}{ccccc} f(x_0,y_0)-\varepsilon & & & & f(x_0,y_0)+\varepsilon \\ \wedge & & & & \vee \\ f(x_0-\delta_1,y) & \leqslant & f(x,y) & \leqslant & f(x_0+\delta_1,y) \end{array}$$

从此 U 形不等式串的两端即知

$$f(x_0,y_0)-\varepsilon<f(x,y)<f(x_0,y_0)+\varepsilon.$$

例 6 设 $f(x,y)$ 在开集 D 上定义, $(a,b)\in D$. 若:
① 对每个 $(x,y)\in D$ 的 x, 有 $\lim\limits_{y\to b}f(x,y)=\varphi(x)$;
② $\lim\limits_{x\to a}f(x,y)=\psi(y)$ 关于 $(x,y)\in D$ 的 y 一致.
求证:

$$\lim_{x\to a}\lim_{y\to b}f(x,y)=\lim_{y\to b}\lim_{x\to a}f(x,y).$$

证明 由 D 为开集知: $\exists r>0$, 使得

$$G=\{(x,y)\mid |x-a|<r,|y-b|<r\}\subset D.$$

在 G 上, 由题设中条件 ② 得, 对 $\forall\varepsilon>0,\exists\delta,0<\delta<r$, 当 $0<|x-a|<\delta$ 时, 对 $\forall y\in(b-r,b+r)$, 都有

$$|f(x,y)-\psi(y)|<\frac{\varepsilon}{3}.$$

从而当 $0<|x_1-a|<\delta, 0<|x_2-a|<\delta$ 时, 对 $\forall y\in(b-r,b+r)$, 都有

$$|f(x_1,y)-f(x_2,y)|<\varepsilon.$$

令 $y\to b$, 得

$$|\varphi(x_1)-\varphi(x_2)|\leqslant\varepsilon.$$

据柯西收敛准则知 $\lim\limits_{x\to a}\varphi(x)$ 存在, 设 $\lim\limits_{x\to a}\varphi(x)=A$, 即

$$\lim_{x\to a}\lim_{y\to b}f(x,y)=A.$$

从而 $\exists \delta', 0 < \delta' < \delta$, 当 $0 < |x-a| < \delta'$ 时, 有
$$|\varphi(x) - A| < \frac{\varepsilon}{3}.$$
由题设中条件 ① 得, 对 $\forall x' \in \mathcal{U}_{\delta'}^0(a)\ \exists \delta'', 0 < \delta'' < \delta'$, 当 $0 < |y-b| < \delta''$ 时, 有
$$|f(x', y) - \varphi(x')| < \frac{\varepsilon}{3}.$$
从而当 $0 < |y-b| < \delta''$ 时, 有

$$\begin{array}{rl}
|\psi(y) - A| & \varepsilon \\
\wedge & = \\
|\psi(y) - f(x', y)| & \\
+ & \\
|f(x', y) - \varphi(x')| \ < & \dfrac{\varepsilon}{3} + \dfrac{\varepsilon}{3} + \dfrac{\varepsilon}{3} \\
+ & \\
|\varphi(x') - A| &
\end{array}$$

从此 U 形等式-不等串的两端即知 $|\varphi(y) - A| < \varepsilon$, 即 $\lim\limits_{y \to b} \psi(y) = A$, 故 $\lim\limits_{x \to a}\lim\limits_{y \to b} f(x, y) = \lim\limits_{y \to b}\lim\limits_{x \to a} f(x, y).$

例 7 设 $f(x, y)$ 在区域 D 上定义, $(a, b) \in D$. 若:
① 对固定的 $y \ne b$, $\lim\limits_{x \to a} f(x, y) = \psi(y)$;
② $\exists \eta > 0, I = \{x \mid 0 < |x - a| < \eta\}$, 使得
$$\lim\limits_{y \to b} f(x, y) = \varphi(x) \quad (\text{关于 } x \in I \text{ 一致}).$$

求证:
$$\lim\limits_{x \to a}\lim\limits_{y \to b} f(x, y) = \lim\limits_{y \to b}\lim\limits_{x \to a} f(x, y).$$

证明 由题设中条件 ②, 对 $\forall \varepsilon > 0, \exists \delta > 0$, 当 $0 < |y - b| < \delta$ 时,
$$|f(x, y) - \varphi(x)| < \frac{\varepsilon}{2}, \quad x \in I.$$
从而当 $0 < |y' - b| < \delta$, 且 $x \in I$ 时, 有
$$|f(x, y) - f(x, y')| < \varepsilon.$$

由题设中条件 ①, 令 $x \to a$ 得到

$$|\psi(y) - \psi(y')| \leqslant \varepsilon.$$

根据柯西收敛准则, 存在有限数 A, 使得

$$\lim_{y \to b} \psi(y) = A.$$

故 $\exists \delta_1 > 0, \delta_1 < \delta$, 只要 $0 < |y - b| < \delta_1$, 则下列不等式同时成立:

$$f(x,y) - \frac{\varepsilon}{2} < \varphi(x) < f(x,y) + \frac{\varepsilon}{2}, \quad x \in I, \tag{1}$$

$$A - \frac{\varepsilon}{2} < \psi(y) < A + \frac{\varepsilon}{2}. \tag{2}$$

由不等式 (1), (2) 及题设中条件 ①, 我们有

$$\begin{array}{ccc} A - \varepsilon & & A + \varepsilon \\ \wedge & & \vee \\ \psi(y) & & \psi(y) + \dfrac{\varepsilon}{2} \\ \wedge\!\backslash & & \vee\!/ \\ \varliminf_{x \to a} \varphi(x) & \leqslant & \varlimsup_{x \to a} \varphi(x) \end{array}$$

从此 U 形等式–不等式串的两端及 $\varepsilon > 0$ 的任意性, 即知

$$\begin{array}{ccc} \varliminf_{x \to a} \varphi(x) & & A \\ \| & & \| \\ \varlimsup_{x \to a} \varphi(x) & = & \lim_{x \to a} \varphi(x) \end{array}$$

即 $\lim\limits_{x \to a} \lim\limits_{y \to b} f(x,y) = \lim\limits_{y \to b} \lim\limits_{x \to a} f(x,y)$.

例 8 设 $f(x,y)$ 在区域 $D = \{(x,y) \mid 0 \leqslant x \leqslant 1, 0 \leqslant y \leqslant 1\}$ 上有定义, 且对 $\forall x_0 \in [0,1], f(x,y)$ 在 $(x_0, 0)$ 点连续. 求证: $\exists \delta > 0$, 使得 $f(x,y)$ 在 $D_\delta = \{(x,y) \mid 0 \leqslant x \leqslant 1, 0 \leqslant y \leqslant \delta\}$ 上有界.

证明 法一 用反证法. 假若不然, 则对 $\forall \delta > 0, f(x,y)$ 在 D_δ 上无界. 于是有

$$(x_n, y_n) \in D_n = \left\{(x,y) \mid 0 \leqslant x \leqslant 1, 0 \leqslant y \leqslant \frac{1}{n}\right\},$$

使得
$$|f(x_n,y_n)|>n,\quad n=1,2,\cdots.$$

因为点列 $\{(x_n,y_n)\}$ 有界, 故必有子列 $\{(x_{n_k},y_{n_k})\}$, 使得
$$(x_{n_k},y_{n_k})\to(x_0,y_0),\quad k\to\infty.$$

显然, $x_0\in[0,1]$, $y_0=0$, 从而由 $f(x,y)$ 在点 $(x_0,0)$ 连续性知
$$\lim_{k\to\infty}f(x_{n_k},y_{n_k})=f(x_0,0).$$

这与 $|f(x_{n_k},y_{n_k})|>n_k$ 矛盾.

法二 对 $\forall x_0\in[0,1]$, 由 $f(x,y)$ 在点 $(x_0,0)$ 连续性知, $\exists \delta_{x_0}>0$, 使得 $f(x,y)$ 在开邻域
$$\mathcal{U}_{\delta_{x_0}}=\{(x,y)\,|\,|x-x_0|<\delta_{x_0},|y|<\delta_{x_0}\}$$

上有界. 由此可得到一族开集 $\{\mathcal{U}_{\delta_x}\}$ 覆盖了有界闭集
$$I=\{(x,0)\,|\,0\leqslant x\leqslant 1\},$$

从而有有限个 $\mathcal{U}_{\delta_x}$ 便可覆盖 I. 设它们的边长分别是 $2\delta_{x_1},\cdots,2\delta_{x_k}$, 取 $\delta=\dfrac{1}{2}\min\limits_{1\leqslant i\leqslant k}\{\delta_{x_i}\}$, 则 $f(x,y)$ 在
$$D_\delta=\{(x,y)\,|\,0\leqslant x\leqslant 1, 0\leqslant y\leqslant\delta\}$$

上有界.

例 9 设 $f(x,y)$ 在区域 $D=\{(x,y)\,|\,x^2+y^2<1\}$ 上有定义, 若 $f(x,0)$ 在 $(x,0)$ 处连续, 且 $f_y(x,y)$ 在 D 上有界. 求证: $f(x,y)$ 在点 $(0,0)$ 连续.

证明 由假设, $\exists M>0$, 使得
$$|f_y(x,y)|\leqslant M,\quad \forall(x,y)\in D.$$

根据微分中值定理,
$$|f(x,y)-f(x,0)|=|f_y(x,\xi)||y|\leqslant M|y|,$$

其中 ξ 介于 0 与 x 之间. 于是 $\forall \varepsilon > 0, \exists \delta_1 = \dfrac{\varepsilon}{2M}$, 当 $|y-0| < \delta_1$ 时, 有

$$|f(x,y) - f(x,0)| < \dfrac{\varepsilon}{2}. \qquad (1)$$

又 $f(x,0)$ 在 $(x,0)$ 处连续, 则 $\exists \delta, 0 < \delta < \delta_1$, 当 $|x-0| < \delta$ 时, 有

$$|f(x,0) - f(0,0)| < \dfrac{\varepsilon}{2}. \qquad (2)$$

从而当 $|x-0| < \delta, |y-0| < \delta$ 时, (1), (2) 两式同时成立, 所以有

$$|f(x,y) - f(0,0)| \leqslant |f(x,y) - f(x,0)| + |f(x,0) - f(0,0)| < \varepsilon,$$

即 $f(x,y)$ 在点 $(0,0)$ 连续.

例 10 若 $z = f(x,y)$ 在点 (x_0, y_0) 的某个邻域内存在有界的偏导数 $f'_x(x,y), f'_y(x,y)$. 求证: $f(x,y)$ 在点 (x_0, y_0) 连续.

证明 考虑插项

$$\begin{aligned}\Delta z &= f(x_0 + \Delta x, y_0 + \Delta y) - f(x_0, y_0) \\ &= f(x_0 + \Delta x, y_0 + \Delta y) - f(x_0, y_0 + \Delta y) \\ &\quad + f(x_0, y_0 + \Delta y) - f(x_0, y_0).\end{aligned}$$

我们有

$$|f(x_0 + \Delta x, y_0 + \Delta y) - f(x_0, y_0 + \Delta y)|$$
$$\leqslant |f'_x(x_0 + \theta_1 \Delta x, y_0 + \Delta y)| |\Delta x|,$$

其中 $0 < \theta_1 < 1$; 同理

$$|f(x_0, y_0 + \Delta y) - f(x_0, y_0)| \leqslant |f'_y(x_0, y_0 + \theta_2 \Delta y)| |\Delta y|,$$

其中 $0 < \theta_2 < 1$. 记 $\rho = \sqrt{\Delta x^2 + \Delta y^2}$, 则有

$$|\Delta x| \leqslant \rho, \quad |\Delta y| \leqslant \rho.$$

又已知 $\exists M > 0$, 使得

$$|f'_x(x,y)| \leqslant M, \quad |f'_y(x,y)| \leqslant M,$$

故有

$$|\Delta z| \leqslant \left(|f'_x(x_0+\theta_1\Delta x, y_0+\Delta y)| + |f'_y(x_0, y_0+\theta_2\Delta y)|\right)\rho$$
$$\leqslant 2M\rho.$$

由此可见, $|\Delta z| \leqslant 2M\rho$. 当 $\Delta x \to 0, \Delta y \to 0$ 时, $\rho \to 0$, 从而 $|\Delta z| \to 0$. 即 $f(x,y)$ 在点 (x_0, y_0) 连续.

例 11 设 $f(x,y)$ 为连续函数, 且当 $(x,y) \in [-1,1] \times [-1,1]$ 时, $f(x,y) > 0$, 及对任意 $c > 0$, 有

$$f(cx, cy) = cf(x,y). \tag{1}$$

求证: $\exists \alpha, \beta > 0$, 使得

$$\alpha\sqrt{x^2+y^2} \leqslant f(x,y) \leqslant \beta\sqrt{x^2+y^2}. \tag{2}$$

证明 由连续性假设及 (1) 式可得 $f(0,0) = 0$, 显然 (2) 式成立. 若 $(x,y) \neq 0$, 取 $c = \dfrac{1}{\sqrt{x^2+y^2}}$, 由 (1) 式可得

$$f\left(\frac{x}{\sqrt{x^2+y^2}}, \frac{y}{\sqrt{x^2+y^2}}\right) = \frac{1}{\sqrt{x^2+y^2}}f(x,y).$$

由此得

$$f(x,y) = \sqrt{x^2+y^2}\, f\left(\frac{x}{\sqrt{x^2+y^2}}, \frac{y}{\sqrt{x^2+y^2}}\right).$$

又 $\left|\dfrac{x}{\sqrt{x^2+y^2}}\right| \leqslant 1, \left|\dfrac{y}{\sqrt{x^2+y^2}}\right| \leqslant 1$, 由连续性假设知, $f\left(\dfrac{x}{\sqrt{x^2+y^2}}, \dfrac{y}{\sqrt{x^2+y^2}}\right)$ 在 $[-1,1] \times [-1,1]$ 上必取到最小、最大值, 分别记为 α 与 β, 则由假设知它们均大于 0, 于是得

$$\alpha\sqrt{x^2+y^2} \leqslant f(x,y) \leqslant \beta\sqrt{x^2+y^2}.$$

例 12 设 $A, B \subset \mathbb{R}^2$ 为有界闭集, 且 $A \cap B = \phi$. 求证: $d(A,B) > 0$, 这里 $d(A,B)$ 表示两集合之间的距离.

证明 用反证法. 若 $d(A,B) = 0$, 则由距离的定义知: $\exists A_n \in A, B_n \in B, n \geqslant 1$, 使得

$$|A_n - B_n| < \frac{1}{n}. \tag{1}$$

若 $\{A_n\}$ 和 $\{B_n\}$ 均为无限集, 则由有界性假设知 $\{A_n\}$ 与 $\{B_n\}$ 均存在聚点, 不妨分别记为 P, Q, 则由聚点的定义及 (1) 式知, $P = Q$, 于是 $P \in A \cap B$ 这与题设中的条件矛盾.

若 $\{A_n\}$ 与 $\{B_n\}$ 中只有一个为无限集, 不妨设 $\{A_n\}$ 为有限集, $\{B_n\}$ 为无限集, 则 $\{A_n\}$ 中必有无限多项相同, 不妨设为 A_1, 由 (1) 式得

$$d(A_1, B) = 0.$$

由 B 是闭集得 $A_1 \in B$, 又 $A_1 \in A$, 即 $A_1 \in A \cap B$, 这与题设中的条件矛盾.

若 $\{A_n\}$ 与 $\{B_n\}$ 均为有限集, 则 $\{A_n\}, \{B_n\}$ 中都有无限多项相同, 不妨分别设为 A_1 与 B_1, 由 (1) 式得

$$d(A_1, B_1) = 0,$$

即有 $A_1 = B_1 \in A \cap B$, 这与题设中的条件矛盾.

综上所述, $d(A,B) > 0$.

例 13 设 $u = f(x,y,z)$ 在 $D = [a,b] \times [a,b] \times [a,b]$ 上连续. 求证: $g(x,y) = \max\limits_{a \leqslant z \leqslant b} \{f(x,y,z)\}$ 在 $[a,b] \times [a,b]$ 上连续.

证明 对 $\forall (x_0, y_0) \in [a,b] \times [a,b]$, 由 $u = f(x,y,z)$ 在 D 上连续, 知其在 D 上一致连续, 故对 $\forall \varepsilon > 0, \exists \delta > 0$, 当 $(x,y) \in [a,b] \times [a,b]$, $|x - x_0| < \delta, |y - y_0| < \delta$ 时, 有

$$|f(x,y,z) - f(x_0, y_0, z)| < \varepsilon,$$

即

$$f(x_0, y_0, z) - \varepsilon < f(x,y,z) < f(x_0, y_0, z) + \varepsilon.$$

从而有

$$f(x_0, y_0, z) - \varepsilon \leqslant \max\limits_{a \leqslant z \leqslant b} f(x,y,z) \leqslant f(x_0, y_0, z) + \varepsilon,$$

即
$$\max_{a\leqslant z\leqslant b} f(x_0,y_0,z) - \varepsilon \leqslant g(x,y) \leqslant \max_{a\leqslant z\leqslant b} f(x_0,y_0,z) + \varepsilon,$$

进而有
$$g(x_0,y_0) - \varepsilon \leqslant g(x,y) \leqslant g(x_0,y_0) + \varepsilon.$$

所以 $g(x,y)$ 在点 (x_0,y_0) 连续, 由 (x_0,y_0) 的任意性知 $g(x,y)$ 在 D 上连续.

例 14 设 $u = f(x,y,z)$ 在 $D = [a,b] \times [a,b] \times [a,b]$ 上连续, 记
$$\varphi(x) = \max_{a\leqslant y\leqslant b} \min_{a\leqslant z\leqslant b} \{f(x,y,z)\}.$$

求证: $\varphi(x)$ 在 $[a,b]$ 上连续.

证明 记 $h(x,y) = \min\limits_{a\leqslant z\leqslant b} \{f(x,y,z)\} = \max\limits_{a\leqslant z\leqslant b} \{-f(x,y,z)\}$, 用上例的结果即知 $h(x,y)$ 在 $[a,b] \times [a,b]$ 上连续, 可改写要证的结论为 $\varphi(x) = \max\limits_{a\leqslant y\leqslant b} h(x,y)$ 在 $[a,b]$ 上连续. 由已知 $u = h(x,y)$ 在 $[a,b] \times [a,b]$ 上连续, 知其在 $[a,b] \times [a,b]$ 上一致连续, 故对 $\forall x_0 \in [a,b]$, $\forall \varepsilon > 0$, $\exists \delta > 0$, 当 $(x,y) \in [a,b] \times [a,b]$, 且 $|x - x_0| < \delta$ 时, 有
$$|h(x,y) - h(x_0,y)| < \varepsilon,$$

即
$$h(x_0,y) - \varepsilon < h(x,y) < h(x_0,y) + \varepsilon,$$

从而有
$$\max_{a\leqslant y\leqslant b} h(x_0,y) - \varepsilon \leqslant \max_{a\leqslant y\leqslant b} h(x,y) \leqslant \max_{a\leqslant y\leqslant b} h(x_0,y) + \varepsilon,$$

即
$$\varphi(x_0) - \varepsilon \leqslant \varphi(x) \leqslant \varphi(x_0) + \varepsilon,$$

也即
$$|\varphi(x) - \varphi(x_0)| \leqslant \varepsilon.$$

所以 $\varphi(x)$ 在 $x = x_0$ 连续, 又由 x_0 的任意性知 $\varphi(x)$ 在 $[a,b]$ 上连续.

例 15 设 $f(x,y)$ 在点 (x_0,y_0) 的某邻域内有连续的偏导数 $f'_y(x_0,y_0)$，并且 $f'_x(x,y)$ 存在. 证明：$f(x,y)$ 在 (x_0,y_0) 处可微.

证明 记 $\Delta u = f(x_0+\Delta x, y_0+\Delta y) - f(x_0,y_0)$，并记 $\rho = \sqrt{(\Delta x)^2 + (\Delta y)^2}$，则有

$$\Delta u = f(x_0+\Delta x, y_0+\Delta y) - f(x_0+\Delta x, y_0) \\ + f(x_0+\Delta x, y_0) - f(x_0,y_0).$$

因 $f'_x(x_0,y_0)$ 存在，故有

$$f(x_0+\Delta x, y_0) - f(x_0,y_0) = f'_x(x_0,y_0)\Delta x + o(\Delta x) \\ = f'_x(x_0,y_0)\Delta x + o(\rho).$$

又因 $f'_y(x,y)$ 在点 (x_0,y_0) 连续，故 $\exists \theta \in (0,1)$，使得

$$f(x_0+\Delta x, y_0+\Delta y) - f(x_0+\Delta x, y_0) = f'_y(x_0+\Delta x, y_0+\theta \Delta y)\Delta y \\ = f'_y(x_0,y_0)\Delta y + o(\rho).$$

从而得到

$$\Delta u = f'_x(x_0,y_0)\Delta x + f'_y(x_0,y_0)\Delta y + o(\rho).$$

因此 $f(x,y)$ 在点 (x_0,y_0) 处可微.

例 16 设 $f(x,y) = |x-y|\varphi(x,y)$，其中 $\varphi(x,y)$ 在点 $(0,0)$ 的某个邻域内连续. 问：

① $\varphi(x,y)$ 在什么条件下，偏导数 $f'_x(0,0)$，$f'_y(0,0)$ 存在？

② $\varphi(x,y)$ 在什么条件下，$f(x,y)$ 在点 $(0,0)$ 处可微？

解 ① 因为

$$\lim_{x \to 0^+} \frac{f(0+x,0) - f(0,0)}{x} = \varphi(0,0),$$

$$\lim_{x \to 0^-} \frac{f(0+x,0) - f(0,0)}{x} = -\varphi(0,0);$$

$$\lim_{y \to 0^+} \frac{f(0,0+y) - f(0,0)}{y} = \varphi(0,0),$$

$$\lim_{y\to 0^-}\frac{f(0,0+y)-f(0,0)}{y}=-\varphi(0,0).$$

由此可见，若 $\varphi(0,0)=0$，则偏导数 $f'_x(0,0)$ 与 $f'_y(0,0)$ 均存在，且

$$f'_x(0,0)=f'_y(0,0)=0.$$

② 因为
$$\Delta f=f(0+\Delta x,0+\Delta y)-f(0,0)$$
$$=|\Delta x-\Delta y|\varphi(\Delta x,\Delta y),$$

而
$$\frac{|\Delta x-\Delta y|}{\sqrt{(\Delta x)^2+(\Delta y)^2}}\leqslant\frac{|\Delta x|+|\Delta y|}{\sqrt{(\Delta x)^2+(\Delta y)^2}}\leqslant 2.$$

若 $\varphi(0,0)=0$，则当 $\sqrt{(\Delta x)^2+(\Delta y)^2}=\rho\to 0$ 时，有

$$\Delta f-\frac{f'_x(0,0)\Delta x+f'_y(0,0)\Delta y}{\sqrt{(\Delta x)^2+(\Delta y)^2}}=\frac{|\Delta x-\Delta y|\varphi(\Delta x,\Delta y)}{\sqrt{(\Delta x)^2+(\Delta y)^2}}\to 0.$$

故此时 $f(x,y)$ 在点 $(0,0)$ 处可微，且 $\mathrm{d}f=0$.

例 17 设函数 $f(x,y)$ 在闭单位圆 $\{(x,y)\mid x^2+y^2\leqslant 1\}$ 上有连续的偏导数，并且 $f(1,0)=f(0,1)$. 求证：在单位圆上至少有两点满足方程

$$y\frac{\partial}{\partial x}f(x,y)=x\frac{\partial}{\partial y}f(x,y).$$

证明 令 $\varphi(\theta)=f(\cos\theta,\sin\theta)$，则 $\varphi(\theta)$ 是以 2π 为周期的连续函数，且

$$\varphi(0)=\varphi\left(\frac{\pi}{2}\right)=\varphi(2\pi),$$

故由罗尔定理可知，$\exists\theta_1,\theta_2$，$0<\theta_1<\dfrac{\pi}{2}$，$\dfrac{\pi}{2}<\theta_2<2\pi$，使得

$$\varphi'(\theta_1)=\varphi'(\theta_2)=0.$$

而
$$\varphi'(\theta)=-\sin\theta\frac{\partial f}{\partial x}+\frac{\partial f}{\partial y}\cos\theta=-y\frac{\partial f}{\partial x}+x\frac{\partial f}{\partial y},$$

将 θ_1, θ_2 代入上式即知, 至少有两点:$(\cos\theta_1, \sin\theta_1)$, $(\cos\theta_2, \sin\theta_2)$ 在单位圆上, 满足方程

$$y\frac{\partial f}{\partial x} - x\frac{\partial f}{\partial y} = 0.$$

例 18 设 $f(x,y)$ 与 $g(x,y)$ 满足下列条件:

① 在点 $(0,0)$ 附近除 $(0,0)$ 外可微;

② $\lim\limits_{(x,y)\to(0,0)} f(x,y) = \lim\limits_{(x,y)\to(0,0)} g(x,y) = 0$;

③ $xg'_x(x,y) + yg'_y(x,y) \neq 0$;

④ $\lim\limits_{(x,y)\to(0,0)} \dfrac{xf'_x(x,y) + yf'_y(x,y)}{xg'_x(x,y) + yg'_y(x,y)} = l.$

求证: $\lim\limits_{(x,y)\to(0,0)} \dfrac{f(x,y)}{g(x,y)} = l.$

证明 引入极坐标

$$\begin{cases} x = r\cos\theta, \\ y = r\sin\theta, \end{cases}$$

则极限过程 $\lim\limits_{(x,y)\to(0,0)}$ 相当于 $\lim\limits_{r\to 0}$ (关于 $\theta \in [-\pi, \pi]$ 一致). 由于

$$\frac{f(x,y)}{g(x,y)} = \frac{f(r\cos\theta, r\sin\theta)}{g(r\cos\theta, r\sin\theta)} = \frac{F(r,\theta)}{G(r,\theta)},$$

所以极限 $\lim\limits_{(x,y)\to(0,0)} \dfrac{f(x,y)}{g(x,y)}$ 的存在性及其极限值, 与关于 θ 一致的极限 $\lim\limits_{r\to 0} \dfrac{F(r,\theta)}{G(r,\theta)}$ 的存在性及其极限值是一致的.

固定 θ, 则 $F(r,\theta)$ 与 $G(r,\theta)$ 作为 r 的函数, 在 $r = 0$ 附近满足一元函数洛必达法则的一切条件, 即

$$\lim_{r\to 0} F(r,\theta) = \lim_{r\to 0} G(r,\theta) = 0.$$

又 $F'_r = \dfrac{\partial F}{\partial r}$ 与 $G'_r = \dfrac{\partial G}{\partial r}$ 存在, 并且 $G'_r \neq 0$, 则

$$\lim_{r\to 0} \frac{F'_r}{G'_r} = \lim_{r\to 0} \frac{f'_x\cos\theta + f'_y\sin\theta}{g'_x\cos\theta + g'_y\sin\theta} = \frac{xf'_x(x,y) + yf'_y(x,y)}{xg'_x(x,y) + yg'_y(x,y)} = l,$$

并且以上极限 $\lim\limits_{r\to 0}$ 都是关于 θ 一致的. 由一元函数洛必达法则可知

$$\lim_{r\to 0}\frac{F(r,\theta)}{G(r,\theta)}=\lim_{r\to 0}\frac{F'_r}{G'_r}=l,$$

并且也是关于 θ 是一致的. 所以

$$\lim_{(x,y)\to(0,0)}\frac{f(x,y)}{g(x,y)}=l.$$

例 19 设 $u=f(z)$, 其中 z 为由方程 $z=x+y\varphi(z)$ 所定义的变量为 x 和 y 的隐函数. 求证:

$$\frac{\partial^n u}{\partial y^n}=\frac{\partial^{n-1}}{\partial x^{n-1}}\left((\varphi(z))^n\frac{\partial u}{\partial x}\right),$$

其中 $\varphi(z)$ 无穷次可微.

证明 由隐函数存在定理得

$$\frac{\partial z}{\partial x}=1+y\varphi'(z)\frac{\partial z}{\partial x}\Rightarrow\frac{\partial z}{\partial x}=\frac{-1}{y\varphi'(z)-1},$$

$$\frac{\partial z}{\partial y}=\varphi(z)+y\varphi'(z)\frac{\partial z}{\partial y}\Rightarrow\frac{\partial z}{\partial y}=\frac{-\varphi(z)}{y\varphi'(z)-1}.$$

因此

$$\frac{\partial u}{\partial x}=\frac{\partial u}{\partial z}\cdot\frac{\partial z}{\partial x}=f'(z)\frac{-1}{y\varphi'(z)-1},$$

$$\frac{\partial u}{\partial y}=\frac{\partial u}{\partial z}\cdot\frac{\partial z}{\partial y}=f'(z)\frac{-\varphi(z)}{y\varphi'(z)-1}.$$

于是

$$\frac{\partial u}{\partial y}=\varphi(z)\frac{\partial u}{\partial x},$$

即公式当 $n=1$ 时成立. 此外, 对任意的可微函数 $g(z)$ 有

$$\begin{aligned}\frac{\partial}{\partial y}\left(g(z)\frac{\partial u}{\partial x}\right)&=g'(z)\frac{\partial z}{\partial y}\cdot\frac{\partial u}{\partial x}+g(z)\frac{\partial^2 u}{\partial y\partial x}\\&=g'(z)\varphi(z)\frac{\partial z}{\partial x}\cdot\frac{\partial u}{\partial x}+g(z)\frac{\partial}{\partial x}\left(\varphi(z)\frac{\partial u}{\partial x}\right),\end{aligned}\tag{1}$$

$$\frac{\partial}{\partial x}\left(g(z)\varphi(z)\frac{\partial u}{\partial x}\right) = g'(z)\varphi(z)\frac{\partial z}{\partial x}\cdot\frac{\partial u}{\partial x} + g(z)\frac{\partial}{\partial x}\left(\varphi(z)\frac{\partial u}{\partial x}\right). \quad (2)$$

比较 (1), (2) 两式, 即知

$$\frac{\partial}{\partial y}\left(g(z)\frac{\partial u}{\partial x}\right) = \frac{\partial}{\partial x}\left(g(z)\varphi(z)\frac{\partial u}{\partial x}\right). \quad (3)$$

由 (3) 式, 若令 $g(z) = \varphi(z)$, 可见公式当 $n = 2$ 时也成立.

用数学归纳法, 设 $n = k$ 公式成立, 即

$$\frac{\partial^k u}{\partial y^k} = \frac{\partial^{k-1}}{\partial x^{k-1}}\left((\varphi(z))^k\frac{\partial u}{\partial x}\right),$$

则

$$\begin{array}{ccc} \dfrac{\partial^{k+1} u}{\partial y^{k+1}} & & \dfrac{\partial^{k-1}}{\partial x^{k-1}}\dfrac{\partial}{\partial y}\left((\varphi(z))^k\dfrac{\partial u}{\partial x}\right) \\ \| & & \| \\ \dfrac{\partial}{\partial y}\left(\dfrac{\partial^k u}{\partial y^k}\right) & = & \dfrac{\partial}{\partial y}\dfrac{\partial^{k-1}}{\partial x^{k-1}}\left((\varphi(z))^k\dfrac{\partial u}{\partial x}\right) \end{array}$$

从此 U 形等式串的两端即知

$$\frac{\partial^{k+1} u}{\partial y^{k+1}} = \frac{\partial^{k-1}}{\partial x^{k-1}}\frac{\partial}{\partial y}\left((\varphi(z))^k\frac{\partial u}{\partial x}\right). \quad (4)$$

进一步在 (3) 式中取 $g(z) = (\varphi(z))^{k-1}$, 即得

$$\frac{\partial}{\partial y}\left((\varphi(z))^k\frac{\partial u}{\partial x}\right) = \frac{\partial}{\partial x}\left((\varphi(z))^k\frac{\partial u}{\partial x}\right),$$

将上式代入 (4) 式, 即得

$$\frac{\partial^{k+1} u}{\partial y^{k+1}} = \frac{\partial^k}{\partial x^k}\left((\varphi(z))^k\frac{\partial u}{\partial x}\right).$$

于是, 公式对一切自然数 n 均成立.

例 20 若 $\dfrac{\partial u}{\partial x} + \dfrac{\partial u}{\partial y} + \dfrac{\partial u}{\partial z} = 0$, 求证: 任一可微函数 $u = g(y - x, z - x, c)$ 都是它的解 (其中 c 是任意常数).

证明 令 $s = y - x, t = z - x$,则

$$\frac{\partial u}{\partial x} = \frac{\partial g}{\partial s} \cdot \frac{\partial s}{\partial x} + \frac{\partial g}{\partial t} \cdot \frac{\partial t}{\partial x} = -\frac{\partial g}{\partial s} - \frac{\partial g}{\partial t},$$

$$\frac{\partial u}{\partial y} = \frac{\partial g}{\partial s}, \quad \frac{\partial u}{\partial z} = \frac{\partial g}{\partial t}.$$

于是

$$\frac{\partial u}{\partial x} + \frac{\partial u}{\partial y} + \frac{\partial u}{\partial z} = -\frac{\partial g}{\partial s} - \frac{\partial g}{\partial t} + \frac{\partial g}{\partial s} + \frac{\partial g}{\partial t} = 0.$$

从而任何可微函数 $u = g(y-x, z-x, c)$ 都是偏微分方程 $\dfrac{\partial u}{\partial x} + \dfrac{\partial u}{\partial y} + \dfrac{\partial u}{\partial z} = 0$ 的一个解函数.

例 21 若 M_0 是 $f(x,y)$ 的极小点,且在 M_0 点 f''_{xx}, f''_{yy} 存在. 求证: 在 M_0 点, $f''_{xx} + f''_{yy} \geqslant 0$.

证明 因为 M_0 是 $f(x,y)$ 的极小点,故

$$\left.\frac{\partial f}{\partial x}\right|_{M_0} = \left.\frac{\partial f}{\partial y}\right|_{M_0} = 0.$$

由 Taylor 展开式有

$$0 \leqslant f(x+h, y) - f(x, y) = \left.\frac{\partial^2 f}{\partial x^2}\right|_{M_0} \frac{h^2}{2} + o(h^2),$$

$$0 \leqslant f(x, y+h) - f(x, y) = \left.\frac{\partial^2 f}{\partial y^2}\right|_{M_0} \frac{h^2}{2} + o(h^2).$$

故

$$h^2 \left(\frac{\partial^2 f}{\partial x^2} + \frac{\partial^2 f}{\partial y^2}\right)\bigg|_{M_0} + o(h^2) \geqslant 0,$$

上式两边除以 h^2 得

$$\left(\frac{\partial^2 f}{\partial x^2} + \frac{\partial^2 f}{\partial y^2}\right)\bigg|_{M_0} + o(1) \geqslant 0.$$

对上式让 $h \to 0$ 取极限,因为 $\lim\limits_{h \to 0} o(1) = 0$,所以

$$\left(\frac{\partial^2 f}{\partial x^2} + \frac{\partial^2 f}{\partial y^2}\right)\bigg|_{M_0} \geqslant 0.$$

例 22 设函数 $F(x,y)$ 在点 (x_0,y_0) 的某邻域内有连续的二阶偏导函数, 且
$$F(x_0,y_0)=0, \quad F'_x(x_0,y_0)=0,$$
$$F'_y(x_0,y_0)>0, \quad F''_{xx}(x_0,y_0)<0.$$

求证: 由方程 $F(x,y)=0$ 确定的定义于点 x_0 邻近的隐函数 $y=y(x)$ 在点 x_0 达到 (局部) 极小.

证明 由隐函数存在定理, 在点 x_0 的邻近有
$$y'(x)=-\left.\frac{F'_x}{F'_y}\right|_{(x,y)}, \quad y'(x_0)=0.$$
$$y''(x)=-\frac{F''_{xx}F'_y-F'_xF''_{xy}}{F'^2_y}.$$

注意到 $F'_x(x_0,y_0)=0$, 故有
$$y''(x_0)=-\frac{F''_{xx}(x_0,y_0)F'_y(x_0,y_0)}{F'^2_y(x_0,y_0)}>0.$$

由极值判别条件知, $y(x)$ 于 x_0 点达到极小值.

例 23 求 $u=x-2y+2z$ 在 $x^2+y^2+z^2=1$ 下的极值.

解 法一 从约束方程解出 $z=\pm\sqrt{1-x^2-y^2}$, 代入函数表达式得
$$u_1=x-2y+\sqrt{1-x^2-y^2},$$
$$u_2=x-2y-\sqrt{1-x^2-y^2}.$$

转化为求二元函数 u_1,u_2 的自由极值问题.

先求 u_1 的极值, 由
$$\begin{cases} \dfrac{\partial u_1}{\partial x}=1+\dfrac{-2x}{\sqrt{1-x^2-y^2}}=0, \\ \dfrac{\partial u_1}{\partial y}=-2+\dfrac{-2y}{\sqrt{1-x^2-y^2}}=0, \end{cases}$$

即
$$\begin{cases} \sqrt{1-x^2-y^2} - 2x = 0, \\ \sqrt{1-x^2-y^2} + y = 0, \end{cases}$$

解得唯一驻点 $\left(\dfrac{1}{3}, -\dfrac{2}{3}\right)$. 又

$$A = \left.\frac{\partial^2 u_1}{\partial x^2}\right|_{\left(\frac{1}{3}, -\frac{2}{3}\right)} = 2\left.\frac{y^2-1}{(-x^2-y^2+1)^{\frac{3}{2}}}\right|_{x=\frac{1}{3}, y=-\frac{2}{3}} = -\frac{15}{4},$$

$$B = \left.\frac{\partial^2 u_1}{\partial x \partial y}\right|_{\left(\frac{1}{3}, -\frac{2}{3}\right)} = -2x\left.\frac{y}{(-x^2-y^2+1)^{\frac{3}{2}}}\right|_{x=\frac{1}{3}, y=-\frac{2}{3}} = \frac{3}{2},$$

$$C = \left.\frac{\partial^2 u_1}{\partial y^2}\right|_{\left(\frac{1}{3}, -\frac{2}{3}\right)} = 2\left.\frac{x^2-1}{\sqrt{-x^2-y^2+1}}\right|_{x=\frac{1}{3}, y=-\frac{2}{3}} = -\frac{8}{3},$$

则
$$B^2 - AC = -\frac{31}{4} < 0, \quad A = -\frac{15}{4} < 0.$$

又此时 $\left.\sqrt{1-x^2-y^2}\right|_{x=\frac{1}{3}, y=-\frac{2}{3}} = \dfrac{2}{3}$. 所以

$$u_1\left(\frac{1}{3}, -\frac{2}{3}\right) = (x - 2y + 2z)|_{x=\frac{1}{3}, y=-\frac{2}{3}, z=\frac{2}{3}} = 3 \text{（极大值）}.$$

再求 u_2 的极值：由方程组

$$\begin{cases} \dfrac{\partial u_2}{\partial x} = 1 - \dfrac{-2x}{\sqrt{1-x^2-y^2}} = 0, \\ \dfrac{\partial u_2}{\partial y} = -2 - \dfrac{-2y}{\sqrt{1-x^2-y^2}} = 0, \end{cases}$$

解得唯一驻点 $\left(-\dfrac{1}{3}, \dfrac{2}{3}\right)$. 又

$$A = \left.\frac{\partial^2 u_2}{\partial x^2}\right|_{\left(-\frac{1}{3}, \frac{2}{3}\right)} = \frac{15}{4},$$

$$B = \left.\frac{\partial^2 u_2}{\partial x \partial y}\right|_{\left(-\frac{1}{3},\frac{2}{3}\right)} = -\frac{3}{2},$$

$$C = \left.\frac{\partial^2 u_1}{\partial y^2}\right|_{\left(-\frac{1}{3},\frac{2}{3}\right)} = \frac{8}{3},$$

则

$$B^2 - AC = -\frac{31}{4} < 0, \quad A = \frac{15}{4} > 0.$$

此时

$$z = \left.-\sqrt{1-x^2-y^2}\right|_{x=-\frac{1}{3},y=\frac{2}{3}} = -\frac{2}{3},$$

$$u_2\left(-\frac{1}{3},\frac{2}{3}\right) = x - 2y + 2z|_{x=-\frac{1}{3},y=\frac{2}{3},z=-\frac{2}{3}} = -3 \text{ (极小值)}.$$

法二 (拉格朗日乘子法) 作函数

$$F(x,y,z,\lambda) = x - 2y + 2z + \lambda\left(x^2 + y^2 + z^2 - 1\right),$$

$$\begin{cases} \dfrac{\partial F}{\partial x} = 1 + 2\lambda x = 0, \\ \dfrac{\partial F}{\partial y} = -2 + 2\lambda y = 0, \\ \dfrac{\partial F}{\partial z} = 2 + 2\lambda z = 0, \\ \dfrac{\partial F}{\partial \lambda} = x^2 + y^2 + z^2 - 1 = 0, \end{cases}$$

解得 $\lambda = \mp\dfrac{3}{2}$, 驻点为

$$\left(\frac{1}{3}, -\frac{2}{3}, \frac{2}{3}\right) \quad \text{和} \quad \left(-\frac{1}{3}, \frac{2}{3}, -\frac{2}{3}\right).$$

对应的 u 值为

$$u_1 = \frac{1}{3} - 2\left(-\frac{2}{3}\right) + 2\left(\frac{2}{3}\right) = 3,$$

$$u_2 = -\frac{1}{3} - 2\left(+\frac{2}{3}\right) + 2\left(-\frac{2}{3}\right) = -3.$$

对解出的 u_1 和 u_2 进行检验：

$$\mathrm{d}F = \mathrm{d}x - 2\mathrm{d}y + 2\mathrm{d}z + 2\lambda x\mathrm{d}x + 2\lambda y\mathrm{d}y + 2\lambda z\mathrm{d}z,$$

$$\mathrm{d}^2 F = 2\lambda(\mathrm{d}x)^2 + 2\lambda(\mathrm{d}y)^2 + 2\lambda(\mathrm{d}z)^2$$
$$= 2\lambda\left[(\mathrm{d}x)^2 + (\mathrm{d}y)^2 + (\mathrm{d}z)^2\right],$$

则

$$当 \lambda = -\frac{3}{2} 时,\quad \mathrm{d}^2 F < 0;$$

$$当 \lambda = \frac{3}{2} 时,\quad \mathrm{d}^2 F > 0.$$

故

$$u\left(\frac{1}{3}, -\frac{2}{3}, \frac{2}{3}\right) = 3(极大值),$$

$$u\left(-\frac{1}{3}, \frac{2}{3}, -\frac{2}{3}\right) = -3(极小值).$$

例 24 设在第一象限内从椭球面 $\dfrac{x^2}{a^2} + \dfrac{y^2}{b^2} + \dfrac{z^2}{c^2} = 1$ 上任取一点 $P(x,y,z)$ 作切平面，设切平面在三条坐标轴上的截距分别为 A,B,C，问点 P 在何位置时能使 $A+B+C$ 达到极小值.

解 设 $F(x,y,z) = \dfrac{x^2}{a^2} + \dfrac{y^2}{b^2} + \dfrac{z^2}{c^2} - 1$，则在椭球面上任一点 $P(x,y,z)$ 的法向量为

$$\left(F'_x, F'_y, F'_z\right)_P = \left(\frac{2x}{a^2}, \frac{2y}{b^2}, \frac{2z}{c^2}\right),\quad x>0, y>0, z>0,$$

切平面为

$$\frac{x}{a^2}(X-x) + \frac{y}{b^2}(Y-y) + \frac{z}{c^2}(Z-z) = 0,$$

其中 (X,Y,Z) 为切平面上异于 P 的点，即

$$\frac{X}{a^2/x} + \frac{Y}{b^2/y} + \frac{Z}{c^2/z} = \frac{x^2}{a^2} + \frac{y^2}{b^2} + \frac{z^2}{c^2} = 1$$

(上式最后一个等号成立是因为 $P(x,y,z)$ 在椭球面上). 因此, 切平面在三条坐标轴上的截距分别为
$$A = \frac{a^2}{x}, \quad B = \frac{b^2}{y}, \quad C = \frac{c^2}{z}.$$

要求点 $P(x,y,z)$, 使得 $A+B+C$ 极小, 就是求点 $P(x,y,z)$ ($x>0, y>0, z>0$), 使得 $A+B+C$ 在条件 $\dfrac{x^2}{a^2} + \dfrac{y^2}{b^2} + \dfrac{z^2}{c^2} = 1$ 下的极小值. 作函数
$$F(x,y,z,\lambda) = \frac{a^2}{x} + \frac{b^2}{y} + \frac{c^2}{z} + \lambda\left(\frac{x^2}{a^2} + \frac{y^2}{b^2} + \frac{z^2}{c^2} - 1\right).$$

$$\begin{cases}
\dfrac{\partial F}{\partial x} = -\dfrac{a^2}{x^2} + \lambda\dfrac{2x}{a^2} = 0, & (1) \\[2mm]
\dfrac{\partial F}{\partial y} = -\dfrac{b^2}{y^2} + \lambda\dfrac{2y}{b^2} = 0, & (2) \\[2mm]
\dfrac{\partial F}{\partial z} = -\dfrac{c^2}{z^2} + \lambda\dfrac{2z}{c^2} = 0, & (3) \\[2mm]
\dfrac{\partial F}{\partial \lambda} = \dfrac{x^2}{a^2} + \dfrac{y^2}{b^2} + \dfrac{z^2}{c^2} - 1 = 0. & (4)
\end{cases}$$

由 (1), (2), (3) 式解得
$$x = \left(\frac{a^4}{2\lambda}\right)^{\frac{1}{3}}, \quad y = \left(\frac{b^4}{2\lambda}\right)^{\frac{1}{3}}, \quad z = \left(\frac{c^4}{2\lambda}\right)^{\frac{1}{3}}.$$

代入 (4) 式, 求得
$$(2\lambda)^{\frac{1}{3}} = \left(a^{\frac{2}{3}} + b^{\frac{2}{3}} + c^{\frac{2}{3}}\right)^{\frac{1}{2}}.$$

记 $\gamma = \dfrac{1}{\left(a^{\frac{2}{3}} + b^{\frac{2}{3}} + c^{\frac{2}{3}}\right)^{\frac{1}{2}}}$, 则得唯一驻点:
$$(x,y,z) = \gamma\left(a^{\frac{4}{3}}, b^{\frac{4}{3}}, c^{\frac{4}{3}}\right).$$

由实际问题知, 所得驻点即为所求之切点坐标.

例 25 设 $f(x,y,z) = \sqrt{\dfrac{x^4 + y^4 + z^4}{x^2 + y^2 + z^2}}$, 求 $x\dfrac{\partial f}{\partial x} + y\dfrac{\partial f}{\partial y} + z\dfrac{\partial f}{\partial z}$.

解

$$\frac{\partial f}{\partial x} = \frac{1}{x^2+y^2+z^2}\left(\frac{\sqrt{x^2+y^2+z^2}}{\sqrt{x^4+y^4+z^4}} - \frac{x\sqrt{x^4+y^4+z^4}}{\sqrt{x^2+y^2+z^2}}\right)$$

$$= \frac{1}{x^2+y^2+z^2}\left(2x^3\sqrt{\frac{x^4+y^4+z^4}{x^2+y^2+z^2}} - x\sqrt{\frac{x^2+y^2+z^2}{x^4+y^4+z^4}}\right)$$

$$= \frac{1}{x^2+y^2+z^2}\left(\frac{2x^3}{f} - xf\right),$$

从此即知

$$\frac{\partial f}{\partial x} = \frac{1}{x^2+y^2+z^2}\left(\frac{2x^3}{f} - xf\right).$$

利用对称性可得

$$\frac{\partial f}{\partial y} = \frac{1}{x^2+y^2+z^2}\left(\frac{2y^3}{f} - yf\right),$$

$$\frac{\partial f}{\partial z} = \frac{1}{x^2+y^2+z^2}\left(\frac{2z^3}{f} - zf\right).$$

故有

$$x\frac{\partial f}{\partial x} + y\frac{\partial f}{\partial y} + z\frac{\partial f}{\partial z} \qquad\qquad f$$

$$\|\qquad\qquad\qquad\qquad\qquad\qquad \|$$

$$\frac{1}{x^2+y^2+z^2}\begin{pmatrix}\dfrac{2x^4}{f} - x^2 f \\ + \\ \dfrac{2y^4}{f} - y^2 f \\ + \\ \dfrac{2z^4}{f} - z^2 f\end{pmatrix} \qquad \frac{2}{f}\cdot f^2 - f$$

$$\|\qquad\qquad\qquad\qquad\qquad\qquad \|$$

$$\frac{1}{x^2+y^2+z^2}\left[\frac{2}{f}(x^4+y^4+z^4) - f\cdot(x^2+y^2+z^2)\right] = \frac{2}{f}\cdot\frac{x^4+y^4+z^4}{x^2+y^2+z^2} - f$$

从此 U 形等式串的两端即知
$$x\frac{\partial f}{\partial x} + y\frac{\partial f}{\partial y} + z\frac{\partial f}{\partial z} = f.$$

例 26 设函数 $\begin{cases} u = u(x,y), \\ v = v(x,y) \end{cases}$ 由

$$\begin{cases} x + y + u + v = 2, \\ x^2 + y^2 + u^2 + v^2 = 4 \end{cases}$$

所确定, 计算在 $\begin{cases} x = 0, \\ y = 0, \end{cases}$ $u > v$ 处 u_x, u_y, v_x, v_y 的值.

解 用隐函数组求导法可得

$$\begin{cases} 1 + u_x + v_x = 0, \\ 2x + 2u \cdot u_x + 2v \cdot v_x = 0, \end{cases}$$

及

$$\begin{cases} 1 + u_y + v_y = 0, \\ 2y + 2u \cdot u_y + 2v \cdot v_y = 0, \end{cases}$$

整理得

$$\begin{cases} 1 + u_x + v_x = 0, \\ x + uu_x + vv_x = 0, \end{cases} \quad 及 \quad \begin{cases} 1 + u_y + v_y = 0, \\ y + uu_y + vv_y = 0. \end{cases}$$

解以 u_x, v_x, u_y, v_y 为未知数的四元联立方程组得

$$u_x = \frac{1}{u-v}(v-x), \quad u_y = \frac{1}{u-v}(v-y),$$

$$v_x = -\frac{1}{u-v}(u-x), \quad v_y = -\frac{1}{u-v}(u-y).$$

而在 $\begin{cases} x = 0, \\ y = 0, \end{cases}$ $u > v$ 时, 有

$$\begin{cases} u + v = 2, \\ u^2 + v^2 = 4, \end{cases} \Rightarrow \begin{cases} u^2 + 2uv + v^2 = 4, \\ u^2 + v^2 = 4, \end{cases} \Rightarrow 2uv = 0.$$

故从
$$\begin{cases} u+v=2, \\ 2uv=0, \end{cases}$$
解得
$$\begin{cases} u=2, \\ v=0, \end{cases} \text{或} \begin{cases} u=0, \\ v=2, \end{cases}$$
由假设 $u>v$，故取
$$\begin{cases} u=2, \\ v=0. \end{cases}$$
代入刚才解四元联立方程组所得的 u_x, v_x, u_y, v_y，即得
$$u_x=0, \quad u_y=0, \quad v_x=-1, \quad v_y=-1.$$

例 27 已知方程 $x=f(u,v)$，$y=g(u,v)$，$z=h(u,v)$。问在什么条件下它们定义 z 为 x 与 y 的函数，且有偏导数 z'_x, z'_y，并求出 z'_x。

解 记
$$\begin{cases} F(x,y,u,v)=x-f(u,v)=0, \\ G(x,y,u,v)=y-g(u,v)=0, \end{cases}$$
因为
$$\begin{cases} F_x=1, F_y=0, F_u=-\dfrac{\partial f}{\partial u}, F_v=-\dfrac{\partial f}{\partial v}, \\ G_x=0, G_y=1, G_u=-\dfrac{\partial g}{\partial u}, G_v=-\dfrac{\partial g}{\partial v}, \end{cases}$$
且
$$\frac{\partial(F,G)}{\partial(x,y)}=\begin{vmatrix} 1 & 0 \\ 0 & 1 \end{vmatrix}=1 \neq 0,$$
所以若
$$\begin{cases} F(x_0,y_0,u_0,v_0)=0, \\ G(x_0,y_0,u_0,v_0)=0, \end{cases}$$
且在 (x_0,y_0,u_0,v_0) 某一邻域内 $\dfrac{\partial f}{\partial u}, \dfrac{\partial f}{\partial v}, \dfrac{\partial g}{\partial u}, \dfrac{\partial g}{\partial v}$ 存在并连续，则可确定
$$z=h(u,v)=h(u(x,y),v(x,y))=H(x,y)$$

为 x 和 y 的函数.

对 x 求偏导数可得

$$\begin{cases} 1 = \dfrac{\partial f}{\partial u} \cdot \dfrac{\partial u}{\partial x} + \dfrac{\partial f}{\partial v} \cdot \dfrac{\partial v}{\partial x}, \\ 0 = \dfrac{\partial g}{\partial u} \cdot \dfrac{\partial u}{\partial x} + \dfrac{\partial g}{\partial v} \cdot \dfrac{\partial v}{\partial x}, \\ \dfrac{\partial z}{\partial x} = \dfrac{\partial h}{\partial u} \cdot \dfrac{\partial u}{\partial x} + \dfrac{\partial h}{\partial v} \cdot \dfrac{\partial v}{\partial x}. \end{cases} \qquad (1)$$

记

$$D = \begin{vmatrix} \dfrac{\partial f}{\partial u} & \dfrac{\partial f}{\partial v} \\ \dfrac{\partial g}{\partial u} & \dfrac{\partial g}{\partial v} \end{vmatrix},$$

则由方程组 (1) 的前两个方程

$$\begin{cases} \dfrac{\partial f}{\partial u} \cdot \dfrac{\partial u}{\partial x} + \dfrac{\partial f}{\partial v} \cdot \dfrac{\partial v}{\partial x} = 1, \\ \dfrac{\partial g}{\partial u} \cdot \dfrac{\partial u}{\partial x} + \dfrac{\partial g}{\partial v} \cdot \dfrac{\partial v}{\partial x} = 0, \end{cases}$$

可解得

$$\frac{\partial u}{\partial x} = \frac{1}{D} \frac{\partial g}{\partial v}, \quad \frac{\partial v}{\partial x} = -\frac{1}{D} \frac{\partial g}{\partial u}.$$

最后将此结果代入方程组 (1) 的第三个方程, 即得

$$\frac{\partial z}{\partial x} = \frac{1}{D} \left(\frac{\partial h}{\partial u} \cdot \frac{\partial g}{\partial v} - \frac{\partial h}{\partial v} \cdot \frac{\partial g}{\partial u} \right).$$

例 28 设 z 为 x, y 的可微函数, 试将方程

$$x^2 \frac{\partial z}{\partial x} + y^2 \frac{\partial z}{\partial y} = z^2$$

按照变量替换公式 $x = u, y = \dfrac{u}{1+uv}, z = \dfrac{u}{1+uw}$ 变换为 u, v, w 的方程.

解 从

$$\begin{cases} x = u, \\ y = \dfrac{u}{1+uv}, \\ z = \dfrac{u}{1+uw}, \end{cases}$$

解出

$$\begin{cases} u = x, \\ v = \dfrac{1}{y} - \dfrac{1}{x}, \\ w = \dfrac{1}{z} - \dfrac{1}{x}. \end{cases}$$

则有

$$\begin{cases} \mathrm{d}u = \mathrm{d}x, \\ \mathrm{d}v = \dfrac{1}{x^2}\mathrm{d}x - \dfrac{1}{y^2}\mathrm{d}y, \\ \mathrm{d}w = \dfrac{1}{x^2}\mathrm{d}x - \dfrac{1}{z^2}\mathrm{d}z. \end{cases}$$

于是,

$$\frac{1}{x^2}\mathrm{d}x - \frac{1}{z^2}\mathrm{d}z = \frac{\partial w}{\partial u}\mathrm{d}x + \frac{\partial w}{\partial v}\left(\frac{1}{x^2}\mathrm{d}x - \frac{1}{y^2}\mathrm{d}y\right).$$

由此解出

$$\mathrm{d}z = z^2\left(\frac{1}{x^2} - \frac{\partial w}{\partial u} - \frac{1}{x^2}\frac{\partial w}{\partial v}\right)\mathrm{d}x + \frac{z^2}{y^2}\frac{\partial w}{\partial v}\mathrm{d}y,$$

从此即知

$$\frac{\partial z}{\partial x} = z^2\left(\frac{1}{x^2} - \frac{\partial w}{\partial u} - \frac{1}{x^2}\frac{\partial w}{\partial v}\right),$$

$$\frac{\partial z}{\partial y} = \frac{z^2}{y^2}\frac{\partial w}{\partial v}.$$

代入原方程, 得

$$z^2\left(1 - x^2\frac{\partial w}{\partial u} - \frac{\partial w}{\partial v}\right) + z^2\frac{\partial w}{\partial v} = z^2,$$

化简即得
$$z^2 x^2 \frac{\partial w}{\partial u} = 0.$$
又因为 $z \neq 0$, $x \neq 0$, 故得 $\frac{\partial w}{\partial u} = 0$.

例 29 设函数 $z = z(x, y)$ 具有二阶连续偏导数, 且满足方程
$$\frac{\partial^2 z}{\partial x^2} + \frac{\partial^2 z}{\partial x \partial y} + \frac{\partial z}{\partial x} = z.$$
现作自变量的代换:
$$u = \frac{x+y}{2}, \quad v = \frac{x-y}{2};$$
及因变量代换:
$$w = z e^y.$$
将上述方程变换为函数 $w = w(u, v)$, 求 w 关于 u, v 的偏导数所满足的方程.

解 从
$$\begin{cases} u = \dfrac{x+y}{2}, \\ v = \dfrac{x-y}{2} \end{cases}$$
容易解出
$$x = u + v, \quad y = u - v.$$
而由 $w = z e^y$ 可解出 $z = w e^{-y}$. 故有
$$\frac{\partial z}{\partial x} = e^{-y} \left(\frac{1}{2} \frac{\partial w}{\partial u} + \frac{1}{2} \frac{\partial w}{\partial v} \right) = \frac{1}{2} e^{-y} \left(\frac{\partial w}{\partial u} + \frac{\partial w}{\partial v} \right),$$
$$\frac{\partial^2 z}{\partial x^2} = \frac{1}{4} e^{-y} \left(\frac{\partial^2 w}{\partial u^2} + 2 \frac{\partial^2 w}{\partial u \partial v} + \frac{\partial^2 w}{\partial v^2} \right),$$
$$\frac{\partial^2 z}{\partial x \partial y} = -\frac{1}{2} e^{-y} \left(\frac{\partial w}{\partial u} + \frac{\partial w}{\partial v} \right) + \frac{1}{4} e^{-y} \left(\frac{\partial^2 w}{\partial u^2} - \frac{\partial^2 w}{\partial v^2} \right).$$
所以原方程变为
$$\frac{1}{2} e^{-y} \left(\frac{\partial^2 w}{\partial u^2} + \frac{\partial^2 w}{\partial u \partial v} \right) = w e^{-y},$$

即
$$\frac{\partial^2 w}{\partial u^2} + \frac{\partial^2 w}{\partial u \partial v} = 2w.$$

例 30 设 $z = f(x,y)$ 是二次连续可微函数, 又有关系式
$$u = x + ay, \quad v = x - ay,$$

其中 a 是不为 0 的常数. 求证:
$$a^2 \frac{\partial^2 z}{\partial x^2} - \frac{\partial^2 z}{\partial y^2} = 4a^2 \frac{\partial^2 z}{\partial u \partial v}.$$

证明 由
$$\begin{cases} u = x + ay, \\ v = x - ay, \end{cases} \Rightarrow \begin{cases} x = \dfrac{1}{2}(u+v), \\ y = \dfrac{1}{2a}(u-v). \end{cases}$$

由复合函数求导法则得
$$\frac{\partial z}{\partial u} = \frac{\partial z}{\partial x}\frac{\partial x}{\partial u} + \frac{\partial z}{\partial y}\frac{\partial y}{\partial u} = \frac{1}{2}\frac{\partial z}{\partial x} + \frac{1}{2a}\frac{\partial z}{\partial y},$$

$$\begin{array}{ccc}
\dfrac{\partial^2 z}{\partial u \partial v} & & \dfrac{1}{4a^2}\left(a^2 \dfrac{\partial^2 z}{\partial x^2} - \dfrac{\partial^2 z}{\partial y^2}\right) \\
\| & & \| \\
\dfrac{\partial}{\partial v}\left(\dfrac{1}{2}\dfrac{\partial z}{\partial x} + \dfrac{1}{2a}\dfrac{\partial z}{\partial y}\right) & & \dfrac{1}{4}\dfrac{\partial^2 z}{\partial x^2} - \dfrac{1}{4a^2}\dfrac{\partial^2 z}{\partial y^2} \\
\| & & \| \\
\dfrac{1}{2}\dfrac{\partial}{\partial v}\left(\dfrac{\partial z}{\partial x}\right) & & \dfrac{1}{2}\left(\dfrac{1}{2}\dfrac{\partial^2 z}{\partial x^2} - \dfrac{1}{2a}\dfrac{\partial^2 z}{\partial x \partial y}\right) \\
+ & = & + \\
\dfrac{1}{2a}\dfrac{\partial}{\partial v}\left(\dfrac{\partial z}{\partial y}\right) & & \dfrac{1}{2a}\left(\dfrac{1}{2}\dfrac{\partial^2 z}{\partial x \partial y} - \dfrac{1}{2a}\dfrac{\partial^2 z}{\partial y^2}\right)
\end{array}$$

从此 U 形等式串的两端即知
$$\frac{\partial^2 z}{\partial u \partial v} = \frac{1}{4a^2}\left(a^2 \frac{\partial^2 z}{\partial x^2} - \frac{\partial^2 z}{\partial y^2}\right),$$

即
$$a^2\frac{\partial^2 z}{\partial x^2} - \frac{\partial^2 z}{\partial y^2} = 4a^2\frac{\partial^2 z}{\partial u \partial v}.$$

例 31 在方程
$$\frac{\partial^2 z}{\partial x^2} + 2\frac{\partial^2 z}{\partial x \partial y} + \frac{\partial^2 z}{\partial y^2} = 0$$
中作代换
$$u = x+y, \quad v = x-y, \quad w = xy-z,$$
其中视 w 是 u,v 的函数, 求代换后的方程.

解 将 $z = xy - w$ 关于 x 和关于 y 分别求导, 注意到 w 是 u,v 的函数, 而 u,v 又是 x,y 的函数, 由链式法则, 得

$$\frac{\partial z}{\partial x} = y - \left(\frac{\partial w}{\partial u}\frac{\partial u}{\partial x} + \frac{\partial w}{\partial v}\frac{\partial v}{\partial x}\right) = y - \left(\frac{\partial w}{\partial u} + \frac{\partial w}{\partial v}\right),$$

$$\frac{\partial z}{\partial y} = x - \left(\frac{\partial w}{\partial u}\frac{\partial u}{\partial y} + \frac{\partial w}{\partial v}\frac{\partial v}{\partial y}\right) = x - \left(\frac{\partial w}{\partial u} - \frac{\partial w}{\partial v}\right);$$

同样又得
$$\frac{\partial^2 z}{\partial x^2} = -\frac{\partial^2 w}{\partial u^2} - \frac{\partial^2 w}{\partial u \partial v} - \frac{\partial^2 w}{\partial v^2},$$

$$\frac{\partial^2 z}{\partial x \partial y} = 1 - \frac{\partial^2 w}{\partial u^2} + \frac{\partial^2 w}{\partial v^2},$$

$$\frac{\partial^2 z}{\partial y^2} = -\frac{\partial^2 w}{\partial u^2} + 2\frac{\partial^2 w}{\partial u \partial v} - \frac{\partial^2 w}{\partial v^2},$$

代入所给方程, 得
$$\frac{\partial^2 w}{\partial u^2} = \frac{1}{2}.$$

例 32 在方程
$$(xy+z)\frac{\partial z}{\partial x} + (1-y^2)\frac{\partial z}{\partial y} = x+yz$$
中作代换
$$u = yz-x, \quad v = xz-y, \quad w = xy-z,$$

其中视 w 是 u,v 的函数,求代换后的方程.

解 将 $z = xy - w$ 关于 x 求导,注意到 w 是 u,v 的函数,而 u,v 又是 x,y,z 的函数,由链式法则,得

$$\frac{\partial z}{\partial x} = y - \left(\frac{\partial w}{\partial u}\frac{\partial u}{\partial x} + \frac{\partial w}{\partial v}\frac{\partial v}{\partial x}\right)$$
$$= y - \left[\frac{\partial w}{\partial u}\left(y\frac{\partial z}{\partial x} - 1\right) + \frac{\partial w}{\partial v}\left(z + x\frac{\partial z}{\partial x}\right)\right].$$

把上式两端看作以 $\dfrac{\partial z}{\partial x}$ 为未知数的方程并由此解得

$$\frac{\partial z}{\partial x} = \frac{y + \dfrac{\partial w}{\partial u} - z\dfrac{\partial w}{\partial v}}{1 + y\dfrac{\partial w}{\partial u} + x\dfrac{\partial w}{\partial v}}.$$

再将 $z = xy - w$ 关于 y 求导,得

$$\frac{\partial z}{\partial y} = x - \left[\frac{\partial w}{\partial u}\left(z + y\frac{\partial z}{\partial y}\right) + \frac{\partial w}{\partial v}\left(x\frac{\partial z}{\partial y} - 1\right)\right],$$

由此解出

$$\frac{\partial z}{\partial y} = \frac{x + \dfrac{\partial w}{\partial v} - z\dfrac{\partial w}{\partial u}}{1 + y\dfrac{\partial w}{\partial u} + x\dfrac{\partial w}{\partial v}}.$$

代入所给方程,化简得

$$\frac{\partial w}{\partial u} = 0.$$

例 33 设函数 $F(x,y)$ 在平面区域 G 内有定义,且一阶偏导连续. 又设方程 $F(x,y) = 0$ 的图形是一条自身不相交的封闭曲线 Γ,$\Gamma \subset G$,并且在 Γ 的每一点上 $F'_x(x,y)$ 和 $F'_y(x,y)$ 不同时为零. 求证:若 AB 是 Γ 的一条极大弦 (即 A,B 是 Γ 上的两点,且存在点 A 的邻域 $\mathcal{U}(A)$ 和点 B 的邻域 $\mathcal{U}(B)$,使得当点 $C \in \mathcal{U}(A) \cap \Gamma$,点 $D \in \mathcal{U}(B) \cap \Gamma$ 时,总有 $|CD| \leqslant |AB|$),则 Γ 在 A,B 两点的切线必互相平行 (见示意图 5.3).

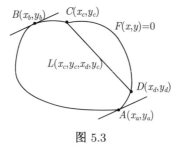

图 5.3

证明 设 AB 是 Γ 的任意一条极大弦. 记

$$A = (x_a, y_a), \quad B = (x_b, y_b), \quad C = (x_c, y_c), \quad D = (x_d, y_d).$$

则

$$|CD| = \sqrt{(x_c - x_d)^2 + (y_c - y_d)^2} = L(x_c, x_d, y_c, y_d),$$

其中 $C \in \mathcal{U}(A) \cap \Gamma, D \in \mathcal{U}(B) \cap \Gamma$, 且 x_c, x_d, y_c, y_d 满足:

$$F(x_c, y_c) = 0, \quad F(x_d, y_d) = 0. \tag{1}$$

根据极大弦的定义, A, B 是满足条件 (1) 的 L 的局部极小点, 因此是

$$l(x_c, x_d, y_c, y_d) = L(x_c, x_d, y_c, y_d) + \lambda F(x_c, y_c) + \mu F(x_d, y_d)$$

的驻点, 从而有

$$\left.\frac{\partial l}{\partial x_c}\right|_{A,B} = \frac{x_a - x_b}{\sqrt{(x_a - x_b)^2 + (y_a - y_b)^2}} + \lambda \frac{\partial F(x_a, y_a)}{\partial x_c} = 0, \tag{2}$$

$$\left.\frac{\partial l}{\partial x_d}\right|_{A,B} = \frac{-(x_a - x_b)}{\sqrt{(x_a - x_b)^2 + (y_a - y_b)^2}} + \mu \frac{\partial F(x_b, y_b)}{\partial x_d} = 0, \tag{3}$$

$$\left.\frac{\partial l}{\partial y_c}\right|_{A,B} = \frac{y_a - y_b}{\sqrt{(x_a - x_b)^2 + (y_a - y_b)^2}} + \lambda \frac{\partial F(x_a, y_a)}{\partial y_c} = 0, \tag{4}$$

$$\left.\frac{\partial l}{\partial y_d}\right|_{A,B} = \frac{-(y_a - y_b)}{\sqrt{(x_a - x_b)^2 + (y_a - y_b)^2}} + \mu \frac{\partial F(x_b, y_b)}{\partial y_d} = 0. \tag{5}$$

又设 Γ 在 A 点处和 B 点处切线的斜率分别为 k_a 和 k_b, 则由 (2) 式和 (4) 式可得

$$k_a = -\left.\frac{\frac{\partial F}{\partial x}}{\frac{\partial F}{\partial y}}\right|_A = -\frac{x_a - x_b}{y_a - y_b}.$$

而由 (3) 式和 (5) 式可得

$$k_b = -\left.\frac{\frac{\partial F}{\partial x}}{\frac{\partial F}{\partial y}}\right|_B = -\frac{x_a - x_b}{y_a - y_b}.$$

由此可见, $k_a = k_b$. 因此, 极大弦在 A, B 两点处的切线必平行.

例 34 设 $z = e^y \varphi\left(y e^{\frac{x^2}{2y^2}}\right)$, 且 φ 可微. 求证:

$$\left(x^2 - y^2\right)\frac{\partial z}{\partial x} + xy\frac{\partial z}{\partial y} = xyz.$$

证明 因为

$$\frac{\partial z}{\partial x} = e^y \varphi' \cdot y e^{\frac{x^2}{2y^2}} \frac{2x}{2y^2} = \frac{x}{y} e^y e^{\frac{x^2}{2y^2}} \varphi',$$

$$\frac{\partial z}{\partial y} = e^y \varphi + e^y \varphi' \cdot \left[e^{\frac{x^2}{2y^2}} + y e^{\frac{x^2}{2y^2}} \cdot \frac{1}{2} x^2 \left(-2y^{-3}\right)\right]$$
$$= z + e^y e^{\frac{x^2}{2y^2}} \varphi' - \frac{x^2}{y^2} e^y e^{\frac{x^2}{2y^2}} \varphi',$$

所以

$$\left(x^2 - y^2\right)\frac{\partial z}{\partial x} + xy\frac{\partial z}{\partial y} = \frac{x^3}{y} e^y e^{\frac{x^2}{2y^2}} \varphi' - xy e^y e^{\frac{x^2}{2y^2}} \varphi'$$
$$+ xyz + xy e^y e^{\frac{x^2}{2y^2}} \varphi' - \frac{x^3}{y} e^y e^{\frac{x^2}{2y^2}} \varphi'$$
$$= xyz.$$

例 35 设 $u(x, y)$ 的所有二阶偏导数都连续, 并且

$$\frac{\partial^2 u}{\partial x^2} - \frac{\partial^2 u}{\partial y^2} = 0,$$

现若已知 $u(x,2x) = x$, $u'_x(x,2x) = x^2$. 求 $u''_{xx}(x,2x), u''_{xy}(x,2x)$, $u''_{yy}(x,2x)$.

解 当 $y = y(x)$ 时, 根据求导法则有

$$\frac{\mathrm{d}u(x,y)}{\mathrm{d}x} = u'_x(x,y) + u'_y(x,y)\, y'_x. \tag{1}$$

令 $y = 2x$, 则

$$u(x,y) = u(x,2x) = x,$$

且有

$$u'_x(x,y) = u'_x(x,2x) = x^2.$$

从而 (1) 式变为

$$1 = x^2 + 2u'_y(x,2x).$$

从而得到

$$u'_y(x,2x) = \frac{1-x^2}{2}.$$

对 u'_x 重复上面的过程, 得到

$$\frac{\mathrm{d}u'_x(x,y)}{\mathrm{d}x} = u''_{xx}(x,y) + u''_{yx}(x,y)\, y'_x.$$

令 $y = 2x$, 则有

$$2x = u''_{xx}(x,2x) + 2u''_{yx}(x,2x). \tag{2}$$

对 u'_y 重复上面的过程, 得到

$$\frac{\mathrm{d}u'_y(x,y)}{\mathrm{d}x} = u''_{xy}(x,y) + u''_{yy}(x,y)\, y'_x.$$

令 $y = 2x$, 则有

$$-x = u''_{xy}(x,2x) + 2u''_{yy}(x,2x). \tag{3}$$

由已知所有二阶偏导数都连续, 所以

$$u''_{yx}(x,2x) = u''_{xy}(x,2x) \xlongequal{\text{记为}} B,$$

又已知
$$\frac{\partial^2 u}{\partial x^2} = \frac{\partial^2 u}{\partial y^2} \xlongequal{\text{记为}} A,$$

联立 (2), (3) 两式, 即

$$\begin{cases} A + 2B = 2x \\ 2A + B = -x \end{cases} \Rightarrow A = -\frac{4}{3}x, B = \frac{5}{3}x.$$

即

$$u''_{xx}(x, 2x) = u''_{yy}(x, 2x) = -\frac{4}{3}x, \quad u''_{xy}(x, 2x) = \frac{5}{3}x.$$

例 36 设 $f : \mathbb{R}^+ \to \mathbb{R}$ 是 C^2 类的函数, 令

$$F(x_1, \cdots, x_n) = f\left(\sqrt{x_1^2 + x_2^2 + \cdots + x_n^2}\right),$$

并设 F 满足 $\sum_{k=1}^{n} \frac{\partial^2 F}{\partial x_k^2} = 0$. 试确定 F.

解 令 $u = \sqrt{x_1^2 + x_2^2 + \cdots + x_n^2}$, 则有

$$\frac{\partial F}{\partial x_k} = f'(u)\frac{x_k}{u},$$

$$\frac{\partial^2 F}{\partial x_k^2} = f'(u)\left(\frac{1}{u} - \frac{x_k^2}{u^3}\right) + f''(u)\frac{x_k^2}{u} \quad (k = 1, 2, \cdots, n),$$

因而

$$\sum_{k=1}^{n} \frac{\partial^2 F}{\partial x_k^2} = \frac{n-1}{u} f'(u) + u f''(u).$$

由题设知, 上式左端为零, 即

$$\frac{n-1}{u} f'(u) + u f''(u) = 0,$$

则有

$$(n-1) u^{n-2} f'(u) + u^{n-1} f''(u) = \frac{\mathrm{d}}{\mathrm{d}u}\left[u^{n-1} f'(u)\right] = 0.$$

由此可见

$$f'(u) = Cu^{-n+1},$$

从而

$$n = 1 \Rightarrow f(u) = C_1 u + C_2,$$
$$n = 2 \Rightarrow f(u) = C_1 \ln u + C_2,$$
$$n \geqslant 3 \Rightarrow f(u) = C_1 u^{-n+2} + C_2.$$

例 37 设 $f(x,y)$ 存在二阶连续偏导数, 且 $f_{xx}f_{yy} - f_{xy}^2 \neq 0$. 求证: 变换

$$\begin{cases} u = f_x(x,y), \\ v = f_y(x,y), \\ w = -z + xf_x(x,y) + yf_y(x,y) \end{cases}$$

存在唯一的逆变换

$$\begin{cases} x = g_u(u,v), \\ y = g_v(u,v), \\ z = -w + ug_u(u,v) + vg_v(u,v). \end{cases}$$

证明 由假设条件得

$$\frac{\partial(u,v)}{\partial(x,y)} = \begin{vmatrix} f_{xx} & f_{xy} \\ f_{xy} & f_{yy} \end{vmatrix} \neq 0.$$

由此容易验证方程组

$$\begin{cases} u = f_x(x,y), \\ v = f_y(x,y) \end{cases} \tag{1}$$

满足反函数组存在条件, 从而存在唯一的逆变换

$$\begin{cases} x = x(u,v), \\ y = y(u,v). \end{cases}$$

考虑 $xdu+ydv$, 则由方程组 (1) 可得

$$
\begin{array}{ccc}
xdu+ydv & & d\left(xf_x+yf_y-f\right) \\
\| & & \| \\
& & \dfrac{\partial}{\partial x}\left(xf_x+yf_y-f\right)dx \\
xdf_x+ydf_y & & + \\
& & \dfrac{\partial}{\partial y}\left(xf_x+yf_y-f\right)dy \\
\| & & \| \\
x\left(f_{xx}dx+f_{xy}dy\right) & & \left(xf_{xx}+yf_{xy}\right)dx \\
+ & = & + \\
y\left(f_{xy}dx+f_{yy}dy\right) & & \left(xf_{xy}+yf_{yy}\right)dy
\end{array}
$$

从此 U 形等式串的两端即知

$$xdu+ydv=d\left(xf_x+yf_y-f\right).$$

记 $g(u,v)=xf_x+yf_y-f$, 则

$$xdu+ydv=dg(u,v).$$

又因为

$$dg(u,v)=g_u du+g_v dv,$$

由微分的唯一性得

$$\begin{cases} x=g_u, \\ y=g_v. \end{cases} \tag{2}$$

又

$$w=-z+xf_x(x,y)+yf_y(x,y),$$

联立方程组 (1), (2) 得

$$w=-z+xf_x(x,y)+yf_y(x,y)=-z+ug_u+vg_v.$$

例 38 设

$$f(x,y)=\begin{cases} \dfrac{x^2 y}{x^2+y^2}, & x^2+y^2\neq 0, \\ 0, & x^2+y^2=0. \end{cases}$$

求证: ① $f(x,y)$ 处处对 x, 对 y 的导数存在;
② 偏导数 $f_x(x,y)$, $f_y(x,y)$ 有界;
③ $f(x,y)$ 在点 $(0,0)$ 不可微;
④ 一阶偏导数 $f_x(x,y)$, $f_y(x,y)$ 中至少有一个在点 $(0,0)$ 不连续.

证明 ① 当 $x^2+y^2 \neq 0$ 时, 有

$$f_x(x,y) = \frac{2xy^3}{(x^2+y^2)^2}, \quad f_y(x,y) = \frac{x^4-x^2y^2}{(x^2+y^2)^2};$$

当 $x^2+y^2=0$ 时, 有

$$f_x(0,0) = \lim_{x \to 0} \frac{f(x,0)-f(0,0)}{x} = 0.$$

同理可得, $f_y(0,0)=0$.

② 当 $x^2+y^2 \neq 0$ 时, 有

$$|f_x(x,y)| = \left|\frac{2xy^3}{(x^2+y^2)^2}\right| \leqslant \left|\frac{2xy(x^2+y^2)}{(x^2+y^2)^2}\right| \leqslant 1,$$

显然上式对 $x^2+y^2=0$ 时, 也成立, 所以 $f_x(x,y)$ 有界. 同理, 当 $x^2+y^2 \neq 0$ 时, 有

$$|f_y(x,y)| = \left|\frac{x^4-x^2y^2}{(x^2+y^2)^2}\right| = \left|\frac{x^2(x^2-y^2)}{(x^2+y^2)^2}\right| \leqslant \frac{x^2}{x^2+y^2} \leqslant 1.$$

显然上式对 $x^2+y^2=0$ 时, 也成立, 所以 $f_y(x,y)$ 有界.

③ 当向径 ρ 沿射线 $y=kx$ $(x>0)$ 趋于 0 时, 有

$$\lim_{\rho \to 0} \frac{f(x,y)-f_x(0,0)x-f_y(0,0)y}{\rho} \qquad \frac{k}{(1+k^2)^{\frac{3}{2}}}$$
$$\| \qquad \qquad \|$$
$$\lim_{\rho \to 0} \frac{x^2 y}{(x^2+y^2)^{\frac{3}{2}}} \qquad = \lim_{\rho \to 0} \frac{kx^3}{(1+k^2)^{\frac{3}{2}} x^3}$$

从此 U 形等式串的两端即知

$$\lim_{\rho \to 0} \frac{f(x,y)-f_x(0,0)x-f_y(0,0)y}{\rho} = \frac{k}{(1+k^2)^{\frac{3}{2}}}.$$

极限与 k 有关, 所以上式极限不存在, 从而不可微.

④ 当 (x,y) 沿射线 $y=kx$ $(x>0)$ 趋于 0 时, 有

$$\lim_{\substack{(x,y)\to(0,0)\\y=kx}} f_x(x,y) \quad\quad \frac{2k^3}{(1+k^2)^2}$$
$$\| \quad\quad\quad\quad\quad\quad\quad\quad \|$$
$$\lim_{\substack{(x,y)\to(0,0)\\y=kx}} \frac{2xy^3}{(x^2+y^2)^2} = \lim_{x\to 0} \frac{2k^3 x^4}{(1+k^2)^2 x^4}$$

从此 U 形等式串的两端即知

$$\lim_{\substack{(x,y)\to(0,0)\\y=kx}} f_x(x,y) = \frac{2k^3}{(1+k^2)^2}.$$

极限与 k 有关, 从而极限不存在, 故不连续.

评注 实际上两个偏导数在 $(0,0)$ 均不连续. 若有一个连续, 则必可微.

例 39 设有方程

$$\frac{x^2}{a^2+u} + \frac{y^2}{b^2+u} + \frac{z^2}{c^2+u} = 1. \tag{1}$$

求证:

$$(\mathbf{grad}\, u)^2 = 2\overrightarrow{\alpha} \cdot \mathbf{grad}\, u, \quad 其中 \overrightarrow{\alpha} = \{x, y, z\}.$$

证明 由 (1) 式知 u 是 x, y, z 的函数, (1) 式两边关于 x 求导得

$$\frac{2x}{a^2+u} - \left[\frac{x^2}{(a^2+u)^2} u_x + \frac{y^2}{(b^2+u)^2} u_x + \frac{z^2}{(c^2+u)^2} u_x\right] = 0,$$

解得

$$u_x = H \cdot \frac{2x}{a^2+u},$$

其中

$$H = \left[\frac{x^2}{(a^2+u)^2} + \frac{y^2}{(b^2+u)^2} + \frac{z^2}{(c^2+u)^2}\right]^{-1}.$$

同理可得
$$u_y = H \cdot \frac{2y}{b^2+u}, \quad u_z = H \cdot \frac{2z}{c^2+u}.$$
所以
$$\mathbf{grad}\, u = \{u_x, u_y, u_z\} = 2H\left\{\frac{x}{a^2+u}, \frac{y}{b^2+u}, \frac{z}{c^2+u}\right\}.$$
$$(\mathbf{grad}\, u)^2 = 4H^2\left[\left(\frac{x}{a^2+u}\right)^2 + \left(\frac{y}{b^2+u}\right)^2 + \left(\frac{z}{c^2+u}\right)^2\right] = 4H. \quad (2)$$

又因为

$$\underset{\underset{2\{x,y,z\}\cdot 2H\left\{\dfrac{x}{a^2+u},\dfrac{y}{b^2+u},\dfrac{z}{c^2+u}\right\}}{\parallel}}{2\vec{\alpha}\cdot \mathbf{grad}\, u} = 4H\underset{\underset{\left(\dfrac{x^2}{a^2+u}+\dfrac{y^2}{b^2+u}+\dfrac{z^2}{c^2+u}\right)}{\parallel\text{由}(1)\text{式}}}{4H}$$

从此 U 形等式串的两端即知

$$2\vec{\alpha}\cdot \mathbf{grad}\, u = 4H. \quad (3)$$

联立 (2), (3) 两式即得

$$(\mathbf{grad}\, u)^2 = 2\vec{\alpha}\cdot \mathbf{grad}\, u.$$

例 40 设 $f(x,y) = \varphi(|xy|)$，其中 $\varphi(0) = 0$，且 $u = 0$ 的附近满足：$|\varphi(u)| \leqslant u^2$. 求证：$f(x,y)$ 在原点 $(0,0)$ 可微.

证明
$$f'_x(0,0) = \lim_{\Delta x \to 0} \frac{f(\Delta x, 0) - f(0,0)}{\Delta x} = 0,$$
同理 $f'_y(0,0) = 0$，于是

$$\underset{\underset{\left|\dfrac{\varphi(|\Delta x \Delta y|)}{\sqrt{\Delta x^2 + \Delta y^2}}\right|}{\parallel}}{\left|\frac{f(\Delta x, \Delta y) - f'_x(0,0)\Delta x - f'_y(0,0)\Delta y}{\sqrt{\Delta x^2 + \Delta y^2}}\right|} \qquad \underset{\underset{\left|\dfrac{|\Delta x \Delta y|^2}{\sqrt{\Delta x^2 + \Delta y^2}}\right|}{\vee}}{\dfrac{1}{\sqrt{2}}|\Delta x \Delta y|^{\frac{3}{2}}}$$

$$\leqslant$$

从此 U 形等式-不等式串的两端即知

$$\left| \frac{f(\Delta x, \Delta y) - f'_x(0,0)\Delta x - f'_y(0,0)\Delta y}{\sqrt{\Delta x^2 + \Delta y^2}} \right| \leqslant \frac{1}{\sqrt{2}} |\Delta x \Delta y|^{\frac{3}{2}}.$$

因此

$$\lim_{(\Delta x, \Delta y) \to (0,0)} \frac{f(\Delta x, \Delta y) - f'_x(0,0)\Delta x - f'_y(0,0)\Delta y}{\sqrt{\Delta x^2 + \Delta y^2}} = 0,$$

于是 $f(x,y)$ 在 $(0,0)$ 点可微.

例 41 方程 $x = u + v$, $y = u^2 + v^2$, $z = u^3 + v^3$ 定义 z 为 x, y 的函数, 求 $\dfrac{\partial z}{\partial x}, \dfrac{\partial z}{\partial y}$.

解 考虑方程组

$$\begin{cases} x = u + v, \\ y = u^2 + v^2. \end{cases} \tag{1}$$

对方程组 (1) 的两边对 x 求偏导, 得

$$\begin{cases} 1 = u_x + v_x, \\ 0 = 2uu_x + 2vv_x, \end{cases}$$

解得

$$u_x = -\frac{v}{u-v}, \quad v_x = \frac{u}{u-v}.$$

再对方程组 (1) 的两边对 y 求偏导, 得

$$\begin{cases} 0 = u_y + v_y, \\ 1 = 2uu_y + 2vv_y, \end{cases}$$

解得

$$u_y = \frac{1}{2u-2v}, \quad v_y = -\frac{1}{2u-2v}.$$

所以

$$\underset{\shortparallel}{\dfrac{\partial z}{\partial x}} \qquad\qquad \underset{\shortparallel}{-3uv}$$

$$\dfrac{\partial z}{\partial u}u_x + \dfrac{\partial z}{\partial v}v_x = 3u^2 \frac{v}{v-u} + 3v^2 \frac{u}{u-v}$$

从此 U 形等式串的两端即知
$$\frac{\partial z}{\partial x} = -3uv.$$

同理
$$\underset{\underset{\dfrac{\partial z}{\partial u}u_y + \dfrac{\partial z}{\partial v}v_y}{\parallel}}{\dfrac{\partial z}{\partial y}} = \underset{\underset{3u^2\dfrac{1}{2u-2v} + 3v^2\dfrac{1}{2(v-u)}}{\parallel}}{\dfrac{3}{2}(u+v)}$$

从此 U 形等式串的两端即知
$$\frac{\partial z}{\partial y} = \frac{3}{2}(u+v).$$

综合之得
$$\begin{cases} \dfrac{\partial z}{\partial x} = -3uv, \\ \dfrac{\partial z}{\partial y} = \dfrac{3}{2}(u+v). \end{cases}$$

余下的, 只需将 u, v 换算为 x, y. 为此由方程组 (1) 得
$$u + v = x, \quad uv = \frac{1}{2}(x^2 - y),$$
于是
$$\begin{cases} \dfrac{\partial z}{\partial x} = -\dfrac{3}{2}(x^2 - y), \\ \dfrac{\partial z}{\partial y} = \dfrac{3}{2}x. \end{cases}$$

例 42 设
$$\begin{cases} x + y + z + u + v = 1, \\ x^2 + y^2 + z^2 + u^2 + v^2 = 2. \end{cases} \tag{1}$$

求 x_u, y_u, x_{uu}, y_{uu}.

解 由题意, 将 x, y 看作 z, u, v 的函数, z, u 和 v 是独立的自变量. 将方程组 (1) 关于 u 求导, 由链式法则得
$$\begin{cases} x_u + y_u + 1 = 0, \\ xx_u + yy_u + u = 0. \end{cases} \tag{2}$$

方程组 (1) 的系数行列式是

$$\begin{vmatrix} 1 & 1 \\ x & y \end{vmatrix} = y - x.$$

在 $y - x \neq 0$ 的情形下, 解此线性代数方程组得

$$x_u = -\frac{u-y}{x-y}, \quad y_u = \frac{u-x}{x-y}.$$

再将方程组 (2) 关于 u 求导, 仍旧要注意到将 x, y 以及 x_u, y_u 看作 z, u, v 的函数, z, u 和 v 是独立的自变量, 由链式法则得

$$\begin{cases} x_{uu} + y_{uu} = 0, \\ x_u^2 + xx_{uu} + y_u^2 + yy_{uu} + 1 = 0, \end{cases} \tag{3}$$

其中 x_{uu}, y_{uu} 是未知的, 而 x_u, y_u 已经由方程组 (2) 解出, 它们是已知的. 方程组 (3) 的系数行列式是

$$\begin{vmatrix} 1 & 1 \\ x & y \end{vmatrix} = y - x.$$

在 $y - x \neq 0$ 的情形下, 解线性代数方程组 (3) 得

$$x_{uu} = -\frac{1}{x-y}\left(x_u^2 + y_u^2 + 1\right), \quad y_{uu} = \frac{1}{x-y}\left(x_u^2 + y_u^2 + 1\right).$$

例 43 设函数 $F(x,y)$ 在区域 $D: |x - x_0| \leqslant a, |y - y_0| \leqslant b$ 上连续, $F(x_0, y_0) = 0$, 且固定 x 时, $F(x_1, y)$ 是 y 的严格单调函数. 求证:

① 存在定义在 x_0 的某一邻域 $\mathcal{U}_\eta(x_0)$ 上, 取值在 $|y - y_0| \leqslant b$ 上的唯一的函数 $y = f(x)$, 满足 $F(x, f(x)) = 0$;

② $y_0 = f(x_0)$;

③ $f(x)$ 在 $\mathcal{U}_\eta(x_0)$ 内连续.

证明 ① 不妨设 $F(x,y)$ 在固定 x 时, 是 y 的严格单调增加函数, 否则我们只要用 $-F$ 来代替 F, 这并不影响方程 $F(x,y) = 0$ 的解. 由于一元函数 $F(x_0, y)$ 在区间 $[y_0 - b, y_0 + b]$ 上是 y 的严格单调增加函数, 且 $F(x_0, y_0) = 0$, (见示意图 5.4) 可得

$$F(x_0, y_0 - b) < 0, \quad F(x_0, y_0 + b) > 0.$$

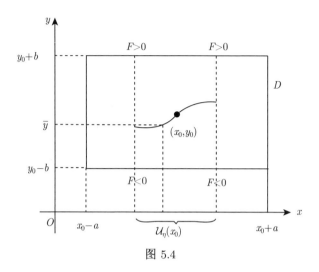

图 5.4

再固定 $y = y_0 - b$ (或 $y = y_0 + b$), 让 x 变动. 考虑一元连续函数 $F(x, y_0 - b)$ 或 $F(x, y_0 + b)$.

由 $F(x_0, y_0 - b) < 0$, $\exists \eta_1 > 0$, 对 $\forall x \in \mathcal{U}_{\eta_1}(x_0)$, 有

$$F(x, y_0 - b) < 0;$$

由 $F(x_0, y_0 + b) > 0$, $\exists \eta_2 > 0$, 对 $\forall x \in \mathcal{U}_{\eta_2}(x_0)$, 有

$$F(x, y_0 + b) > 0.$$

取 $\eta = \min\{\eta_1, \eta_2\}$, 则对 $\forall \overline{x} \in \mathcal{U}_\eta(x_0)$, 有

$$F(\overline{x}, y_0 - b) < 0, \quad F(\overline{x}, y_0 + b) > 0.$$

这样, 对连续函数 $F(\overline{x}, y)$ 而言, 根据连续函数的介值定理, 一定存在 $\overline{y} \in (y_0 - b, y_0 + b)$, 使得

$$F(\overline{x}, \overline{y}) = 0.$$

又因为 $F(\overline{x}, y)$ 是 y 的严格单调增加函数, 故这样的 $\overline{y}$ 还是唯一的. 根据函数定义, 它确定一个函数, 记作

$$f : \mathcal{U}_\eta(x_0) \to (y_0 - b, y_0 + b),$$

$$\overline{x} \longmapsto \overline{y} = f(\overline{x}).$$

② 当 $\overline{x} = x_0$ 时, 由已知 $F(x_0, y_0) = 0$, 由唯一性知

$$\overline{y} = y_0, \quad 即 y_0 = f(x_0).$$

③ $\forall \overline{x} \in \mathcal{U}_\eta(x_0)$, 记 $\overline{y} = f(\overline{x})$, 对 $\forall \varepsilon > 0$ (不妨设 $\varepsilon < b$), 有

$$F(\overline{x}, \overline{y} - \varepsilon) < 0, \quad F(\overline{x}, \overline{y} + \varepsilon) > 0,$$

再由 $F(x, y)$ 的连续性可知, $\exists \delta > 0$, 使得当 $x \in \mathcal{U}_\delta(\overline{x})$ 时, 仍有

$$F(x, \overline{y} - \varepsilon) < 0, \quad F(x, \overline{y} + \varepsilon) > 0.$$

令 $y = f(x)$, 因为 $F(x, f(x)) = 0$, 再次用到 F 对第二个变量的严格单调性, 可知 y 必然在 $(\overline{y} - \varepsilon, \overline{y} + \varepsilon)$ 之中, 也即

$$f(\overline{x}) - \varepsilon < f(x) < f(\overline{x}) + \varepsilon, \quad 只要 \quad x \in \mathcal{U}_\delta(\overline{x}).$$

这说明, $y = f(x)$ 在 $\overline{x}$ 点连续. 又因为 $\overline{x}$ 是 $\mathcal{U}_\eta(x_0)$ 内的任意一点. 所以 $y = f(x)$ 在 $\mathcal{U}_\eta(x_0)$ 内的每点连续, 即在 $\mathcal{U}_\eta(x_0)$ 内连续.

例 44 设 $F(x, y)$ 在 $D = (a, b) \times (-\infty, +\infty)$ 上关于 x 连续, 且 F_y 具有正的下界 m. 求证: 方程 $F(x, y) = 0$ 在区间 (a, b) 上存在唯一的连续解.

证明 对 $\forall x_0 \in (a, b)$, 取 $y_1 \in (-\infty, +\infty)$, 并令

$$g(y) = F(x_0, y_1) + m(y - y_1), \quad -\infty < y < +\infty.$$

则

$$F(x_0, y_1) = g(y_1),$$

以及

$$\frac{\mathrm{d}}{\mathrm{d}y}(F(x_0, y) - g(y)) = F'_y(x_0, y) - m \geqslant 0.$$

由此知

$$F(x_0, y) \begin{cases} \leqslant g(y), & 当 y \leqslant y_1 \text{ 时}, \\ \geqslant g(y), & 当 y > y_1 \text{ 时}. \end{cases}$$

由此易知

$$\lim_{y\to-\infty}F(x_0,y)=-\infty,\quad \lim_{y\to+\infty}F(x_0,y)=+\infty.$$

根据连续函数的介值定理, 有 $y_0\in(-\infty,+\infty)$, 使得 $F(x_0,y_0)=0$. 从而由 $F'_y>0$, 即知在点 x_0 附近方程 $F(x,y)=0$ 有唯一解 $y=y(x)$, 满足
$$y(x_0)=y_0.$$

再看解的连续性. 对 $\forall\varepsilon>0$, 我们有
$$F(x_0,y(x_0)-\varepsilon)<0<F(x_0,y(x_0)+\varepsilon).$$

注意到 $F(x,y)$ 是 x 的连续函数, 故 $\exists\delta>0$, 使得
$$F(x,y(x_0)-\varepsilon)<0<F(x,y(x_0)+\varepsilon),\quad 只要\quad |x-x_0|<\delta.$$

再根据连续函数的介值定理, 即得
$$y(x_0)-\varepsilon<y(x)<y(x_0)+\varepsilon,\quad 只要\quad |x-x_0|<\delta.$$

即
$$|y(x)-y(x_0)|<\varepsilon,\quad 只要\quad |x-x_0|<\delta.$$

这说明 $y(x)$ 在 x_0 处连续.

例 45 设方程组
$$\begin{cases} u^2+v^2+x^2+y^2=1,\\ u-v+xy=0.\end{cases}$$

问在什么条件下:

① 由方程组可以唯一确定 u,v 是 x,y 的可微函数?
② 由方程组可以唯一确定 u,x 是 v,y 的可微函数?

解 设
$$F(x,y,u,v)=u^2+v^2+x^2+y^2-1,$$
$$G(x,y,u,v)=u-v+xy.$$

① F,G 关于 u,v 的 Jacobi 行列式是
$$\frac{\partial(F,G)}{\partial(u,v)}=\begin{vmatrix} 2u & 2v \\ 1 & -1 \end{vmatrix}=-2(u+v).$$

当 $u \neq -v$ 时,在满足方程组的任何一点 (x,y,u,v) 的一个邻域内,由方程组可以唯一确定 u,v 是 x,y 的可微函数.

② F,G 关于 x,u 的 Jacobi 行列式是

$$\frac{\partial(F,G)}{\partial(x,u)} = \begin{vmatrix} 2x & 2u \\ y & 1 \end{vmatrix} = 2(x-uy).$$

当 $x \neq uy$ 时,在满足方程组的任何一点 (x,y,u,v) 的一个邻域内,由方程组可以唯一确定 x,u 是 y,v 的可微函数.

例 46 设 $z = \dfrac{y}{f(x^2-y^2)}$,其中 $f(u)$ 为可导函数. 求证:

$$\frac{1}{x}\frac{\partial z}{\partial x} + \frac{1}{y}\frac{\partial z}{\partial y} = \frac{z}{y^2}.$$

证明 令 $u = x^2 - y^2$,则 $z = \dfrac{y}{f(u)}$,因此

$$\begin{cases} \mathrm{d}z = \dfrac{f(u)\,\mathrm{d}y - yf'(u)\,\mathrm{d}u}{f^2(u)}, & (1) \\ \mathrm{d}u = 2x\mathrm{d}x - 2y\mathrm{d}y. & (2) \end{cases}$$

把 (2) 式代入 (1) 式,得

$$\mathrm{d}z = \frac{f(u)\,\mathrm{d}y - yf'(u)(2x\mathrm{d}x - 2y\mathrm{d}y)}{f^2(u)}$$

$$= \frac{-2xyf'(u)\,\mathrm{d}x + \big(f(u) + 2y^2 f'(u)\big)\,\mathrm{d}y}{f^2(u)},$$

其中,$\mathrm{d}x,\mathrm{d}y$ 前的系数分别为

$$\frac{\partial z}{\partial x} = \frac{-2xyf'(u)}{f^2(u)}, \quad \frac{\partial z}{\partial y} = \frac{f(u) + 2y^2 f'(u)}{f^2(u)}.$$

因此

$$\frac{1}{x}\frac{\partial z}{\partial x} + \frac{1}{y}\frac{\partial z}{\partial y} = \frac{1}{x}\frac{-2xyf'(u)}{f^2(u)} + \frac{1}{y}\frac{f(u) + 2y^2 f'(u)}{f^2(u)} = \frac{z}{y^2}.$$

例 47 设 $u(x,y)$ 具有连续的二阶偏导数,$F(s,t)$ 有连续的一阶偏导数,且满足

$$F(u_x, u_y) = 0, \quad (F_s)^2 + (F_t)^2 \neq 0. \tag{1}$$

求证: $u_{xx} \cdot u_{yy} - (u_{xy})^2 = 0$.

证明 对方程 $F(u_x, u_y) = 0$ 两边分别关于 x 和 y 求偏导得

$$\begin{cases} F_s \cdot u_{xx} + F_t \cdot u_{xy} = 0, \\ F_s \cdot u_{xy} + F_t \cdot u_{yy} = 0. \end{cases}$$

这是关于 F_s, F_t 的线性齐次方程组, 由 (1) 式知它有非零解, 因此其系数行列式为零, 即

$$\begin{vmatrix} u_{xx} & u_{xy} \\ u_{xy} & u_{yy} \end{vmatrix} = u_{xx} u_{yy} - (u_{xy})^2 = 0.$$

例 48 求证: 一阶偏微分方程 $y\dfrac{\partial u}{\partial x} - x\dfrac{\partial u}{\partial y} = 0$ 有解 $u = f(x^2 + y^2)$, 其中 f 为任意连续可微函数.

证明 **法一** 作自变量变换:

$$x = r\cos\theta, \quad y = r\sin\theta.$$

这时函数 $u(x,y)$ 变为函数 $U(r,\theta)$, 习惯上我们把新函数仍记作 $u(r,\theta)$. 逆变换为

$$r = \sqrt{x^2 + y^2}, \quad \theta = \arctan\frac{y}{x}.$$

把 $u(r,\theta)$ 又变回到原函数 $u(x,y)$, 把 r, θ 视为中间变量, 可得

$$\begin{cases} \dfrac{\partial u}{\partial x} = \dfrac{\partial u}{\partial r} \cdot \dfrac{x}{r} + \dfrac{\partial u}{\partial \theta}\left(-\dfrac{y}{r^2}\right), \\ \dfrac{\partial u}{\partial y} = \dfrac{\partial u}{\partial r} \cdot \dfrac{y}{r} + \dfrac{\partial u}{\partial \theta}\left(\dfrac{x}{r^2}\right). \end{cases}$$

由方程 $y\dfrac{\partial u}{\partial x} - x\dfrac{\partial u}{\partial y} = 0$ 和上式得

$$-\frac{x^2 + y^2}{r^2}\frac{\partial u}{\partial \theta} = 0, \quad 即 \quad \frac{\partial u}{\partial \theta} = 0.$$

则 u 只是 r 的函数, 故

$$u = f(x^2 + y^2).$$

或者把 x,y 视为中间变量, 应用链式法则得

$$\underset{\|}{\dfrac{\partial u}{\partial \theta}}$$
$$\dfrac{\partial u}{\partial x}(-r\sin\theta) + \dfrac{\partial u}{\partial y}(r\cos\theta) = \underset{\|}{-y\dfrac{\partial u}{\partial x} + x\dfrac{\partial u}{\partial y}}$$

(右端上方为 0)

从此 U 形等式串的两端即知

$$\dfrac{\partial u}{\partial \theta} = 0.$$

故 $u = f(x^2 + y^2)$.

法二 作自变量变换:

$$\xi = x^2 + y^2, \quad \eta = y.$$

ξ, η 关于 x, y 的 Jacobi 行列式是

$$\left| \dfrac{\partial(\xi, \eta)}{\partial(x, y)} \right| = \begin{vmatrix} 2x & 2y \\ 0 & 1 \end{vmatrix} = 2x \neq 0.$$

因为

$$\dfrac{\partial u}{\partial x} = \dfrac{\partial u}{\partial \xi} \cdot 2x + \dfrac{\partial u}{\partial \eta} \cdot 0,$$
$$\dfrac{\partial u}{\partial y} = \dfrac{\partial u}{\partial \xi} \cdot 2y + \dfrac{\partial u}{\partial \eta} \cdot 1,$$

所以

$$0 = y\dfrac{\partial u}{\partial x} - x\dfrac{\partial u}{\partial y} = -x\dfrac{\partial u}{\partial \eta} \quad \text{或} \quad \dfrac{\partial u}{\partial \eta} = 0,$$

即 u 只是 ξ 的函数. 故 $u = f(x^2 + y^2)$.

例 49 求证: 二次型

$$f(x, y, z) = Ax^2 + By^2 + Cz^2 + 2Dyz + 2Ezx + 2Fxy$$

在单位球面 $x^2 + y^2 + z^2 = 1$ 上的最大值和最小值恰好是矩阵

$$M = \begin{vmatrix} A & F & E \\ F & B & D \\ E & D & C \end{vmatrix}$$

的最大特征值和最小特征值.

证明 设 $L(x,y,z,\lambda) = f(x,y,z) - \lambda\left(x^2+y^2+z^2-1\right)$,令

$$\begin{cases} L_x = 2Ax + 2Fy + 2Ez - 2\lambda x = 0, & (1) \\ L_y = 2Fx + 2By + 2Dz - 2\lambda y = 0, & (2) \\ L_z = 2Ex + 2Dy + 2Cz - 2\lambda z = 0, & (3) \\ L_\lambda = x^2 + y^2 + z^2 - 1 = 0. & (4) \end{cases}$$

$x \cdot (1) + y \cdot (2) + z \cdot (3)$,结合 (4) 式得

$$f(x,y,z) = \lambda.$$

由 (1), (2), (3) 式, 得

$$\begin{cases} (A-\lambda)x + Fy + Ez = 0, \\ Fx + (B-\lambda)y + Dz = 0, \\ Ex + Dy + (C-\lambda)z = 0 \end{cases}$$

有非零解, 必须

$$\begin{vmatrix} A-\lambda & F & E \\ F & B-\lambda & D \\ E & D & C-\lambda \end{vmatrix} = 0,$$

即 λ 的取值, 只能是对称矩阵 M 的特征值, 即

$$\begin{bmatrix} A & F & E \\ F & B & D \\ E & D & C \end{bmatrix} \begin{bmatrix} x \\ y \\ z \end{bmatrix} = \lambda \begin{bmatrix} x \\ y \\ z \end{bmatrix}.$$

又 f 在有界闭集 $\{(x,y,z) \mid x^2+y^2+z^2 = 1\}$ 上连续, 故最大值、最小值存在, 所以最大值和最小值恰好是矩阵 M 的最大特征值和最小特征值.

例 50 求两曲面 $F(x,y,z) = 0$ 和 $G(x,y,z) = 0$ 的交线在 xy 平面上的投影曲线的切线方程.

解 对方程组

$$\begin{cases} F(x,y,z) = 0, \\ G(x,y,z) = 0 \end{cases}$$

关于 z 求导：

$$\begin{cases} F_x \dfrac{\mathrm{d}x}{\mathrm{d}z} + F_y \dfrac{\mathrm{d}y}{\mathrm{d}z} + F_z = 0, \\ G_x \dfrac{\mathrm{d}x}{\mathrm{d}z} + G_y \dfrac{\mathrm{d}y}{\mathrm{d}z} + G'_z = 0. \end{cases}$$

由此解得

$$\frac{\mathrm{d}x}{\mathrm{d}z} = \frac{\dfrac{\partial(F,G)}{\partial(y,z)}}{\dfrac{\partial(F,G)}{\partial(x,y)}}, \quad \frac{\mathrm{d}y}{\mathrm{d}z} = \frac{\dfrac{\partial(F,G)}{\partial(z,x)}}{\dfrac{\partial(F,G)}{\partial(x,y)}},$$

因此，交线在 xy 平面的投影曲线在点 $P_0 = (x_0, y_0)$ 的切线方程为

$$\frac{x - x_0}{\left.\dfrac{\mathrm{d}x}{\mathrm{d}z}\right|_{P_0}} = \frac{y - y_0}{\left.\dfrac{\mathrm{d}y}{\mathrm{d}z}\right|_{P_0}},$$

即

$$\frac{x - x_0}{\left.\dfrac{\partial(F,G)}{\partial(y,z)}\right|_{P_0}} = \frac{y - y_0}{\left.\dfrac{\partial(F,G)}{\partial(z,x)}\right|_{P_0}}.$$

例 51 变换 $x + y = u$, $y = uv$, 把区域 $\{(u,v) \mid u > 0, v > 0\}$ 变为区域 $\{(x,y) \mid x + y > 0, y > 0\}$. 试求 $\dfrac{\partial(x,y)}{\partial(u,v)}$ 与 $\dfrac{\partial(u,v)}{\partial(x,y)}$.

解 对变换公式分别关于 u, v 求偏导数得

$$\begin{cases} x_u + y_u = 1, \\ y_u = v, \end{cases} \quad \text{与} \quad \begin{cases} x_v + y_v = 0, \\ y_v = u. \end{cases}$$

从中解出 $x_u = 1-v, y_u = v, x_v = -u, y_v = u$，则

$$\frac{\partial(x,y)}{\partial(u,v)} = \begin{vmatrix} 1-v & -u \\ v & u \end{vmatrix} = u.$$

又因为

$$\frac{\partial(u,v)}{\partial(x,y)} \cdot \frac{\partial(x,y)}{\partial(u,v)} = 1,$$

所以

$$\frac{\partial(u,v)}{\partial(x,y)} = \frac{1}{u} = \frac{1}{x+y}.$$

第六章 多元函数积分学

内 容 提 要

1. 二重积分

(1) 二重积分的定义.

设 $f(x,y)$ 是平面有界闭区域 D 上的有界函数, 将 D 分割成 n 块: ΔD_1, $\Delta D_2,\cdots,\Delta D_n$. 与定积分定义类似, 有

$$\iint\limits_{D} f(x,y)\mathrm{d}\sigma = \lim_{\lambda \to 0}\sum_{k=1}^{n} f(\xi_k,\eta_k)\Delta\sigma_k \quad (\text{当极限存在时}),$$

其中, $\lambda = \max\{\lambda_1,\cdots,\lambda_n\}$, λ_k 为 ΔD_k 的直径, $\Delta\sigma_k$ 为 ΔD_k 的面积.

(2) 二重积分可以化为累次积分计算.

在直角坐标系中, 面积元 $\mathrm{d}\sigma = \mathrm{d}x\mathrm{d}y$, 若

$$D:\begin{cases} a \leqslant x \leqslant b, \\ \varphi_1(x) \leqslant y \leqslant \varphi_2(x), \end{cases}$$

则

$$\iint\limits_{D} f(x,y)\mathrm{d}\sigma = \int_a^b \mathrm{d}x \int_{\varphi_1(x)}^{\varphi_2(x)} f(x,y)\mathrm{d}y;$$

若

$$D:\begin{cases} c \leqslant y \leqslant d, \\ h_1(y) \leqslant x \leqslant h_2(y), \end{cases}$$

则

$$\iint\limits_{D} f(x,y)\mathrm{d}\sigma = \int_c^d \mathrm{d}y \int_{h_1(y)}^{h_2(y)} f(x,y)\mathrm{d}x.$$

在极坐标系中, 面积元 $\mathrm{d}\sigma = r\mathrm{d}r\mathrm{d}\theta$, 若

$$D:\begin{cases} \alpha \leqslant \theta \leqslant \beta, \\ \varphi_1(\theta) \leqslant r \leqslant \varphi_2(\theta), \end{cases}$$

则
$$\iint_D f(x,y)\mathrm{d}\sigma = \int_\alpha^\beta \mathrm{d}\theta \int_{\varphi_1(\theta)}^{\varphi_2(\theta)} f(r\cos\theta, r\sin\theta) r \mathrm{d}r;$$

若
$$D:\begin{cases} R_1 \leqslant r \leqslant R_2, \\ h_1(r) \leqslant \theta \leqslant h_2(r), \end{cases}$$

则
$$\iint_D f(x,y)\mathrm{d}\sigma = \int_{R_1}^{R_2} \mathrm{d}r \int_{h_1(r)}^{h_2(r)} f(r\cos\theta, r\sin\theta) r \mathrm{d}\theta.$$

(3) 二重积分的变换.

若 $f(x,y)$ 在平面有界闭区域 D 上连续, 变换

$$\begin{cases} x = x(u,v), \\ y = y(u,v) \end{cases}$$

将 uv 平面上的闭区域 $\widetilde{D}$ ——对应地变到 xy 平面上的区域 D, 且满足

① $x(u,v), y(u,v)$ 在 $\widetilde{D}$ 上有连续偏导数,

② 在 $\widetilde{D}$ 上, Jacobi 行列式

$$J(u,v) = \frac{\partial(x,y)}{\partial(u,v)} = \begin{vmatrix} \dfrac{\partial x}{\partial u} & \dfrac{\partial x}{\partial v} \\ \dfrac{\partial y}{\partial u} & \dfrac{\partial y}{\partial v} \end{vmatrix} \neq 0,$$

则有
$$\iint_D f(x,y)\mathrm{d}x\mathrm{d}y = \iint_{\widetilde{D}} f(x(u,v), y(u,v)) |J(u,v)| \mathrm{d}u\mathrm{d}v.$$

2. 三重积分

(1) 三重积分的定义.

设 $f(x,y,z)$ 是空间有界闭区域 Ω 上的有界函数, 将 Ω 分割成 n 个小立体: $\Delta\Omega_1, \Delta\Omega_2, \cdots, \Delta\Omega_n$. 与定积分定义类似, 有

$$\iiint_\Omega f(x,y,z) \mathrm{d}v = \lim_{\lambda \to 0} \sum_{k=1}^n f(\xi_k, \eta_k, \zeta_k) \Delta v_k,$$

其中, $\lambda = \max\{\lambda_1, \lambda_2, \cdots, \lambda_n\}, \lambda_k$ 为 $\Delta\Omega_k$ 的直径, Δv_k 为 $\Delta\Omega_k$ 的体积.

(2) 三重积分可化为累次积分计算.

在直角坐标系中, 体积元 $dV = dxdydz$.

① (先一后二, 捆线法) 若

$$\Omega : \begin{cases} (x,y) \in D, \\ z_1(x,y) \leqslant z \leqslant z_2(x,y), \end{cases}$$

则

$$\iiint\limits_{\Omega} f(x,y,z)\,dV = \iint\limits_{D} dxdy \int_{z_1(x,y)}^{z_2(x,y)} f(x,y,z)\,dz.$$

② (先二后一, 切片法) 若

$$\Omega : \begin{cases} c \leqslant z \leqslant d, \\ D_z, \end{cases}$$

则

$$\iiint\limits_{\Omega} f(x,y,z)\,dV = \int_{c}^{d} dz \iint\limits_{D_z} f(x,y,z)\,dxdy.$$

③ 在柱坐标系中, 体积元 $dV = rdrd\theta dz$, 则

$$\iiint\limits_{\Omega} f(x,y,z)\,dV = \iiint\limits_{\widetilde{\Omega}} f(r\cos\theta, r\sin\theta, z) r dr d\theta dz,$$

其中, $\widetilde{\Omega}$ 与 Ω 为同一区域, 当 Ω 的界面用柱坐标 r, θ, z 表示时, 记为 $\widetilde{\Omega}$.

④ 在球坐标系中, 体积元 $dV = r^2\sin\varphi dr d\theta d\varphi$, 则

$$\iiint\limits_{\Omega} f(x,y,z)\,dV$$
$$= \iiint\limits_{\widetilde{\Omega}} f(r\sin\varphi\cos\theta, r\sin\varphi\sin\theta, r\cos\varphi) r^2 \sin\varphi dr d\theta d\varphi,$$

其中, $\widetilde{\Omega}$ 与 Ω 为同一区域, 当 Ω 的界面用球坐标 r, θ, φ 表示时, 记为 $\widetilde{\Omega}$.

3. 曲线积分与格林公式

(1) 对弧长的曲线积分 (第一型).

设 $f(x,y,z)$ 是平面光滑曲线 AB 上的有界函数, 任意插入分点:
$$A = A_0, \quad A_1, \quad A_2, \quad \cdots, \quad A_{n-1}, \quad A_n = B,$$

则第一型曲线积分为
$$\int_{AB} f(x,y,z)\,ds = \lim_{\lambda \to 0} \sum_{k=1}^{n} f(\xi_k, \eta_k, \zeta_k) \Delta s_k \quad (\text{极限存在时}),$$

其中, $\lambda = \max\{\Delta s_1, \Delta s_2, \cdots, \Delta s_n\}$, Δs_k 为 $\overparen{A_{k-1}A_k}$ 的弧长, $(\xi_k, \eta_k) \in \overparen{A_{k-1}A_k}$.

计算方法: 化为定积分. 但化为定积分定限时规定: 下限小, 上限大.

若 L 为一空间曲线, 其参数方程为
$$\begin{cases} x = x(t), \\ y = y(t), \quad \alpha \leqslant t \leqslant \beta, \\ z = z(t), \end{cases}$$

并假定 $x(t), y(t), z(t)$ 在 $[\alpha, \beta]$ 上有连续导数, 则有下列公式:

$$\int_L f(x,y,z)\,ds$$
$$= \int_\alpha^\beta f(x(t), y(t), z(t)) \sqrt{(x'(t))^2 + (y'(t))^2 + (z'(t))^2}\,dt.$$

(2) 对坐标的曲线积分 (第二型).

设 $P(x,y,z), Q(x,y,z)$ 是空间光滑曲线 AB 上的有界函数, 任意插入分点:
$$A = A_0, \quad A_1, \quad A_2, \quad \cdots, \quad A_{n-1}, \quad A_n = B,$$

则第二型曲线积分为

$$\int_{AB} P(x,y,z)\,dx = \lim_{\lambda \to 0} \sum_{k=1}^{n} P(\xi_k, \eta_k, \zeta_k) \Delta x_k \quad (\text{极限存在时});$$

$$\int_{AB} Q(x,y,z)\,dy = \lim_{\lambda \to 0} \sum_{k=1}^{n} Q(\xi_k, \eta_k, \zeta_k) \Delta y_k \quad (\text{极限存在时});$$

$$\int_{AB} R(x,y,z)\,\mathrm{d}y = \lim_{\lambda \to 0} \sum_{k=1}^{n} Q(\xi_k, \eta_k, \zeta_k) \Delta z_k \quad (\text{极限存在时}),$$

其中, $\lambda = \max\{\Delta s_1, \Delta s_2, \cdots, \Delta s_n\}$, Δs_k 为 $\widehat{A_{k-1}A_k}$ 的弧长, (ξ_k, η_k, ζ_k) $\in \widehat{A_{k-1}A_k}$. 而弧 $\widehat{A_{k-1}A_k}$ 在坐标轴上的投影分别为

$$\Delta x_k = x_k - x_{k-1}, \quad \Delta y_k = y_k - y_{k-1}, \quad \Delta z_k = z_k - z_{k-1},$$

其中,
$$\vec{\mathrm{d}r} = \{\mathrm{d}x, \mathrm{d}y\}, \quad \left|\vec{\mathrm{d}r}\right| = \mathrm{d}s \ (\text{弧微分}).$$

(3) 两型曲线积分的关系.

定理 设与 L^+ 方向一致的切向量 $\vec{\tau}$ 与 Ox, Oy 轴正方向的夹角分别为 α, β, 如图 6.1 所示, 则有

$$\int_{L^+} P\mathrm{d}x + Q\mathrm{d}y + R\mathrm{d}z = \int_{L^+} \left(P\frac{\mathrm{d}x}{\mathrm{d}s} + Q\frac{\mathrm{d}y}{\mathrm{d}s} + R\frac{\mathrm{d}z}{\mathrm{d}s}\right)\mathrm{d}s$$
$$= \int_L (P\cos\alpha + Q\cos\beta + R\cos\gamma)\mathrm{d}s.$$

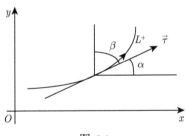

图 6.1

(4) 格林 (Green) 公式.

设函数 $P(x,y), Q(x,y)$ 在有界闭域 D 上有一阶连续偏导数, D 的边界 L 是逐段光滑曲线, 则有格林公式:

$$\oint_{L^+} P\mathrm{d}x + Q\mathrm{d}y = \iint_D \left(\frac{\partial Q}{\partial x} - \frac{\partial P}{\partial y}\right)\mathrm{d}x\mathrm{d}y.$$

(5) 平面曲线积分与路径无关的条件.

设函数 $P(x,y), Q(x,y)$ 在单连通区域 D 上具有一阶连续偏导数，则下列四个条件等价：

① $\oint_C P\mathrm{d}x + Q\mathrm{d}y = 0$，其中 C 为 D 内的任意闭曲线；

② $\int P\mathrm{d}x + Q\mathrm{d}y$ 在 D 内与路径无关；

③ $P\mathrm{d}x + Q\mathrm{d}y$ 为某个函数 $u(x,y)$ 的全微分；

④ $\dfrac{\partial Q}{\partial x} = \dfrac{\partial P}{\partial y}$ 在 D 内处处成立。

4. 曲面积分与高斯公式、斯托克斯公式

(1) 对面积的曲面积分 (第一型)．

设 $f(x,y,z)$ 是分片光滑曲面 Σ 上的有界函数，将 Σ 分割成 n 个小曲面：$\Delta\Sigma_1, \Delta\Sigma_2, \cdots, \Delta\Sigma_n$，则第一型曲面积分为

$$\iint_\Sigma f(x,y,z)\mathrm{d}S = \lim_{\lambda \to 0} \sum_{k=1}^n f(\xi_k, \eta_k, \zeta_k) \Delta S_k \quad (当极限存在时),$$

其中，$\lambda = \max\{d_1, d_2, \cdots, d_n\}$，$d_k$ 为 $\Delta\Sigma_k$ 的直径，ΔS_k 为 $\Delta\Sigma_k$ 的面积，$(\xi_k, \eta_k, \zeta_k) \in \Delta\Sigma_k$．

(2) 对坐标的曲面积分 (第二型)．

设 $R(x,y,z)$ 是双侧光滑曲面 Σ 上的有界函数．选定 Σ 的一侧，其单位法向量 $\vec{n}^0 = \{\cos\alpha, \cos\beta, \cos\gamma\}$ 将 Σ 分割成 n 个小曲面 $\Delta\Sigma_1, \Delta\Sigma_2, \cdots, \Delta\Sigma_n$，则第二型曲面积分为

$$\iint_\Sigma R(x,y,z)\mathrm{d}x\mathrm{d}y = \lim_{\lambda \to 0} \sum_{k=1}^n R(\xi_k, \eta_k, \zeta_k) \cos\gamma_k \Delta S_k \text{ (当极限存在时)},$$

其中，$\lambda = \max\{d_1, d_2, \cdots, d_n\}$，$d_k$ 为 $\Delta\Sigma_k$ 的直径，ΔS_k 为 $\Delta\Sigma_k$ 的面积，$(\xi_k, \eta_k, \zeta_k) \in \Delta\Sigma_k$．

类似地，可定义 $\iint_\Sigma P(x,y,z)\mathrm{d}y\mathrm{d}z, \iint_\Sigma Q(x,y,z)\mathrm{d}x\mathrm{d}z$．应用上常出现三者之和；记 $\vec{A} = \{P, Q, R\}$，则第二型曲面积分为

$$\iint_\Sigma P\mathrm{d}y\mathrm{d}z + Q\mathrm{d}x\mathrm{d}z + R\mathrm{d}x\mathrm{d}y = \iint_\Sigma \vec{A} \cdot \vec{n}^0 \mathrm{d}S.$$

上式右端是第一型曲面积分，因此上式给出了两种类型曲面积分的关系. 若记 $\vec{n}^0 \mathrm{d}S = \vec{\mathrm{d}S}$，则称

$$\vec{\mathrm{d}S} = \{\cos\alpha \mathrm{d}S, \cos\beta \mathrm{d}S, \cos\gamma \mathrm{d}S\}$$

为有向面积元.

(3) 当曲面用参数方程表示时的计算公式.

设曲面的参数方程为

$$\begin{cases} x = x(u,v), \\ y = y(u,v), \quad (u,v) \in D, \\ z = z(u,v), \end{cases}$$

则曲面的面积为

$$S = \iint\limits_{D} \sqrt{A^2 + B^2 + C^2} \mathrm{d}u\mathrm{d}v,$$

其中

$$A = \frac{\partial(y,z)}{\partial(u,v)} = \begin{vmatrix} \frac{\partial y}{\partial u} & \frac{\partial y}{\partial v} \\ \frac{\partial z}{\partial u} & \frac{\partial z}{\partial v} \end{vmatrix}, \quad B = \frac{\partial(z,x)}{\partial(u,v)} = \begin{vmatrix} \frac{\partial z}{\partial u} & \frac{\partial z}{\partial v} \\ \frac{\partial x}{\partial u} & \frac{\partial x}{\partial v} \end{vmatrix},$$

$$C = \frac{\partial(x,y)}{\partial(u,v)} = \begin{vmatrix} \frac{\partial x}{\partial u} & \frac{\partial x}{\partial v} \\ \frac{\partial y}{\partial u} & \frac{\partial y}{\partial v} \end{vmatrix},$$

或

$$S = \iint\limits_{D} \sqrt{EG - F^2} \mathrm{d}u\mathrm{d}v,$$

其中

$$E = \left(\frac{\partial x}{\partial u}\right)^2 + \left(\frac{\partial y}{\partial u}\right)^2 + \left(\frac{\partial z}{\partial u}\right)^2,$$

$$F = \frac{\partial x}{\partial u} \cdot \frac{\partial x}{\partial v} + \frac{\partial y}{\partial u} \cdot \frac{\partial y}{\partial v} + \frac{\partial z}{\partial u} \cdot \frac{\partial z}{\partial v},$$

$$G = \left(\frac{\partial x}{\partial v}\right)^2 + \left(\frac{\partial y}{\partial v}\right)^2 + \left(\frac{\partial z}{\partial v}\right)^2.$$

(4) 高斯 (Gauss) 公式.

设函数 $P(x,y,z)$, $Q(x,y,z)$, $R(x,y,z)$ 在空间有界闭域 Ω 上具有连续偏导数, Ω 的边界是分片光滑的双侧曲面 Σ, 则

$$\iint\limits_{\Sigma_{外}} P\mathrm{d}y\mathrm{d}z + Q\mathrm{d}x\mathrm{d}z + R\mathrm{d}x\mathrm{d}y = \iiint\limits_{\Omega} \left(\frac{\partial P}{\partial x} + \frac{\partial Q}{\partial y} + \frac{\partial R}{\partial z}\right)\mathrm{d}V.$$

(5) 斯托克斯 (Stokes) 公式.

设光滑曲面 Σ 的边界曲线为 L, L 的正向与 Σ 的法向量 $\vec{n}^0 = \{\cos\alpha, \cos\beta, \cos\gamma\}$ 成右手系, 且 $P(x,y,z)$, $Q(x,y,z)$, $R(x,y,z)$ 有连续偏导数, 则有

$$\oint\limits_{L} P\mathrm{d}x + Q\mathrm{d}y + R\mathrm{d}z = \iint\limits_{\Sigma} \begin{vmatrix} \cos\alpha & \cos\beta & \cos\gamma \\ \frac{\partial}{\partial x} & \frac{\partial}{\partial y} & \frac{\partial}{\partial z} \\ P & Q & R \end{vmatrix} \mathrm{d}S.$$

若空间曲线 L 的参数方程不易求出, $\oint\limits_{L} P\mathrm{d}x + Q\mathrm{d}y + R\mathrm{d}z$ 可考虑借助斯托克斯公式转化为曲面积分计算.

5. 广义重积分

(1) 如果函数 $f(x,y)$ 在瑕点 $(x_0, y_0) \in D$ 的附近有

$$|f(x,y)| \leqslant \frac{A}{r^\alpha},$$

其中 A 与 α 是常数, $\alpha < 2$, $r = \sqrt{(x-x_0)^2 + (y-y_0)^2}$, 则瑕积分 $\iint\limits_{D} f(x,y)\mathrm{d}x\mathrm{d}y$ 收敛.

(2) 如果函数 $f(x,y,z)$ 在瑕点 $(x_0, y_0, z_0) \in D$ 的附近有

$$|f(x,y,z)| \leqslant \frac{A}{r^\alpha},$$

其中 A 与 α 是常数, $\alpha < 3$, $r = \sqrt{(x-x_0)^2 + (y-y_0)^2 + (z-z_0)^2}$, 则瑕积分 $\iint\limits_{D} f(x,y,z)\mathrm{d}x\mathrm{d}y$ 收敛.

6. 含参变量的定积分与广义积分

(1) 含参变量的定积分.

设二元函数 $f(x,y)$ 定义在矩形区域

$$D = \{(x,y) \mid a \leqslant x \leqslant b, c \leqslant y \leqslant d\}$$

上. 若对任意固定的 $y \in [c,d]$, $f(x,y)$ 在 $[a,b]$ 上可积, 则定积分 $\int_a^b f(x,y)\,\mathrm{d}x$ 是 y 的函数, 记作

$$\varphi(y) = \int_a^b f(x,y)\,\mathrm{d}x, \quad y \in [c,d],$$

称 $\int_a^b f(x,y)\,\mathrm{d}x$ 为含参变量 y 的定积分. 它有如下几个性质:

性质 1 (连续性)   如果二元函数 $f(x,y)$ 在矩形区域

$$D = \{(x,y) \mid a \leqslant x \leqslant b, c \leqslant y \leqslant d\}$$

上连续, 则函数 $\varphi(y) = \int_a^b f(x,y)\,\mathrm{d}x$ 在区间 $[c,d]$ 上连续.

性质 2 (可微性)   设二元函数 $f(x,y)$ 定义在矩形区域

$$D = \{(x,y) \mid a \leqslant x \leqslant b, c \leqslant y \leqslant d\}$$

上. 若对任意固定的 $y \in [c,d]$, $f(x,y)$ 在 $[a,b]$ 上连续, 且偏导数 $f_y'(x,y)$ 在 D 上连续, 则函数 $\varphi(y)$ 在 $[c,d]$ 上可微, 且有

$$\varphi'(y) = \int_a^b f_y'(x,y)\,\mathrm{d}x.$$

性质 3 (积分可换序性)   如果函数 $f(x,y)$ 在矩形区域

$$D = \{(x,y) \mid a \leqslant x \leqslant b, c \leqslant y \leqslant d\}$$

上连续, 则

$$\int_c^d \mathrm{d}y \int_a^b f(x,y)\,\mathrm{d}x = \int_a^b \mathrm{d}x \int_c^d f(x,y)\,\mathrm{d}y.$$

(2) 含参变量的广义积分.

设二元函数 $f(x,y)$ 在区域

$$D = \{(x,y) \mid a \leqslant x < +\infty, c \leqslant y \leqslant d\}$$

上有定义, 若对任意固定的 $y \in [c,d]$, 广义积分 $\int_a^{+\infty} f(x,y)\,\mathrm{d}x$ 都收敛. 于是积分 $\int_a^{+\infty} f(x,y)\,\mathrm{d}x$ 在区间 $[c,d]$ 上定义了一个函数, 记作

$$\varphi(y) = \int_a^{+\infty} f(x,y)\,\mathrm{d}x, \quad y \in [c,d],$$

称它为含参变量的广义积分.

① 称无穷积分 $\int_a^{+\infty} f(x,y)\,\mathrm{d}x$ 在 $[c,d]$ 上对 y 一致收敛, 如果 $\forall \varepsilon > 0$, $\exists M \geqslant a$, 当 $A > M$ 时, 对 $\forall y \in [c,d]$, 有

$$\left| \int_A^{+\infty} f(x,y)\,\mathrm{d}x \right| < \varepsilon.$$

② (柯西 (Cauchy) 收敛准则) 积分 $\int_a^{+\infty} f(x,y)\,\mathrm{d}x$ 在 $[c,d]$ 上一致收敛的充分必要条件是 $\forall \varepsilon > 0$, $\exists M \geqslant a$, 当 $A' > A > M$ 时, 对 $\forall y \in [c,d]$, 有

$$\left| \int_A^{A'} f(x,y)\,\mathrm{d}x \right| < \varepsilon.$$

③ (M 判别法)   如果对充分大的 x 以及 $y \in [c,d]$, 由

$$|f(x,y)| \leqslant F(x),$$

且 $\int_a^{+\infty} F(x)\,\mathrm{d}x$ 收敛, 则 $\int_a^{+\infty} f(x,y)\,\mathrm{d}x$ 在 $[c,d]$ 上一致收敛.

④ (狄利克雷 (Dirichlet) 判别法)   如果 $g(x,y)$ 关于 x 单调, 且当 $x \to +\infty$ 时, $g(x,y)$ 关于 $y \in [c,d]$ 一致趋于零. 此外, 存在常数 $M > 0$, 对 $\forall A > a$, 有

$$\left| \int_a^A f(x,y)\,\mathrm{d}x \right| \leqslant M, \quad y \in [c,d],$$

则 $\int_a^{+\infty} f(x,y)g(x,y)\,\mathrm{d}x$ 在 $[c,d]$ 上一致收敛.

⑤ (阿贝尔 (Abel) 判别法)   如果 $g(x,y)$ 关于 x 单调, 且当 $x \geqslant a$ 时, $g(x,y)$ 关于 $y \in [c,d]$ 一致有界. 此外, $\int_a^{+\infty} f(x,y)\,\mathrm{d}x$ 关于 $y \in [c,d]$ 一致收敛, 则 $\int_a^{+\infty} f(x,y)g(x,y)\,\mathrm{d}x$ 在 $[c,d]$ 上一致收敛.

(3) 关于含参变量积分所确定的函数 $\varphi(y) = \int_a^{+\infty} f(x,y) \,dx$ 有如下与一致收敛密切相关的性质:

性质 1 (连续性) 如果 $f(x,y)$ 在 $x \geqslant a, c \leqslant y \leqslant d$ 上连续, 且积分 $\int_a^{+\infty} f(x,y)\,dx$ 关于 y 在 $[c,d]$ 上一致收敛, 则 $\varphi(y)$ 在 $[c,d]$ 上连续;

性质 2 (积分可换序性)
$$\int_a^{+\infty} dx \int_c^d f(x,y)\,dy = \int_c^d dy \int_a^{+\infty} f(x,y)\,dx;$$

性质 3 (可微性) 如果 $f(x,y)$ 及 $f_y'(x,y)$ 在 $x \geqslant a, c \leqslant y \leqslant d$ 上连续, 且 $\int_a^{+\infty} f(x,y)\,dx$ 关于 y 在 $[c,d]$ 上存在, 而积分 $\int_a^{+\infty} f_y'(x,y)\,dx$ 关于 y 在 $[c,d]$ 上一致收敛, 则函数 $\varphi(y)$ 在 $[c,d]$ 上可微, 且有
$$\varphi'(y) = \int_a^{+\infty} f_y'(x,y)\,dx.$$

典型例题解析

例 1 计算 $\iint\limits_D \dfrac{(x+y)\ln\left(1+\dfrac{y}{x}\right)}{\sqrt{1-x-y}}\,dxdy$, 其中 D 为 $x=0, y=0, x+y=1$ 所围区域.

解 令
$$\begin{cases} x = u(1-v), \\ y = uv, \end{cases}$$

则积分区域
$$\begin{cases} 0 \leqslant y \leqslant 1-x, \\ 0 \leqslant x \leqslant 1, \end{cases}$$

变为
$$\begin{cases} 0 \leqslant u \leqslant 1, \\ 0 \leqslant v \leqslant 1. \end{cases}$$

x, y 关于 u, v 的 Jacobi 行列式为
$$\frac{\partial(x,y)}{\partial(u,v)} = \begin{vmatrix} 1-v & -u \\ v & u \end{vmatrix} = u,$$

因此

$$\iint\limits_{D} \frac{(x+y)\ln\left(1+\dfrac{y}{x}\right)}{\sqrt{1-x-y}}\mathrm{d}x\mathrm{d}y \qquad\qquad \frac{16}{15}$$

$$\|\qquad\qquad\qquad\qquad\qquad\qquad\qquad\qquad\|$$

$$\iint\limits_{\substack{0\leqslant u\leqslant 1\\ 0\leqslant v\leqslant 1}} \frac{u\ln\dfrac{1}{1-v}}{\sqrt{1-u}}\cdot u\,\mathrm{d}u\mathrm{d}v = -\int_0^1 \frac{u^2}{\sqrt{1-u}}\mathrm{d}u \int_0^1 \ln(1-v)\,\mathrm{d}v = -\frac{16}{15}\cdot(-1)$$

从此 U 形等式串的两端即知

$$\iint\limits_{D} \frac{(x+y)\ln\left(1+\dfrac{y}{x}\right)}{\sqrt{1-x-y}}\mathrm{d}x\mathrm{d}y = \frac{16}{15}.$$

例 2 计算 $\iint\limits_{D} \mathrm{e}^{\frac{x-y}{x+y}}\mathrm{d}x\mathrm{d}y$,其中 D 为 $x=0, y=0, x+y=1$ 所围区域.

解 作变换

$$\begin{cases} u=x+y,\\ v=x-y, \end{cases} \quad 即 \quad \begin{cases} x=\dfrac{1}{2}u+\dfrac{1}{2}v,\\ y=\dfrac{1}{2}u-\dfrac{1}{2}v. \end{cases}$$

x,y 关于 u,v 的 Jacobi 行列式为

$$\frac{\partial(x,y)}{\partial(u,v)} = \begin{vmatrix} \dfrac{1}{2} & \dfrac{1}{2} \\ \dfrac{1}{2} & -\dfrac{1}{2} \end{vmatrix} = -\frac{1}{2} \neq 0.$$

因此

$$\iint\limits_{D} \mathrm{e}^{\frac{x-y}{x+y}}\mathrm{d}x\mathrm{d}y \qquad\qquad \frac{1}{4}\left(\mathrm{e}-\frac{1}{\mathrm{e}}\right)$$

$$\|\qquad\qquad\qquad\qquad\qquad\qquad\qquad\qquad\|$$

$$\frac{1}{2}\iint\limits_{D'} \mathrm{e}^{\frac{v}{u}}\mathrm{d}u\mathrm{d}v = \int_0^1 \mathrm{d}u \int_{-u}^{u} \mathrm{e}^{\frac{v}{u}}\mathrm{d}v = \frac{1}{2}\int_0^1 u\left(\mathrm{e}-\frac{1}{\mathrm{e}}\right)\mathrm{d}u$$

从此 U 形等式串的两端即知

$$\iint\limits_{D} e^{\frac{x-y}{x+y}} dxdy = \frac{1}{4}\left(e - \frac{1}{e}\right).$$

例 3 求 $\iint\limits_{D} |\sin(x-y)| dxdy$,其中 $D = \{(x,y) \mid 0 \leqslant x \leqslant y \leqslant 2\pi\}$.

解 因为

$$|\sin(x-y)| = |\sin(y-x)|$$
$$= \begin{cases} \sin(y-x), & 0 \leqslant y-x < \pi \quad (D_2), \\ -\sin(y-x), & \pi \leqslant y-x \leqslant 2\pi \quad (D_1). \end{cases}$$

如示意图 6.2 所示,D 被直线 $y = x + \pi$ 分成两个区域 D_1, D_2. 所以

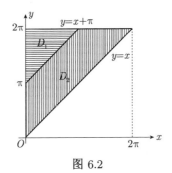

图 6.2

$$\iint\limits_{D} |\sin(x-y)| dxdy = -\iint\limits_{D_1} \sin(y-x) dxdy$$
$$+ \iint\limits_{D_2} \sin(y-x) dxdy. \quad (1)$$

作变换

$$\begin{cases} u = y - x, \\ v = x, \end{cases} \text{即} \begin{cases} x = v, \\ y = u + v. \end{cases}$$

则

$$\frac{\partial(x,y)}{\partial(u,v)} = \begin{vmatrix} 0 & 1 \\ 1 & 1 \end{vmatrix} = -1 \neq 0.$$

D_1 变为
$$\{(u,v) \mid 0 \leqslant v \leqslant \pi, \pi \leqslant u \leqslant 2\pi - v\},$$
D_2 变为
$$\{(u,v) \mid 0 \leqslant u \leqslant \pi, 0 \leqslant v \leqslant 2\pi - u\}.$$
从而

$$\iint\limits_{D_1} \sin(y-x)\,dxdy \qquad -\pi$$
$$\| \qquad \qquad \|$$
$$\int_0^\pi dv \int_\pi^{2\pi-v} \sin u\,du = \int_0^\pi (-\cos v - 1)\,dv$$

从此 U 形等式串的两端即知

$$\iint\limits_{D_1} \sin(x-y)\,dxdy = -\pi. \tag{2}$$

而

$$\iint\limits_{D_2} \sin(y-x)\,dxdy \qquad 3\pi$$
$$\| \qquad \qquad \|$$
$$\int_0^\pi du \int_0^{2\pi-u} \sin u\,dv = \int_0^\pi (2\pi - u)\sin u\,du$$

从此 U 形等式串的两端即知

$$\iint\limits_{D_2} \sin(y-x)\,dxdy = 3\pi. \tag{3}$$

把 (2), (3) 式代入 (1) 式得到

$$\iint\limits_{D} |\sin(x-y)|\,dxdy = -(-\pi) + 3\pi = 4\pi.$$

例 4 用变换
$$\begin{cases} x+y = u, \\ y-x = v, \end{cases}$$

计算积分:
$$\iint\limits_{0<x<y<\pi} \ln\sin(y-x)\,\mathrm{d}x\mathrm{d}y.$$

解 积分区域如示意图 6.3 所示. 所给变换又可写成
$$\begin{cases} x = \dfrac{u-v}{2}, \\ y = \dfrac{u+v}{2}, \end{cases}$$

则
$$\frac{\partial(x,y)}{\partial(u,v)} = \begin{vmatrix} \dfrac{1}{2} & -\dfrac{1}{2} \\ \dfrac{1}{2} & \dfrac{1}{2} \end{vmatrix} = \frac{1}{2} \neq 0.$$

将原积分区域 $0<x<y<\pi$ 变成由直线
$$\begin{cases} u > v > 0, \\ u+v < 2\pi, \end{cases}$$

围成的新区域, 如图 6.4 所示, 所以

$$\iint\limits_{0<x<y<\pi} \ln\sin(y-x)\,\mathrm{d}x\mathrm{d}y \qquad \int_0^\pi (\pi-v)\ln\sin v\,\mathrm{d}v$$
$$\|\qquad\qquad\qquad\qquad\qquad\qquad\|$$
$$\frac{1}{2}\int_0^\pi \ln\sin v\,\mathrm{d}v \int_v^{2\pi-v}\mathrm{d}u = \frac{1}{2}\int_0^\pi (2\pi-2v)\ln\sin v\,\mathrm{d}v$$

从此 U 形等式串的两端即知
$$\iint\limits_{0<x<y<\pi} \ln\sin(y-x)\,\mathrm{d}x\mathrm{d}y = \int_0^\pi (\pi-v)\ln\sin v\,\mathrm{d}v.$$

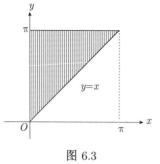
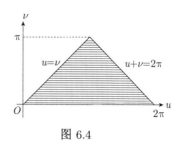

图 6.3　　　　　　　图 6.4

作变换 $t = \pi - v$, 则

$$\int_0^\pi (\pi - v) \ln \sin v \, dv = \int_0^\pi t \ln \sin t \, dt = \int_0^\pi v \ln \sin v \, dv.$$

移项整理可得

$$\int_0^\pi v \ln \sin v \, dv = \frac{\pi}{2} \int_0^\pi \ln \sin v \, dv.$$

又

$$\begin{array}{ccc}
\displaystyle\int_0^\pi \ln \sin v \, dv & & \dfrac{1}{2}\displaystyle\int_0^\pi \ln \sin v \, dv + \dfrac{1}{2}\displaystyle\int_0^\pi \ln \dfrac{1}{2} dv \\
\| & & \| \\
\displaystyle\int_0^{\frac{\pi}{2}} \ln \sin v \, dv + \displaystyle\int_{\frac{\pi}{2}}^\pi \ln \sin v \, dv & & \displaystyle\int_0^{\frac{\pi}{2}} \ln\left(\dfrac{1}{2}\sin 2v\right) dv \\
\| & & \| \\
\displaystyle\int_0^{\frac{\pi}{2}} \ln \sin v \, dv + \displaystyle\int_0^{\frac{\pi}{2}} \ln \cos v \, dv & = & \displaystyle\int_0^{\frac{\pi}{2}} \ln \sin v \cos v \, dv
\end{array}$$

从此 U 形等式串的两端即知

$$\int_0^\pi \ln \sin v \, dv = \frac{1}{2}\int_0^\pi \ln \sin v \, dv + \frac{1}{2}\int_0^\pi \ln \frac{1}{2} dv.$$

由此解出

$$\int_0^\pi \ln \sin v \, dv = \pi \ln \frac{1}{2} = -\pi \ln 2.$$

于是

$$\iint_{0 < x < y < \pi} \ln \sin(y - x) \, dx dy = \frac{\pi}{2}(-\pi \ln 2) = -\frac{\pi^2}{2}\ln 2.$$

例 5 计算：$\iint\limits_D \dfrac{1}{xy}\mathrm{d}x\mathrm{d}y$, 其中 $D: 2 \leqslant \dfrac{x}{x^2+y^2}, \dfrac{y}{x^2+y^2} \leqslant 4$.

解 作极坐标变换得

$$\left\{(r,\theta)\,\bigg|\,\dfrac{1}{4}\cos\theta \leqslant r \leqslant \dfrac{1}{2}\cos\theta,\ \dfrac{1}{4}\sin\theta \leqslant r \leqslant \dfrac{1}{2}\sin\theta\right\}.$$

如示意图 6.5 所示, 它是四个圆在第一象限所围的阴影部分.

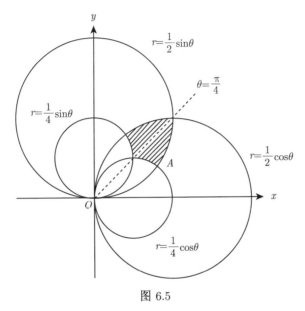

图 6.5

由于积分区域和被积函数均关于 $y=x$ 对称, 故积分为 $0 \leqslant \theta \leqslant \dfrac{\pi}{4}$ 内的 2 倍, 而圆 $r=\dfrac{1}{2}\sin\theta$ 与圆 $r=\dfrac{1}{4}\cos\theta$ 的交点 A 处 $\theta=\arctan\dfrac{1}{2}$. 故

$$\iint\limits_D \dfrac{1}{xy}\mathrm{d}x\mathrm{d}y \qquad\qquad \ln^2 2$$
$$\|\qquad\qquad\qquad\qquad\qquad\|$$
$$2\int_{\arctan\frac{1}{2}}^{\frac{\pi}{4}}\mathrm{d}\theta\int_{\frac{1}{4}\cos\theta}^{\frac{1}{2}\sin\theta}\dfrac{r}{r^2\cos\theta\sin\theta}\mathrm{d}r \quad 2\int_{\frac{1}{2}}^{1}\dfrac{1}{u}\ln 2u\,\mathrm{d}u$$
$$\|$$

$$2\int_{\arctan\frac{1}{2}}^{\frac{\pi}{4}} \frac{1}{\cos\theta\sin\theta} \ln\frac{\frac{1}{2}\frac{\sin\theta}{\cos\theta}}{\frac{1}{4}} d\theta = 2\int_{\arctan\frac{1}{2}}^{\frac{\pi}{4}} \frac{1}{\tan\theta} \ln(2\tan\theta) \, d\tan\theta$$

从此 U 形等式串的两端即知

$$\iint_D \frac{1}{xy} dxdy = \ln^2 2.$$

例 6 求证: $\int_0^1 \int_0^1 (xy)^{xy} dxdy = \int_0^1 x^x dx$.

证明 作变换 $t = xy, s = y$, 即 $y = s, x = \dfrac{t}{s}$, 则

$$\frac{\partial(x,y)}{\partial(t,s)} = \begin{vmatrix} \dfrac{1}{s} & -\dfrac{t}{s^2} \\ 0 & 1 \end{vmatrix} = \frac{1}{s}.$$

经此变换将 xy 平面上的矩形区域

$$D_{xy} = \{(x,y) \mid 0 \leqslant x \leqslant 1, 0 \leqslant y \leqslant 1\}$$

变换为 ts 平面上的三角形区域

$$D_{ts} = \{(t,s) \mid 0 \leqslant s \leqslant 1, 0 \leqslant t \leqslant s\},$$

同时将积分作如下变换:

$$\begin{array}{ccc}
I & & \int_0^1 d(\ln s) \int_0^s t^t dt \\
\| & & \| \\
\int_0^1 \int_0^1 (xy)^{xy} dxdy & & \int_0^1 \frac{ds}{s} \int_0^s t^t dt \\
\| & & \| \\
\iint_{D_{ts}} t^t \frac{1}{s} dsdt & = & \int_0^1 ds \int_0^s \frac{1}{s} t^t dt
\end{array}$$

从此 U 形等式串的两端即知

$$\int_0^1 \int_0^1 (xy)^{xy} dxdy = \int_0^1 d(\ln s) \int_0^s t^t dt. \qquad (1)$$

对 (1) 式右端用分部积分法, 得

$$\int_0^1 \mathrm{d}(\ln s) \int_0^s t^t \mathrm{d}t = \ln s \int_0^s t^t \mathrm{d}t \Big|_0^1 - \int_0^1 s^s \ln s \, \mathrm{d}s = -\int_0^1 s^s \ln s \, \mathrm{d}s. \quad (2)$$

因为

$$\int_0^1 (s^s \ln s + s^s) \, \mathrm{d}s \qquad s^s \Big|_0^1 = 0$$

$$\|\qquad\qquad\qquad\|$$

$$\int_0^1 s^s (\ln s + 1) \, \mathrm{d}s = \int_0^1 (s^s)' \, \mathrm{d}s$$

从此 U 形等式串的两端即知

$$\int_0^1 (s^s \ln s + s^s) \, \mathrm{d}s = 0,$$

故

$$-\int_0^1 s^s \ln s \, \mathrm{d}s = \int_0^1 s^s \mathrm{d}s. \quad (3)$$

联立 (1), (2), (3) 式得

$$I = \int_0^1 \int_0^1 (xy)^{xy} \, \mathrm{d}x \mathrm{d}y = \int_0^1 s^s \mathrm{d}s = \int_0^1 x^x \mathrm{d}x.$$

评注 函数 $f(x) = x^x = \mathrm{e}^{x \ln x}, x > 0$, 补充定义 $f(0) = f(1) = 1$ 后, $f(x)$ 是 $[0,1]$ 上的连续函数. 它的图形见示意图 6.6, 积分 $I = \int_0^1 x^x \mathrm{d}x$ 的几何意义是图中阴影部分的面积.

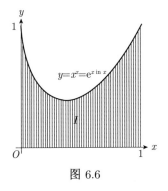

图 6.6

例 7 计算 $I = \iint\limits_{D} \sqrt{\sqrt{x} + \sqrt{y}}\mathrm{d}x\mathrm{d}y$, 其中 D 由 $x = 0, y = 0, \sqrt{x} + \sqrt{y} = 1$ 所围成.

解 先适当作 $\sqrt{x} + \sqrt{y} = 1$ 的参数方程, 受三角恒等式 $\sin^2 \theta + \cos^2 \theta = 1$ 的启发, 取

$$\begin{cases} x = \cos^4 v, \\ y = \sin^4 v, \end{cases} v \in \left[0, \frac{\pi}{2}\right].$$

再引入参数 $u : 0 \leqslant u \leqslant 1$, 得抛物线族

$$\begin{cases} x = u\cos^4 v, \\ y = u\sin^4 v, \end{cases} u \in [0,1], v \in \left[0, \frac{\pi}{2}\right],$$

它填满了 D(见示意图 6.7).

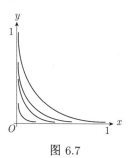

图 6.7

用上式作换元, 算得

$$J = \frac{\partial(x,y)}{\partial(u,v)} = \begin{vmatrix} \dfrac{\partial x}{\partial u} & \dfrac{\partial x}{\partial v} \\ \dfrac{\partial y}{\partial u} & \dfrac{\partial y}{\partial v} \end{vmatrix} = \frac{u}{8}(3\sin 2v - \sin 6v),$$

又 $D_1 = [0,1] \times \left[0, \frac{\pi}{2}\right]$, 故

$$\sqrt{x} + \sqrt{y} = \sqrt{u}, \quad \sqrt{\sqrt{x} + \sqrt{y}} = \sqrt[4]{u}.$$

$$\underset{\parallel}{I} \qquad\qquad\qquad \underset{\parallel}{\dfrac{4}{27}}$$

$$\iint\limits_{D_1} \sqrt[4]{u} \cdot \frac{u}{8}(3\sin 2v - \sin 6v)\,\mathrm{d}u\mathrm{d}v = \frac{1}{8}\int_0^1 u^{\frac{5}{4}}\mathrm{d}u \int_0^{\frac{\pi}{2}}(3\sin 2v - \sin 6v)\,\mathrm{d}v$$

从此 U 形等式串的两端即知
$$I = \frac{4}{27}.$$

例 8　计算二重积分 $I = \iint\limits_{D} \left(\sqrt[4]{x} + \sqrt[4]{y}\right) \mathrm{d}x\mathrm{d}y$，其中积分区域 D 为曲线 $\sqrt[4]{x} + \sqrt[4]{y} = 1$ 与两坐标轴所围成的区域.

解　先适当作 $\sqrt[4]{x} + \sqrt[4]{y} = 1$ 的参数方程，受三角恒等式 $\sin^2\theta + \cos^2\theta = 1$ 的启发，取

$$\begin{cases} x = \cos^8 v, \\ y = \sin^8 v, \end{cases} \quad v \in \left[0, \frac{\pi}{2}\right].$$

再引入参数 $u : 0 \leqslant u \leqslant 1$，得抛物线族

$$\begin{cases} x = u\cos^8 v, \\ y = u\sin^8 v, \end{cases} \quad u \in [0, 1], v \in \left[0, \frac{\pi}{2}\right],$$

它填满了 D(见示意图 6.7). 用上式作换元，算得

$$J = \frac{\partial(x, y)}{\partial(u, v)} = \begin{vmatrix} \cos^8 v & -8u\cos^7 v \sin v \\ \sin^8 v & 8u\sin^7 v \cos v \end{vmatrix}$$
$$= 8u\left(\sin^7 v \cos^7 v\right).$$

又 $D_1 = [0, 1] \times \left[0, \frac{\pi}{2}\right]$，故

$$\sqrt{x} + \sqrt{y} = \sqrt{u}, \quad \sqrt{\sqrt{x} + \sqrt{y}} = \sqrt[4]{u}.$$

$$\underset{\underset{\displaystyle\iint\limits_{D_1} \sqrt[4]{u} \cdot \frac{u}{8}(3\sin 2v - \sin 6v)\,\mathrm{d}u\mathrm{d}v}{\|}}{I} = \frac{1}{8}\int_0^1 u^{\frac{5}{4}}\mathrm{d}u \int_0^{\frac{\pi}{2}}(3\sin 2v - \sin 6v)\,\mathrm{d}v \underset{\|}{=} \frac{4}{27}$$

从此 U 形等式串的两端即知

$$I = \frac{4}{27}.$$

所求二重积分

$$I = \iint\limits_{D} \left(\sqrt[4]{x} + \sqrt[4]{y} \right) \mathrm{d}x\mathrm{d}y = \frac{4}{27}.$$

例 9　计算积分 $\iint\limits_{x^2+y^2 \leqslant 5} \mathrm{sgn}\,(x^2 - y^2 + 3)\,\mathrm{d}x\mathrm{d}y$.

解　被积函数为

$$\mathrm{sgn}\,(x^2 - y^2 + 3) = \begin{cases} 1, & x^2 - y^2 + 3 > 0, \\ 0, & x^2 - y^2 + 3 = 0, \\ -1, & x^2 - y^2 + 3 < 0. \end{cases}$$

如示意图 6.8 所示, 依题意, 积分区域是图中的竖线阴影区域和横线阴影区域两部分.

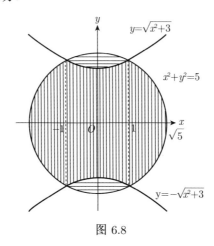

图 6.8

竖线阴影区域上的函数值为 1, 横线阴影区域上的函数值为 -1, 被积函数和积分区域都关于坐标轴对称, 因此积分为第一象限的 4 倍,

令积分值为 I, 则

$$\underset{\shortparallel}{I} \quad\quad \underset{\shortparallel}{6\ln 3 + 5\pi - 20\arcsin\frac{\sqrt{5}}{5}}$$

$$4\iint\limits_{\substack{x^2+y^2\leq 5 \\ x>0, y>0}} \mathrm{sgn}\,(x^2-y^2+3)\,\mathrm{d}x\mathrm{d}y = 4\begin{pmatrix} \int_0^1 \mathrm{d}x \int_0^{\sqrt{x^2+3}} \mathrm{d}y \\ + \\ \int_1^{\sqrt{5}} \mathrm{d}x \int_0^{\sqrt{5-x^2}} \mathrm{d}y \\ - \\ \int_0^1 \mathrm{d}x \int_{\sqrt{x^2+3}}^{\sqrt{5-x^2}} \mathrm{d}y \end{pmatrix}$$

从此 U 形等式串的两端即知

$$I = 6\ln 3 + 5\pi - 20\arcsin\frac{\sqrt{5}}{5}.$$

例 10 计算 $\iint\limits_{x^2+y^2\leq \frac{3}{16}} \min\left\{\sqrt{\frac{3}{16}-x^2-y^2}, 2(x^2+y^2)\right\}\mathrm{d}x\mathrm{d}y.$

解 令积分为 I, 并作极坐标变换:

$$\begin{cases} x = \dfrac{\sqrt{3}}{4}r\cos\theta, \\ y = \dfrac{\sqrt{3}}{4}r\sin\theta, \end{cases}$$

则

$$\left|\begin{matrix} \dfrac{\partial x}{\partial r} & \dfrac{\partial x}{\partial \theta} \\ \dfrac{\partial y}{\partial r} & \dfrac{\partial y}{\partial \theta} \end{matrix}\right| = \dfrac{3}{16}r,$$

$$I = \int_0^{2\pi} \mathrm{d}\theta \int_0^1 \min\left\{\sqrt{\frac{3}{16}-\frac{3}{16}r^2}, \frac{3}{8}r^2\right\}\frac{3}{16}r\mathrm{d}r.$$

注意到

$$\sqrt{\frac{3}{16} - \frac{3}{16}r^2} = \frac{\sqrt{3}}{4}\sqrt{1-r^2} = 2 \cdot \frac{\sqrt{3}}{8}\sqrt{1-r^2},$$

$$\frac{3}{8}r^2 = \sqrt{3} \cdot \frac{\sqrt{3}}{8}r^2, \quad \int_0^{2\pi} \mathrm{d}\theta = 2\pi.$$

故有

$$I = \frac{3\sqrt{3}}{128}\pi \int_0^1 \min\left\{2\sqrt{1-r^2}, \sqrt{3}r^2\right\} 2r\mathrm{d}r.$$

再作变换 $t = r^2$,则有

$$I = \frac{3\sqrt{3}}{128}\pi \int_0^1 \min\left\{2\sqrt{1-t}, \sqrt{3}t\right\} \mathrm{d}t.$$

由于方程 $2\sqrt{1-t} = \sqrt{3}t$ 或 $4 - 4t - 3t^2 = 0$ 在 $[0,1]$ 内的根为 $t = \dfrac{2}{3}$, 见示意图 6.9. 所以

$$\begin{matrix} I & & \dfrac{5}{192}\pi \\ \| & & \| \\ \dfrac{3\sqrt{3}}{128}\pi\left(\displaystyle\int_0^{\frac{2}{3}}\sqrt{3}t\mathrm{d}t + \int_{\frac{2}{3}}^1 2\sqrt{1-t}\mathrm{d}t\right) = \dfrac{3\sqrt{3}}{128}\pi\left(\dfrac{2}{9}\sqrt{3} + \dfrac{4}{27}\sqrt{3}\right) \end{matrix}$$

从此 U 形等式串的两端即知

$$I = \frac{5}{192}\pi.$$

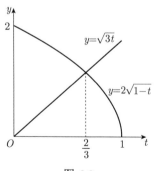

图 6.9

例 11 计算积分 $\iint\limits_{D} \left[x^2 + (y-1)^2\right] \mathrm{d}x\mathrm{d}y$，其中积分区域为

$$D = \left\{(x,y) \mid 1 \leqslant x^2 + (y-1)^2 \leqslant 2, x^2 + y^2 \leqslant 1\right\}.$$

解 积分区域如示意图 6.10 所示阴影部分.

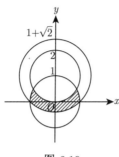

图 6.10

作变换

$$\begin{cases} u = 1 - y, \\ v = x, \end{cases} \text{即} \begin{cases} x = v, \\ y = 1 - u. \end{cases}$$

则

$$J = \frac{\partial(x,y)}{\partial(u,v)} = \begin{vmatrix} 0 & 1 \\ -1 & 0 \end{vmatrix} = 1.$$

D 变换为

$$D' = \left\{(u,v) \mid 1 \leqslant u^2 + v^2 \leqslant 2, (1-u)^2 + v^2 \leqslant 1\right\}.$$

D' 关于 u 轴对称，$D' = 2D''$，且 $D'' = D_1 \cup D_2$，D' 如示意图 6.11 所示阴影部分. 所以

$$I = \iint\limits_{D'} \left[x^2 + (y-1)^2\right] \mathrm{d}x\mathrm{d}y = 2\iint\limits_{D''} (u^2 + v^2)\,\mathrm{d}u\mathrm{d}v,$$

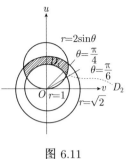

图 6.11

$$\underset{D'}{\iint}\left[x^2+(y-1)^2\right]\mathrm{d}x\mathrm{d}y = \overset{I}{\underset{\|}{}} \quad \overset{2\left(\underset{D_1}{\iint}(u^2+v^2)\,\mathrm{d}u\mathrm{d}v+\underset{D_2}{\iint}(u^2+v^2)\,\mathrm{d}u\mathrm{d}v\right)}{\underset{\|}{}} \quad 2\underset{D''}{\iint}(u^2+v^2)\,\mathrm{d}u\mathrm{d}v$$

从此 U 形等式串的两端即知

$$I = 2\left(\underset{D_1}{\iint}(u^2+v^2)\,\mathrm{d}u\mathrm{d}v + \underset{D_2}{\iint}(u^2+v^2)\,\mathrm{d}u\mathrm{d}v\right).$$

用极坐标

$$\begin{cases} u = r\cos\theta, \\ v = r\sin\theta, \end{cases}$$

则 D_1 变为

$$\left\{(r,\theta)\,\Big|\,\frac{\pi}{4}\leqslant\theta\leqslant\frac{\pi}{2}, 1\leqslant r\leqslant\sqrt{2}\right\},$$

D_2 变为

$$\left\{(r,\theta)\,\Big|\,\frac{\pi}{6}\leqslant\theta\leqslant\frac{\pi}{4}, 1\leqslant r\leqslant 2\sin\theta\right\}.$$

故
$$I = 2\left(\int_{\frac{\pi}{4}}^{\frac{\pi}{2}} d\theta \int_1^{\sqrt{2}} r^3 dr + \int_{\frac{\pi}{6}}^{\frac{\pi}{4}} d\theta \int_1^{2\sin\theta} r^3 dr\right)$$
$$= 2\left(\frac{3}{16}\pi + \frac{5}{48}\pi + \frac{7}{16}\sqrt{3} - 1\right)$$
$$= \frac{7}{12}\pi + \frac{7}{8}\sqrt{3} - 2.$$

例 12 选取适当的变换, 证明等式:
$$\iint_D f(ax + by + c)dxdy = 2\int_{-1}^1 \sqrt{1-u^2} f(u\sqrt{a^2+b^2} + c)du,$$
其中 $D = \{(x,y)|x^2 + y^2 \leqslant 1\}$, 且 $a^2 + b^2 \neq 0$.

解 从要证明的等式看, 应该令
$$u\sqrt{a^2+b^2} = ax + by,$$
即应该令
$$u = \frac{ax+by}{\sqrt{a^2+b^2}}.$$
设 $v = \frac{cx+dy}{\sqrt{a^2+b^2}}$, c, d 待定, 则有
$$\frac{\partial(u,v)}{\partial(x,y)} = \begin{vmatrix} \frac{a}{\sqrt{a^2+b^2}} & \frac{b}{\sqrt{a^2+b^2}} \\ \frac{c}{\sqrt{a^2+b^2}} & \frac{d}{\sqrt{a^2+b^2}} \end{vmatrix} = \frac{ad-bc}{a^2+b^2}.$$
为了 $\frac{\partial(u,v)}{\partial(x,y)}$ 简单, 让 $\frac{\partial(u,v)}{\partial(x,y)} = 1$, 即要
$$ad - bc = a^2 + b^2, \quad \text{只要} \quad d = a, c = -b.$$
综合之, 令
$$\begin{cases} u = \dfrac{ax+by}{\sqrt{a^2+b^2}}, \\ v = \dfrac{-bx+ay}{\sqrt{a^2+b^2}}, \end{cases}$$

便有 $\dfrac{\partial(u,v)}{\partial(x,y)} = 1$, 则可解出

$$\begin{cases} x = \dfrac{au - bv}{\sqrt{a^2 + b^2}}, \\ y = \dfrac{av + bu}{\sqrt{a^2 + b^2}}. \end{cases}$$

由此可见,

$$x^2 + y^2 = 1 \Rightarrow \left(\dfrac{au - bv}{\sqrt{a^2 + b^2}}\right)^2 + \left(\dfrac{av + bu}{\sqrt{a^2 + b^2}}\right)^2 = u^2 + v^2 = 1.$$

即知 $D = \{(x,y) | x^2 + y^2 \leqslant 1\}$ 可变换为

$$D^* = \{(u,v) | u^2 + v^2 \leqslant 1\}.$$

故有

$$\iint_D f(ax + by + c)\mathrm{d}x\mathrm{d}y \quad\quad 2\int_{-1}^{1} \sqrt{1-u^2} f(u\sqrt{a^2+b^2} + c)\mathrm{d}u$$
$$\|\quad\quad\quad\quad\quad\quad\quad\quad\quad \|$$
$$\iint_{D^*} f(u\sqrt{a^2+b^2} + c)\mathrm{d}u\mathrm{d}v = \int_{-1}^{1}\mathrm{d}u \int_{-\sqrt{1-u^2}}^{\sqrt{1-u^2}} f(u\sqrt{a^2+b^2} + c)\mathrm{d}v$$

例 13 计算二重积分 $I = \iint_D x\left(1 + yf\left(x^2 + y^2\right)\right)\mathrm{d}x\mathrm{d}y$, 其中 D 为由曲线 $y = x^3, y = 1, x = -1$ 所围成的区域.

解 如示意图 6.12 所示, $D = \{(x,y) | -1 \leqslant x \leqslant 1, x^3 \leqslant y \leqslant 1\}$ 是一个不规则区域, 添加一条辅助线 $y = -x^3$, 将 D 划分为 D_1, D_2 两部分, 其中 D_1 由曲线 $y = 1, y = \pm x^3$ 所围成, 如示意图 6.12 的竖线阴影所示; D_2 由曲线 $x = -1, y = \pm x^3$ 所围成, 如示意图 6.12 的横线阴影所示. 显然 D_1, D_2 分别关于 y 轴和 x 轴对称. 于是有

$$I = \iint_{D_1 + D_2} x\mathrm{d}x\mathrm{d}y + \iint_{D_1 + D_2} xyf\left(x^2 + y^2\right)\mathrm{d}x\mathrm{d}y.$$

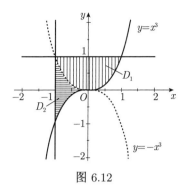

图 6.12

又由对称性,
$$\iint\limits_{D_1} x\mathrm{d}x\mathrm{d}y = 0, \iint\limits_{D_1} xyf\left(x^2+y^2\right)\mathrm{d}x\mathrm{d}y = 0, \iint\limits_{D_2} xyf\left(x^2+y^2\right)\mathrm{d}x\mathrm{d}y = 0,$$

所以 $I = \iint\limits_{D_2} x\mathrm{d}x\mathrm{d}y$. 再将 D_2 的上半平面部分记为 D_2^+, 则

$$\begin{array}{ccc} I & & -\dfrac{2}{5} \\ \| & & \| \\ 2\iint\limits_{D_2^+} x\mathrm{d}x\mathrm{d}y & & \dfrac{3}{5}-1 \\ \| & & \| \\ 2\int_0^1 \mathrm{d}y \int_{-1}^{-\sqrt[3]{y}} x\mathrm{d}x & = 2\int_0^1 \left(\dfrac{1}{2}y^{\frac{2}{3}} - \dfrac{1}{2}\right)\mathrm{d}y \end{array}$$

从此 U 形等式串的两端即知

$$I = -\dfrac{2}{5}.$$

例 14 求曲面 $\left(x^2+y^2+z^2\right)^3 = 3xyz$ 所围区域的体积.

解 由曲面方程知所围立体只能位于第一、三、五、七象限, 且体积为第一象限立体 V_1 的 4 倍, 即

$$V = 4V_1 = 4\iiint\limits_{V_1} \mathrm{d}x\mathrm{d}y\mathrm{d}z.$$

令
$$\begin{cases} x = \rho \sin\varphi \cos\theta, \\ y = \rho \sin\varphi \sin\theta, \\ z = \rho \cos\varphi, \end{cases}$$
则
$$0 \leqslant \theta \leqslant \frac{\pi}{2}, \quad 0 \leqslant \varphi \leqslant \frac{\pi}{2}, \quad 0 \leqslant \rho \leqslant \sqrt[3]{3}\left(\sin^2\varphi \cos\varphi \cos\theta \sin\theta\right)^{\frac{1}{3}}.$$

$$\begin{aligned} V &= 4\int_0^{\frac{\pi}{2}} \mathrm{d}\theta \int_0^{\frac{\pi}{2}} \sin\varphi \mathrm{d}\varphi \int_0^{\sqrt[3]{3}\left(\sin^2\varphi \cos\varphi \cos\theta \sin\theta\right)^{\frac{1}{3}}} \rho^2 \mathrm{d}\rho \\ &= \frac{4}{3}\int_0^{\frac{\pi}{2}} \cos\theta \sin\theta \mathrm{d}\theta \int_0^{\frac{\pi}{2}} 3\sin^3\varphi \cos\varphi \mathrm{d}\varphi \\ &= \frac{1}{2}, \end{aligned}$$
从此即知
$$V = \frac{1}{2}.$$

例 15 给定重积分
$$\iiint\limits_D \left(\frac{1}{yz}\frac{\partial F}{\partial x} + \frac{1}{xz}\frac{\partial F}{\partial y} + \frac{1}{xy}\frac{\partial F}{\partial z}\right) \mathrm{d}x\mathrm{d}y\mathrm{d}z,$$
其中
$$D = \{(x,y,z) \mid 1 \leqslant yz \leqslant 2, 1 \leqslant xz \leqslant 2, 1 \leqslant xy \leqslant 2\},$$
且 F 在 D 内连续可微. 试将积分作如下变换:
$$\begin{cases} u = yz, \\ v = xz, \\ w = xy. \end{cases}$$
要求变换后积分中出现 u, v, w 及 F 关于 u, v, w 的偏导数.

解 记
$$\begin{cases} G(x,y,z,u,v,w) = u - yz, \\ H(x,y,z,u,v,w) = v - xz, \\ K(x,y,z,u,v,w) = w - xv. \end{cases}$$

因为

$$\frac{\partial(G,H,K)}{\partial(u,v,w)} = \begin{vmatrix} 1 & 0 & 0 \\ 0 & 1 & 0 \\ 0 & 0 & 1 \end{vmatrix} = 1 \neq 0,$$

所以存在 u,v,w 对于 x,y,z 的逆变换，且

$$\begin{bmatrix} \dfrac{\partial F}{\partial x} \\ \dfrac{\partial F}{\partial y} \\ \dfrac{\partial F}{\partial z} \end{bmatrix} = \begin{bmatrix} 0 & z & y \\ z & 0 & x \\ y & x & 0 \end{bmatrix} \begin{bmatrix} \dfrac{\partial F}{\partial u} \\ \dfrac{\partial F}{\partial v} \\ \dfrac{\partial F}{\partial w} \end{bmatrix}$$

$$\begin{bmatrix} \dfrac{\partial u}{\partial x} & \dfrac{\partial v}{\partial x} & \dfrac{\partial w}{\partial x} \\ \dfrac{\partial u}{\partial y} & \dfrac{\partial v}{\partial y} & \dfrac{\partial w}{\partial y} \\ \dfrac{\partial u}{\partial z} & \dfrac{\partial v}{\partial z} & \dfrac{\partial w}{\partial z} \end{bmatrix} \begin{bmatrix} \dfrac{\partial F}{\partial u} \\ \dfrac{\partial F}{\partial v} \\ \dfrac{\partial F}{\partial w} \end{bmatrix} = \frac{\partial(u,v,w)}{\partial(x,y,z)} \begin{bmatrix} \dfrac{\partial F}{\partial u} \\ \dfrac{\partial F}{\partial v} \\ \dfrac{\partial F}{\partial w} \end{bmatrix}$$

从此 U 形等式串的两端即知

$$\begin{bmatrix} \dfrac{\partial F}{\partial x} \\ \dfrac{\partial F}{\partial y} \\ \dfrac{\partial F}{\partial z} \end{bmatrix} = \begin{bmatrix} 0 & z & y \\ z & 0 & x \\ y & x & 0 \end{bmatrix} \begin{bmatrix} \dfrac{\partial F}{\partial u} \\ \dfrac{\partial F}{\partial v} \\ \dfrac{\partial F}{\partial w} \end{bmatrix}.$$

因此, 原积分的被积函数有

$$\frac{1}{yz}\frac{\partial F}{\partial x} + \frac{1}{xz}\frac{\partial F}{\partial y} + \frac{1}{xy}\frac{\partial F}{\partial z} \qquad \left[\frac{2}{x}, \frac{2}{y}, \frac{2}{z}\right] \begin{bmatrix} \dfrac{\partial F}{\partial u} \\ \dfrac{\partial F}{\partial v} \\ \dfrac{\partial F}{\partial w} \end{bmatrix}$$

$$\parallel \qquad\qquad\qquad\qquad\qquad \parallel$$

$$\left[\frac{1}{yz}, \frac{1}{xz}, \frac{1}{xy}\right] \begin{bmatrix} \dfrac{\partial F}{\partial x} \\ \dfrac{\partial F}{\partial y} \\ \dfrac{\partial F}{\partial z} \end{bmatrix} = \left[\frac{1}{yz}, \frac{1}{xz}, \frac{1}{xy}\right] \begin{bmatrix} 0 & z & y \\ z & 0 & x \\ y & x & 0 \end{bmatrix} \begin{bmatrix} \dfrac{\partial F}{\partial u} \\ \dfrac{\partial F}{\partial v} \\ \dfrac{\partial F}{\partial w} \end{bmatrix}$$

从此 U 形等式串的两端即知

$$\frac{1}{yz}\frac{\partial F}{\partial x} + \frac{1}{xz}\frac{\partial F}{\partial y} + \frac{1}{xy}\frac{\partial F}{\partial z} = \left[\frac{2}{x}, \frac{2}{y}, \frac{2}{z}\right] \begin{bmatrix} \dfrac{\partial F}{\partial u} \\ \dfrac{\partial F}{\partial v} \\ \dfrac{\partial F}{\partial w} \end{bmatrix}.$$

再注意到积分变换的 Jacobi 行列式:

$$\frac{\partial(x,y,z)}{\partial(u,v,w)} \qquad \frac{1}{2xyz}$$

$$\parallel \qquad\qquad \parallel$$

$$\frac{1}{\dfrac{\partial(u,v,w)}{\partial(x,y,z)}} = \frac{1}{\begin{vmatrix} 0 & z & y \\ z & 0 & x \\ y & x & 0 \end{vmatrix}}$$

从此 U 形等式串的两端即知

$$\frac{\partial(x,y,z)}{\partial(u,v,w)} = \frac{1}{2xyz}.$$

于是

$$\left(\frac{1}{yz}\frac{\partial F}{\partial x}+\frac{1}{xz}\frac{\partial F}{\partial y}+\frac{1}{xy}\frac{\partial F}{\partial z}\right)\mathrm{d}x\mathrm{d}y\mathrm{d}z \qquad \begin{bmatrix}\dfrac{1}{vw}, & \dfrac{1}{uw}, & \dfrac{1}{uv}\end{bmatrix}\begin{bmatrix}\dfrac{\partial F}{\partial u}\\[2pt]\dfrac{\partial F}{\partial v}\\[2pt]\dfrac{\partial F}{\partial w}\end{bmatrix}$$

$$\parallel \qquad\qquad\qquad\qquad \parallel$$

$$\begin{bmatrix}\dfrac{2}{x}, & \dfrac{2}{y}, & \dfrac{2}{z}\end{bmatrix}\begin{bmatrix}\dfrac{\partial F}{\partial u}\\[2pt]\dfrac{\partial F}{\partial v}\\[2pt]\dfrac{\partial F}{\partial w}\end{bmatrix}\frac{\mathrm{d}u\mathrm{d}v\mathrm{d}w}{2xyz}=\begin{bmatrix}\dfrac{1}{x^2yz}, & \dfrac{1}{y^2xz}, & \dfrac{1}{z^2xy}\end{bmatrix}\begin{bmatrix}\dfrac{\partial F}{\partial u}\\[2pt]\dfrac{\partial F}{\partial v}\\[2pt]\dfrac{\partial F}{\partial w}\end{bmatrix}\mathrm{d}u\mathrm{d}v\mathrm{d}w$$

从此 U 形等式串的两端即知

$$\left(\frac{1}{yz}\frac{\partial F}{\partial x}+\frac{1}{xz}\frac{\partial F}{\partial y}+\frac{1}{xy}\frac{\partial F}{\partial z}\right)\mathrm{d}x\mathrm{d}y\mathrm{d}z=\begin{bmatrix}\dfrac{1}{vw}, & \dfrac{1}{uw}, & \dfrac{1}{uv}\end{bmatrix}\begin{bmatrix}\dfrac{\partial F}{\partial u}\\[2pt]\dfrac{\partial F}{\partial v}\\[2pt]\dfrac{\partial F}{\partial w}\end{bmatrix}.$$

由此可见

$$\iiint\limits_{D}\left(\frac{1}{yz}\frac{\partial F}{\partial x}+\frac{1}{xz}\frac{\partial F}{\partial y}+\frac{1}{xy}\frac{\partial F}{\partial z}\right)\mathrm{d}x\mathrm{d}y\mathrm{d}z$$

$$=\int_1^2\int_1^2\int_1^2\begin{bmatrix}\dfrac{1}{vw}, & \dfrac{1}{uw}, & \dfrac{1}{uv}\end{bmatrix}\begin{bmatrix}\dfrac{\partial F}{\partial u}\\[2pt]\dfrac{\partial F}{\partial v}\\[2pt]\dfrac{\partial F}{\partial w}\end{bmatrix}\mathrm{d}u\mathrm{d}v\mathrm{d}w$$

$$=\int_1^2\int_1^2\int_1^2\left(\frac{1}{vw}\frac{\partial F}{\partial u}+\frac{1}{uw}\frac{\partial F}{\partial v}+\frac{1}{uv}\frac{\partial F}{\partial w}\right)\mathrm{d}u\mathrm{d}v\mathrm{d}w.$$

例 16 计算积分:

$$I=\iiint\limits_{V}(y-z)\arctan z\,\mathrm{d}x\mathrm{d}y\mathrm{d}z,$$

其中 V 是由曲面 $x^2 + \dfrac{1}{2}(y-z)^2 = R^2$, $z = 0$ 及 $z = h$ 所围之立体.

解 受曲面方程启发, 宜作变换 $x = u, \dfrac{1}{\sqrt{2}}(y-z) = v, z = w$, 即作变换
$$\begin{cases} x = u, \\ y = \sqrt{2}v + w, \\ z = w. \end{cases}$$

因为
$$\frac{\partial(x,y,z)}{\partial(u,v,w)} = \begin{vmatrix} \dfrac{\partial x}{\partial u} & \dfrac{\partial x}{\partial v} & \dfrac{\partial x}{\partial w} \\ \dfrac{\partial y}{\partial u} & \dfrac{\partial y}{\partial v} & \dfrac{\partial y}{\partial w} \\ \dfrac{\partial z}{\partial u} & \dfrac{\partial z}{\partial v} & \dfrac{\partial z}{\partial w} \end{vmatrix} = \begin{vmatrix} 1 & 0 & 0 \\ 0 & \sqrt{2} & 1 \\ 0 & 0 & 1 \end{vmatrix}$$
$$= \sqrt{2} \neq 0,$$

所以
$$I = \iiint\limits_{V_1} \sqrt{2}v \arctan w \cdot \sqrt{2}\, dudvdw = 2\iiint\limits_{V_1} v \arctan w\, dudvdw,$$

其中 V_1 是由曲面 $u^2 + v^2 = R^2$ 及 $w = 0$ 及 $w = h$ 所围成的立体. 上式再经柱面坐标变换得

$$\underset{\substack{\|\\I}}{2\int_0^{2\pi} d\theta \int_0^R rdr \int_0^h r\sin\theta \arctan w\, dw} = \underset{\substack{\|\\0}}{2\int_0^{2\pi}\sin\theta d\theta \int_0^R r^2 dr \int_0^h \arctan w\, dw}$$

从此 U 形等式串的两端即知
$$I = 0.$$

例 17 设 $0 < \alpha < 4$, 并记 $r = \sqrt{x^2 + y^2 + z^2}$. 求证: 三重积分
$\iiint\limits_{\mathbb{R}^3} \dfrac{|x|+|y|+|z|}{e^{r^\alpha} - 1} dxdydz$ 收敛, 且其值为 $6\pi \int_0^{+\infty} \dfrac{\rho^3}{e^{\rho^\alpha} - 1} d\rho$.

证明 原点 $r_0(0,0,0)$ 为奇点,但在除原点外的任何有限区间上,有
$$\frac{|x|+|y|+|z|}{e^{r^\alpha}-1} \leqslant \frac{3r}{r^\alpha} = \frac{3}{r^{\alpha-1}}.$$
由于 $0 < \alpha < 4$,所以 $p = \alpha - 1 < 3$,从而根据广义重积分的柯西收敛准则知,积分
$$\iiint\limits_{\mathbb{R}^3} \frac{|x|+|y|+|z|}{e^{r^\alpha}-1} dxdydz$$
收敛. 取球坐标变换:
$$\begin{cases} x = \rho \sin\varphi \cos\theta, \\ y = \rho \sin\varphi \sin\theta, \\ z = \rho \cos\varphi, \end{cases}$$
其中 $0 \leqslant \varphi \leqslant \pi$, $0 \leqslant \theta \leqslant 2\pi$, $0 \leqslant \rho < +\infty$. 在此变换下,
$$dxdydz = \rho^2 \sin\varphi d\rho d\varphi d\theta,$$
$$|x|+|y|+|z| = \rho |\sin\varphi|(|\cos\theta|+|\sin\theta|) + \rho|\cos\varphi|,$$
则

$$\int_0^\pi \sin\varphi d\varphi \int_0^{2\pi} |\sin\varphi|(|\cos\theta|+|\sin\theta|) d\theta + 2\pi \int_0^\pi \sin\varphi |\cos\varphi| d\varphi \quad\quad 6\pi$$
$$\| \quad\quad\quad\quad\quad\quad\quad\quad\quad\quad\quad\quad\quad\quad\quad\quad\quad\quad\quad\quad\quad\quad \|$$
$$\frac{1}{2}\pi \cdot 8 + 2\pi \cdot 1 \quad\quad\quad\quad\quad\quad\quad\quad = \quad\quad\quad\quad 4\pi + 2\pi$$

从此 U 形等式串的两端即知
$$\int_0^\pi \sin\varphi d\varphi \int_0^{2\pi} |\sin\varphi|(|\cos\theta|+|\sin\theta|) d\theta$$
$$+ 2\pi \int_0^\pi \sin\varphi |\cos\varphi| d\varphi = 6\pi.$$
于是
$$\iiint\limits_{\mathbb{R}^3} \frac{|x|+|y|+|z|}{e^{r^\alpha}-1} dxdydz = 6\pi \int_0^{+\infty} \frac{\rho^3}{e^{\rho^\alpha}-1} d\rho.$$

例 18 求 $\iiint\limits_{V} \dfrac{z}{\sqrt{x^2+y^2}} \mathrm{d}v$，其中 V 是平面图形

$$D = \{(x,y,z) \mid x = 0, y \geqslant 0, y^2 + z^2 \leqslant 1, 2y - z \leqslant 1\}$$

绕 z 轴旋转一周所生成的图形.

解 将 D 分为两部分,

$D_1: -1 \leqslant z \leqslant \dfrac{3}{5}$(如示意图 6.13 中的竖线阴影部分);

$D_2: \dfrac{3}{5} \leqslant z \leqslant 1$(如示意图 6.13 中的横线阴影部分).

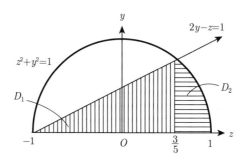

图 6.13

设 D_1 绕 z 轴旋转一周生成图形 V_1，则有

$$\iiint\limits_{V_1} \dfrac{z}{\sqrt{x^2+y^2}} \mathrm{d}v \qquad \int_{-1}^{\frac{3}{5}} \pi z(z+1)\,\mathrm{d}z = \dfrac{32}{375}\pi$$

$$\parallel \qquad\qquad\qquad\qquad\qquad \parallel$$

$$\int_{-1}^{\frac{3}{5}} z\,\mathrm{d}z \iint\limits_{x^2+y^2 \leqslant \left(\frac{z+1}{2}\right)^2} \dfrac{1}{\sqrt{x^2+y^2}} \mathrm{d}x\mathrm{d}y = \int_{-1}^{\frac{3}{5}} z \left(\int_0^{2\pi} \mathrm{d}\theta \int_0^{\frac{z+1}{2}} \mathrm{d}r \right) \mathrm{d}z$$

从此 U 形等式串的两端即知

$$\iiint\limits_{V_1} \dfrac{z}{\sqrt{x^2+y^2}} \mathrm{d}v = \dfrac{32}{375}\pi.$$

同理, 设 D_2 绕 z 轴旋转一周生成图形 V_2, 用先二后一的办法计算, 即

$$\iiint\limits_{V_2} \frac{z}{\sqrt{x^2+y^2}}\mathrm{d}v \qquad \int_{\frac{3}{5}}^{1} 2\pi z\sqrt{1-z^2}\mathrm{d}z = \frac{128}{375}\pi$$

$$\parallel \qquad\qquad\qquad\qquad\qquad \parallel$$

$$\int_{\frac{3}{5}}^{1} z\mathrm{d}z \iint\limits_{x^2+y^2\leqslant 1-z^2} \frac{1}{\sqrt{x^2+y^2}}\mathrm{d}x\mathrm{d}y = \int_{\frac{3}{5}}^{1} z\left(\int_{0}^{2\pi}\mathrm{d}\theta\int_{0}^{\sqrt{1-z^2}}\mathrm{d}r\right)\mathrm{d}z$$

从此 U 形等式串的两端即知

$$\iiint\limits_{V_2} \frac{z}{\sqrt{x^2+y^2}}\mathrm{d}v = \frac{128}{375}\pi.$$

最后综合之, 得

$$\iiint\limits_{V} \frac{z}{\sqrt{x^2+y^2}}\mathrm{d}v = \frac{32}{375}\pi + \frac{128}{375}\pi = \frac{32}{75}\pi.$$

例 19 计算三重积分 $I = \iiint\limits_{x^2+y^2+z^2\leqslant a^2} \frac{(b-x)\mathrm{d}x\mathrm{d}y\mathrm{d}z}{\left(\sqrt{(b-x)^2+y^2+z^2}\right)^3}$,

其中 $b>a>0$.

解 固定 x, 则球 $x^2+y^2+z^2\leqslant a^2$ 与平面 $X=x$ 的截交域为圆域 $y^2+z^2\leqslant a^2-x^2$, 可用先二后一的办法计算, 即

$$I = \int_{-a}^{a}(b-x)\mathrm{d}x \iint\limits_{y^2+z^2\leqslant a^2-x^2} \frac{\mathrm{d}y\mathrm{d}z}{\left((b-x)^2+y^2+z^2\right)^{\frac{3}{2}}}.$$

用极坐标计算上式中的二重积分, 注意到定积分

$$\int_{0}^{R} \frac{r\mathrm{d}r}{(c^2+r^2)^{\frac{3}{2}}} = \frac{1}{c} - \frac{1}{\sqrt{c^2+R^2}}.$$

故有
$$\iint\limits_{y^2+z^2\leqslant a^2-x^2} \frac{\mathrm{d}y\mathrm{d}z}{\left((b-x)^2+y^2+z^2\right)^{\frac{3}{2}}}$$
$$=\int_0^{2\pi}\mathrm{d}\theta\int_0^{\sqrt{a^2-x^2}}\frac{r\mathrm{d}r}{\left((b-x)^2+r^2\right)^{\frac{3}{2}}}$$
$$=2\pi\left(\frac{1}{b-x}-\frac{1}{\sqrt{b^2+a^2-2bx}}\right).$$

从而
$$I=2\pi\int_{-a}^{a}\left(1-\frac{1}{\sqrt{b^2+a^2-2bx}}\right)\mathrm{d}x=\frac{4\pi a^3}{3b^2}.$$

例 20 计算 $\iiint\limits_V (x^3+y^3+z^3)\mathrm{d}x\mathrm{d}y\mathrm{d}z$,其中 V 表示曲面 $x^2+y^2+z^2-2a(x+y+z)+2a^2=0\,(a>0)$ 所围成的区域.

解 易知 V 是以 (a,a,a) 为中心,a 为半径的球. 由对称性,只要计算一项,用先二后一的办法计算,即

$$\iiint\limits_V (x^3+y^3+z^3)\,\mathrm{d}x\mathrm{d}y\mathrm{d}z \qquad\qquad \frac{32}{5}\pi a^6$$
$$\|\qquad\qquad\qquad\qquad\qquad\|$$
$$3\iiint\limits_V x^3\mathrm{d}x\mathrm{d}y\mathrm{d}z \qquad\qquad 3\pi\int_0^{2a} x^4(2a-x)\,\mathrm{d}x$$
$$\|\qquad\qquad\qquad\qquad\qquad\|$$
$$3\int_0^{2a}x^3\mathrm{d}x\iint\limits_{\substack{(y-a)^2+(z-a)^2\\ \wedge \\ a^2-(x-a)^2}}\mathrm{d}y\mathrm{d}z=3\int_0^{2a}x^3\cdot\pi\left[a^2-(x-a)^2\right]\mathrm{d}x$$

从此 U 形等式串的两端即知
$$\iiint\limits_V (x^3+y^3+z^3)\,\mathrm{d}x\mathrm{d}y\mathrm{d}z=\frac{32}{5}\pi a^6.$$

例 21 计算 $\iiint\limits_V z^2\mathrm{d}x\mathrm{d}y\mathrm{d}z$,其中 V 由 $x^2+y^2+z^2\leqslant r^2$ 和 $x^2+y^2+z^2\leqslant 2rz$ 的公共部分组成.

解 注意到被积函数为 z^2, 因此可将三重积分化为先二重后一重的累次积分. 用平行于 Oxy 平面的平面去截区域 V, 截面是一族圆面, 见示意图 6.14:

$$S_1 : x^2 + y^2 \leqslant 2rz - z^2 \left(0 \leqslant z \leqslant \frac{r}{2}\right);$$
$$S_2 : x^2 + y^2 \leqslant r^2 - z^2 \quad \left(\frac{r}{2} \leqslant z \leqslant r\right).$$

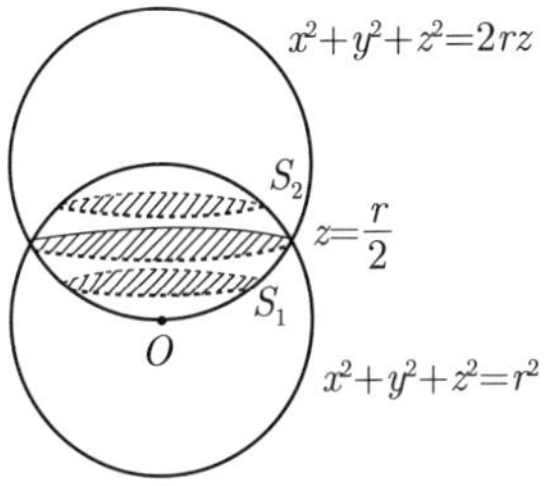

图 6.14

用先二后一的办法计算, 即

$$\iiint_V z^2 \mathrm{d}x\mathrm{d}y\mathrm{d}z \qquad \frac{59}{480}\pi r^5$$
$$\| \qquad \|$$
$$\int_0^{\frac{r}{2}} \mathrm{d}z \iint_{S_1} z^2 \mathrm{d}x\mathrm{d}y \qquad \pi \int_0^{\frac{r}{2}} z^2 \left(2rz - z^2\right) \mathrm{d}z$$
$$+ \qquad = \qquad +$$
$$\int_{\frac{r}{2}}^r \mathrm{d}z \iint_{S_2} z^2 \mathrm{d}x\mathrm{d}y \qquad \pi \int_{\frac{r}{2}}^r z^2 \left(r^2 - z^2\right) \mathrm{d}z$$

从此 U 形等式串的两端即知

$$\iiint_V z^2 \mathrm{d}x\mathrm{d}y\mathrm{d}z = \frac{59}{480}\pi r^5.$$

例 22 计算三重积分 $\iiint_\Omega x^2\sqrt{x^2+y^2}\mathrm{d}x\mathrm{d}y\mathrm{d}z$, 其中 Ω 是曲面 $z = \sqrt{x^2+y^2}$ 与 $z = x^2+y^2$ 所围成的有界区域.

解 如示意图 6.15 所示, Ω 在 Oxy 平面上的投影 $D: x^2+y^2 \leqslant 1$. 用先一后二的办法计算, 即

$$\iiint_\Omega x^2\sqrt{x^2+y^2}\mathrm{d}x\mathrm{d}y\mathrm{d}z \qquad\qquad \pi\left(\frac{1}{6}-\frac{1}{7}\right)=\frac{\pi}{42}$$

$$\|\qquad\qquad\qquad\qquad\qquad\qquad\|$$

$$\iint_D \mathrm{d}x\mathrm{d}y\int_{x^2+y^2}^{\sqrt{x^2+y^2}} x^2\sqrt{x^2+y^2}\mathrm{d}z \qquad \int_0^{2\pi}\cos^2\theta\mathrm{d}\theta\int_0^1 \left(r^5-r^6\right)\mathrm{d}r$$

$$\|\qquad\qquad\qquad\qquad\qquad\qquad\|$$

$$\iint_D \left[\sqrt{x^2+y^2}-(x^2+y^2)\right]x^2\sqrt{x^2+y^2}\mathrm{d}x\mathrm{d}y = \int_0^{2\pi}\mathrm{d}\theta\int_0^1 (r-r^2)\,r^2\cos^2\theta\cdot r^2\mathrm{d}r$$

从此 U 形等式串的两端即知

$$\iiint_\Omega x^2\sqrt{x^2+y^2}\mathrm{d}x\mathrm{d}y\mathrm{d}z=\frac{\pi}{42}.$$

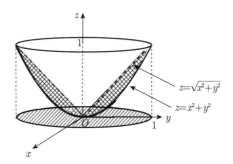

图 6.15

例 23 求曲线 $y=\ln\left(1-x^2\right), 0\leqslant x \leqslant \frac{1}{2}$ 的弧长.

解 由弧长计算公式得

$$\begin{array}{cc} l & \ln 3-\dfrac{1}{2} \\ \| & \| \\ \displaystyle\int_s \mathrm{d}s & \displaystyle\int_0^{\frac{1}{2}} \dfrac{1+x^2}{1-x^2}\mathrm{d}x \\ \| & \| \\ \displaystyle\int_0^{\frac{1}{2}} \sqrt{1+y'^2}\mathrm{d}x = \displaystyle\int_0^{\frac{1}{2}} \sqrt{1+\left(\dfrac{-2x}{1-x^2}\right)^2}\mathrm{d}x \end{array}$$

从此 U 形等式串的两端即知要求的弧长

$$l = \ln 3 - \frac{1}{2}.$$

例 24 设曲面 $x^2 + z^2 = 2z$ 与 $z = \sqrt{x^2 + y^2}$ 的交线为 L, 求:

$$I = \int_L \sqrt{(z-1)(2-z)} \mathrm{d}s.$$

解 将 $z^2 = x^2 + y^2$ 代入 $x^2 + z^2 = 2z$ 消去 x, 得

$$y^2 = 2z(z-1),$$

并从此推知 $z \geqslant 1$ 及 $y = \pm\sqrt{2z(z-1)}$. 又从

$$x^2 = 2z - z^2 = z(2-z),$$

并从此推知 $z \leqslant 2$ 及 $x = \pm\sqrt{z(2-z)}$.

于是得到 L 的参数方程:

$$\begin{cases} x = \pm\sqrt{z(2-z)}, \\ y = \pm\sqrt{2z(z-1)}, \quad 1 \leqslant z \leqslant 2. \\ z = z, \end{cases}$$

从参数方程分析可知 L 有 4 个分支, 由对称性,

$$I = 4\int_{L_1} \sqrt{(z-1)(2-z)} \mathrm{d}s,$$

其中积分区域 L_1 (见示意图 6.16):

$$\begin{cases} x = \sqrt{z(2-z)}, \\ y = \sqrt{2z(z-1)}, \quad 1 \leqslant z \leqslant 2. \\ z = z, \end{cases}$$

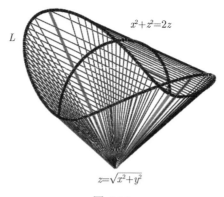

图 6.16

$$1+\left(\frac{\mathrm{d}x}{\mathrm{d}z}\right)^2+\left(\frac{\mathrm{d}y}{\mathrm{d}z}\right)^2=\frac{1}{2}\cdot\frac{-4z^2+12z-7}{(z-1)(2-z)}.$$

$$\begin{matrix} I & & 2\sqrt{2}\left(\dfrac{1}{4}\pi+\dfrac{1}{2}\right) \\ \| & & \| \\ 4\displaystyle\int_{L_1}\sqrt{(z-1)(2-z)}\mathrm{d}s & = & \dfrac{4}{\sqrt{2}}\displaystyle\int_1^2\sqrt{-4z^2+12z-7}\mathrm{d}z \end{matrix}$$

从此 U 形等式串的两端即知

$$I=2\sqrt{2}\left(\frac{1}{4}\pi+\frac{1}{2}\right).$$

例 25 计算第二型曲线积分:

$$\int_C (y+\sin y)\,\mathrm{d}x+\cos y\mathrm{d}y,$$

其中 C 如示意图 6.17 所示.

解 补充 $\overline{BA}: y=0, 0\leqslant x\leqslant \pi$, 则 $C+\overline{BA}$ 构成封闭曲线 Γ, 由格林公式

$$\begin{matrix} \displaystyle\int_C & & \displaystyle\iint_D \mathrm{d}x\mathrm{d}y - \displaystyle\int_{\overline{BA}} \\ \| & & \| \\ \displaystyle\oint_\Gamma - \displaystyle\int_{\overline{BA}} & = & -\displaystyle\iint_D(-1)\mathrm{d}x\mathrm{d}y-\displaystyle\int_{\overline{BA}} \end{matrix}$$

从此 U 形等式串的两端即知
$$\int_C = \iint_D \mathrm{d}x\mathrm{d}y - \int_{\overline{BA}},$$

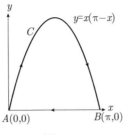

图 6.17

其中 $D: 0 \leqslant y \leqslant x(\pi - x), 0 \leqslant x \leqslant \pi$. 所以

$$\iint_D \mathrm{d}x\mathrm{d}y \qquad \frac{1}{6}\pi^3$$
$$\| \qquad \qquad \|$$
$$\int_0^\pi \mathrm{d}x \int_0^{x(\pi-x)} \mathrm{d}y = -\int_0^\pi x(x-\pi)\,\mathrm{d}x$$

从此 U 形等式串的两端即知
$$\iint_D \mathrm{d}x\mathrm{d}y = \frac{1}{6}\pi^3,$$

而
$$\int_{\overline{BA}} (y + \sin y)\,\mathrm{d}x + \cos y\,\mathrm{d}y = 0,$$

于是
$$\int_C (y + \sin y)\,\mathrm{d}x + \cos y\,\mathrm{d}y = \frac{1}{6}\pi^3.$$

例 26 计算第二型曲线积分:
$$\oint_l y^2\mathrm{d}x + z^2\mathrm{d}y + x^2\mathrm{d}z,$$

其中 l 为曲面 $x^2+y^2+z^2=a^2$ 与 $x^2+y^2=ax$ $(z\geqslant 0, a>0)$ 相交的闭曲线, l 的方向规定为从 z 轴正向往下看, 曲线 l 所围球面部分总在左边, 见示意图 6.18.

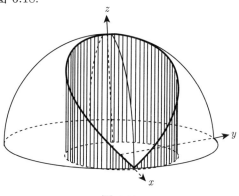

图 6.18

解 由已知曲面得

$$x^2+y^2=ax \Rightarrow \left(x-\frac{a}{2}\right)^2+y^2=\left(\frac{a}{2}\right)^2.$$

令

$$\begin{cases} x=\dfrac{a}{2}+\dfrac{a}{2}\cos t, \\ y=\dfrac{a}{2}\sin t, \end{cases}$$

并代入 $x^2+y^2+z^2=a^2$, 得到一条空间曲线, 写成参数方程为

$$\begin{cases} x=\dfrac{a}{2}+\dfrac{a}{2}\cos t, \\ y=\dfrac{a}{2}\sin t, \\ z=\sqrt{a^2-x^2-y^2}=\sqrt{a^2-ax}=a\left|\sin\dfrac{t}{2}\right|, \end{cases} \quad -\pi\leqslant t\leqslant\pi.$$

为了使参数方程更简单, 令 $\theta=\dfrac{t}{2}$, 则有

$$\begin{cases} x=a\cos^2\theta, \\ y=a\sin\theta\cos\theta, \\ z=a\left|\sin\theta\right|, \end{cases} \quad -\dfrac{\pi}{2}\leqslant\theta\leqslant\dfrac{\pi}{2}.$$

进而, 有
$$\begin{cases} \mathrm{d}x = -2a\cos\theta\sin\theta\mathrm{d}\theta, \\ \mathrm{d}y = a\cos 2\theta\mathrm{d}\theta, \\ \mathrm{d}z = a\cos\theta \cdot \mathrm{sgn}\theta\mathrm{d}\theta. \end{cases}$$

注意到 $y^2\mathrm{d}x$ 与 $x^2\mathrm{d}z$ 都是奇函数, 所以根据曲线定向, 有

$$I = \int_{-\frac{\pi}{2}}^{\frac{\pi}{2}} z^2 \mathrm{d}y = \int_{-\frac{\pi}{2}}^{\frac{\pi}{2}} (a\sin\theta)^2 \cdot a\cos 2\theta\mathrm{d}\theta = -\frac{1}{4}\pi a^3.$$

例 27 计算积分:

$$\oint_{\Gamma} z^2\mathrm{d}x + y^2\mathrm{d}y + x^2\mathrm{d}z,$$

其中 Γ 为曲面 $z = \sqrt{x^2+y^2}$ 与 $z^2 = 2x$ 相交的闭曲线, Γ 的方向规定为从 z 轴的正向往下看, 曲线 Γ 所围锥面部分总在左边, 见示意图 6.19.

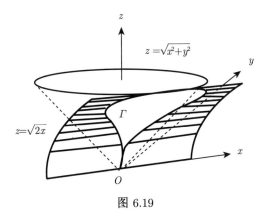

图 6.19

解 由题设,
$$\begin{cases} x^2 + y^2 = z^2, \\ z^2 = 2x \end{cases}$$

是一条空间曲线, 容易写出它的参数方程

$$\begin{cases} x = x, \\ y = \pm\sqrt{x(2-x)}, \ 0 \leqslant x \leqslant 2. \\ z = \sqrt{2x}, \end{cases}$$

则

$$\oint_{\Gamma} z^2 \mathrm{d}x + y^2 \mathrm{d}y + x^2 \mathrm{d}z = \int_0^2 \left[2x + (1-x) + \frac{1}{2}\sqrt{2} x^{\frac{3}{2}} \right] \mathrm{d}x = \frac{28}{5}.$$

例 28 计算曲线积分:

$$\oint_C (x^2 + y^2 + xy) \, \mathrm{d}s,$$

其中 C 表示曲面 $x^2 + y^2 + z^2 = 1$ 与平面 $x + y + z = 1$ 的交线.

解 法一 从 $x+y+z=1$ 解出 $z=1-x-y$, 代入 $x^2+y^2+z^2=1$, 消去 z 得

$$x^2 + y^2 = x + y - xy.$$

从中解出

$$y_1 = -\frac{1}{2}x + \frac{1}{2} + \frac{1}{2}\sqrt{(3x+1)(1-x)},$$
$$y_2 = -\frac{1}{2}x + \frac{1}{2} - \frac{1}{2}\sqrt{(3x+1)(1-x)}.$$

代入 $z = 1 - x - y$, 从而

$$z_1 = -\frac{1}{2}x + \frac{1}{2} - \frac{1}{2}\sqrt{(3x+1)(1-x)},$$
$$z_2 = -\frac{1}{2}x + \frac{1}{2} + \frac{1}{2}\sqrt{(3x+1)(1-x)}.$$

从而 $C = C_1 + C_2$, 它们的参数方程分别是

$$C_1 : \begin{cases} x_1 = x, \\ y_1 = -\frac{1}{2}x + \frac{1}{2} + \frac{1}{2}\sqrt{(3x+1)(1-x)}, \\ z_1 = -\frac{1}{2}x + \frac{1}{2} - \frac{1}{2}\sqrt{(3x+1)(1-x)}, \end{cases} \quad -\frac{1}{3} \leqslant x \leqslant 1.$$

$$C_2 : \begin{cases} x_2 = x, \\ y_2 = -\dfrac{1}{2}x + \dfrac{1}{2} - \dfrac{1}{2}\sqrt{(3x+1)(1-x)}, \\ z_2 = -\dfrac{1}{2}x + \dfrac{1}{2} + \dfrac{1}{2}\sqrt{(3x+1)(1-x)}. \end{cases} \quad -\dfrac{1}{3} \leqslant x \leqslant 1.$$

从 $x^2 + y^2 = x + y - xy$ 两边对 x 求导, 可得

$$2x + 2yy' = 1 + y' - y - xy',$$

解得

$$y' = -\frac{2x + y - 1}{x + 2y - 1}.$$

又从 $z = 1 - x - y$ 知

$$z' = -1 - y' = \frac{x - y}{x + 2y - 1}.$$

于是

$$1 + y'^2 + z'^2 = \frac{2}{-3x^2 + 2x + 1}\left(x^2 + y^2 + xy - x - y + 1\right).$$

再利用 $x^2 + y^2 = x + y - xy$, 化简上式右端, 得到

$$1 + y'^2 + z'^2 = \frac{2}{-3x^2 + 2x + 1}.$$

因此, 在 C 上,

$$\mathrm{d}s = \sqrt{1 + y'^2 + z'^2}\mathrm{d}x = \sqrt{\frac{2}{(3x+1)(1-x)}}\mathrm{d}x.$$

再利用 $x^2 + y^2 = x + y - xy$, 对所求积分的被积函数进行化简, 得

$$\oint_C \left(x^2 + y^2 + xy\right) \mathrm{d}s = \int_{C_1 + C_2} (x + y)\sqrt{\frac{2}{-3x^2 + 2x + 1}}\mathrm{d}x.$$

于是

$$\int_{C_1}(x+y)\sqrt{\frac{2}{-3x^2+2x+1}}\mathrm{d}x \qquad \qquad \frac{2}{9}\sqrt{6}\pi + \frac{2}{3}\sqrt{2}$$

$$\| \qquad \qquad \qquad \qquad \qquad \qquad \qquad \|$$

$$\int_{-\frac{1}{3}}^1 (x+y_1)\sqrt{\frac{2}{-3x^2+2x+1}}\mathrm{d}x = \frac{1}{2}\int_{-\frac{1}{3}}^1\left(x+1+\sqrt{2x-3x^2+1}\right)\sqrt{\frac{2}{-3x^2+2x+1}}\mathrm{d}x$$

从此 U 形等式串的两端即知

$$\int_{C_1} (x+y)\sqrt{\frac{2}{-3x^2+2x+1}}\,\mathrm{d}x = \frac{2}{9}\sqrt{6}\pi + \frac{2}{3}\sqrt{2}.$$

同理, 可得

$$\int_{C_2} (x+y)\sqrt{\frac{2}{-3x^2+2x+1}}\,\mathrm{d}x \qquad\qquad \frac{2}{9}\sqrt{6}\pi - \frac{2}{3}\sqrt{2}$$

$$\|\qquad\qquad\qquad\qquad\qquad\qquad\qquad\qquad\|$$

$$\int_{C_2} (x+y_2)\sqrt{\frac{2}{-3x^2+2x+1}}\,\mathrm{d}x = \frac{1}{2}\int_{-\frac{1}{3}}^{1} \left(x+1-\sqrt{2x-3x^2+1}\right)\sqrt{\frac{2}{-3x^2+2x+1}}\,\mathrm{d}x$$

从此 U 形等式串的两端即知

$$\int_{C_2} (x+y)\sqrt{\frac{2}{-3x^2+2x+1}}\,\mathrm{d}x = \frac{2}{9}\sqrt{6}\pi - \frac{2}{3}\sqrt{2}.$$

综合之,

$$\oint_C (x^2+y^2+xy)\,\mathrm{d}s = \frac{4}{9}\sqrt{6}\pi.$$

法二　同解法一, 计算出在 C 上,

$$\mathrm{d}s = \sqrt{\frac{2}{(3x+1)(1-x)}}\,\mathrm{d}x,$$

故有

$$\oint_C \mathrm{d}s = 2\sqrt{2}\int_{-\frac{1}{3}}^{1} \frac{1}{\sqrt{(3x+1)(1-x)}}\,\mathrm{d}x = \frac{2}{3}\sqrt{6}\pi.$$

再从 $x+y+z=1$ 解出 $z=1-x-y$, 代入 $x^2+y^2+z^2=1$, 消去 z 得

$$x^2+y^2 = x+y-xy.$$

因此

$$\oint_C (x^2+y^2+xy)\,\mathrm{d}s = \oint_C (x+y)\,\mathrm{d}s.$$

由对称性，

$$\oint_C (x+y)\,ds = \oint_C (y+z)\,ds = \oint_C (z+x)\,ds,$$

故有

$$\oint_C (x+y)\,ds = \frac{2}{3}\oint_C (x+y+z)\,ds = \frac{2}{3}\oint_C ds = \frac{4}{9}\sqrt{6}\pi.$$

例 29 求曲线积分：

$$\int_L (y-z)\,dx + (z-x)\,dy + (x-y)\,dz,$$

其中 L 是球面 $x^2+y^2+z^2=1$ 与 $(x-1)^2+(y-1)^2+(z-1)^2=4$ 交成的曲线．

解 所给曲线

$$\begin{cases} x^2+y^2+z^2=1, \\ (x-1)^2+(y-1)^2+(z-1)^2=4 \end{cases}$$

等价于

$$\begin{cases} x^2+y^2+z^2=1, \\ x^2-2x+y^2-2y+z^2-2z+3=4, \end{cases}$$

还等价于

$$\begin{cases} x^2+y^2+z^2=1, \\ x+y+z=0. \end{cases}$$

记 $\Sigma = \{(x,y,z) \mid x^2+y^2+z^2 \leqslant 1, x+y+z=0\}$，则

$$L = \partial\Sigma, \quad \vec{n} = \{\cos\alpha, \cos\beta, \cos\gamma\} = \frac{1}{\sqrt{3}}\{1,1,1\}.$$

利用斯托克斯公式, 有

$$\int_L (y-z)\,\mathrm{d}x + (z-x)\,\mathrm{d}y + (x-y)\,\mathrm{d}z \qquad -2\sqrt{3}\pi$$

$$\parallel \qquad\qquad \parallel$$

$$\iint_\Sigma \begin{vmatrix} \cos\alpha & \cos\beta & \cos\gamma \\ \dfrac{\partial}{\partial x} & \dfrac{\partial}{\partial y} & \dfrac{\partial}{\partial z} \\ y-z & z-x & x-y \end{vmatrix} \mathrm{d}S \;=\; \iint_\Sigma -2\sqrt{3}\,\mathrm{d}S$$

从此 U 形等式串的两端即知

$$\int_L (y-z)\mathrm{d}x + (z-x)\mathrm{d}y + (x-y)\mathrm{d}z = -2\sqrt{3}\pi.$$

例 30 已知椭圆抛物面:

$$S_1 : z = 1 + x^2 + 2y^2, \quad S_2 : z = 2\left(x^2 + 3y^2\right).$$

计算 S_1 被 S_2 截下部分的曲面 S 的面积.

解 S_1 与 S_2 的交线在 Oxy 平面的投影为

$$1 + x^2 + 2y^2 = 2\left(x^2 + 3y^2\right), \quad \text{即} \quad x^2 + 4y^2 = 1.$$

这是一个椭圆, 令所求面积为 A, 则由曲面面积公式有

$$A = \iint_\sigma \sqrt{1 + z_x'^2 + z_y'^2}\,\mathrm{d}x\mathrm{d}y = \iint_\sigma \sqrt{1 + (2x)^2 + (4y)^2}\,\mathrm{d}x\mathrm{d}y,$$

其中 $x^2 + 4y^2 = 1$ 所围平面区域, 积分式中 $z = 1 + x^2 + 2y^2$ 是曲面 S_1 的曲面方程. 作变换

$$\begin{cases} x = r\cos\theta, \\ y = \dfrac{r}{2}\sin\theta, \end{cases}$$

则

$$\begin{array}{c}S\\ \|\\ \int_0^{2\pi}\mathrm{d}\theta\int_0^1 r\sqrt{1+4r^2}\mathrm{d}r\\ \|\\ 2\pi\cdot\dfrac{1}{8}\int_0^1\left(1+4r^2\right)^{\frac{1}{2}}\mathrm{d}\left(1+4r^2\right)=\dfrac{\pi}{4}\cdot\dfrac{2}{3}\left(1+4r^2\right)^{\frac{3}{2}}\bigg|_0^1\end{array}\quad\begin{array}{c}\dfrac{\pi}{6}\left(5\sqrt{5}-1\right)\\ \|\\ \dfrac{5}{6}\sqrt{5}\pi-\dfrac{\pi}{6}\\ \|\end{array}$$

从此 U 形等式串的两端即知

$$S=\frac{\pi}{6}\left(5\sqrt{5}-1\right).$$

例 31 (泊松 (Poisson) 公式) 求证:

$$\iint\limits_{S}f\left(ax+by+cz\right)\mathrm{d}S=2\pi\int_{-1}^{1}f\left(u\sqrt{a^2+b^2+c^2}\right)\mathrm{d}u,$$

其中 $a^2+b^2+c^2>0$, $f(t)$ 在 $|t|\leqslant\sqrt{a^2+b^2+c^2}$ 上连续, $S:x^2+y^2+z^2=1$.

证明 将坐标系 $Oxyz$ 保持原点不动, 旋转坐标轴得到新坐标系 $Ouvw$, 其中将平面 $ax+by+cz=0$ 作为 Ovw 平面, 而将过原点且垂直于该平面的直线作为 Ou 轴. 这时空间中的点 (u,v,w) 的 u 坐标就是该点到平面 $ax+by+cz=0$ 的距离, 因此得到

$$u=\frac{ax+by+cz}{\sqrt{a^2+b^2+c^2}}.$$

原来的单位球面在新坐标系下仍是单位球面, 即

$$u^2+v^2+w^2=1.$$

于是

$$\iint\limits_{S}f\left(ax+by+cz\right)\mathrm{d}S=\iint\limits_{u^2+v^2+w^2=1}f\left(u\sqrt{a^2+b^2+c^2}\right)\mathrm{d}S,$$

用垂直于 u 轴的平面去截单位球面,则截面是一个圆,其半径为 $\rho = \sqrt{1-u^2}$. 因此可用柱坐标将球面 S 参数化为

$$\begin{cases} u = u, \\ v = \sqrt{1-u^2}\cos\theta, \\ w = \sqrt{1-u^2}\sin\theta, \end{cases} \quad -1 \leqslant u \leqslant 1, 0 \leqslant \theta \leqslant 2\pi,$$

则

$$\frac{\partial u}{\partial u} = 1, \quad \frac{\partial v}{\partial u} = -\frac{u}{\sqrt{1-u^2}}\cos\theta, \quad \frac{\partial w}{\partial u} = -\frac{u}{\sqrt{1-u^2}}\sin\theta,$$

$$\frac{\partial u}{\partial \theta} = 0, \quad \frac{\partial v}{\partial \theta} = -\sqrt{1-u^2}\sin\theta, \quad \frac{\partial w}{\partial \theta} = \sqrt{1-u^2}\cos\theta,$$

于是得到

$$E = \left(\frac{\partial u}{\partial u}\right)^2 + \left(\frac{\partial v}{\partial u}\right)^2 + \left(\frac{\partial w}{\partial u}\right)^2 = \frac{1}{1-u^2},$$

$$G = \left(\frac{\partial u}{\partial \theta}\right)^2 + \left(\frac{\partial v}{\partial \theta}\right)^2 + \left(\frac{\partial w}{\partial \theta}\right)^2 = 1-u^2,$$

$$F = \frac{\partial u}{\partial u}\cdot\frac{\partial u}{\partial \theta} + \frac{\partial v}{\partial u}\cdot\frac{\partial v}{\partial \theta} + \frac{\partial w}{\partial u}\cdot\frac{\partial w}{\partial \theta} = 0.$$

于是 $EG - F^2 = 1$. 这样就求出了面积元为

$$\mathrm{d}S = \sqrt{EG-F^2}\mathrm{d}u\mathrm{d}\theta = \mathrm{d}u\mathrm{d}\theta.$$

则

$$\iint\limits_{S} f(ax+by+cz)\,\mathrm{d}S \qquad\qquad 2\pi\int_{-1}^{1} f\left(u\sqrt{a^2+b^2+c^2}\right)\mathrm{d}u$$

$$\|\qquad\qquad\qquad\qquad\qquad\qquad\qquad\|$$

$$\iint\limits_{u^2+v^2+w^2=1} f\left(u\sqrt{a^2+b^2+c^2}\right)\mathrm{d}S = \int_0^{2\pi}\mathrm{d}\theta\int_{-1}^{1} f\left(u\sqrt{a^2+b^2+c^2}\right)\mathrm{d}u$$

从此 U 形等式串的两端即知

$$\iint\limits_{S} f(ax+by+cz)\,\mathrm{d}S = 2\pi\int_{-1}^{1} f\left(u\sqrt{a^2+b^2+c^2}\right)\mathrm{d}u.$$

例 32 求球面 $x^2+y^2+z^2=a^2$ $(a>0)$ 被平面 $z=\dfrac{a}{4}$ 和 $z=\dfrac{a}{2}$ 所截部分的面积.

解 曲面 S 的方程为：$z=\sqrt{a^2-x^2-y^2}$, 被两平面所截部分在 Oxy 平面上的投影为

$$D_{xy}:\frac{3}{4}a^2\leqslant x^2+y^2\leqslant\frac{15}{16}a^2,$$

故所求的面积为

$$S\;=\;\iint\limits_{S}\mathrm{d}S\;=\;\iint\limits_{D_{xy}}\sqrt{1+\left(\frac{\partial z}{\partial x}\right)^2+\left(\frac{\partial z}{\partial y}\right)^2}\,\mathrm{d}x\mathrm{d}y\;=\;\iint\limits_{D_{xy}}\frac{a}{\sqrt{a^2-x^2-y^2}}\,\mathrm{d}x\mathrm{d}y\;=\;a\int_0^{2\pi}\mathrm{d}\theta\int_{\frac{\sqrt{3}}{2}a}^{\frac{\sqrt{15}}{4}a}\frac{r}{\sqrt{a^2-r^2}}\,\mathrm{d}r\;=\;\frac{\pi}{2}a^2$$

从此 U 形等式串的两端即知

$$S=\frac{\pi}{2}a^2.$$

例 33 计算积分：

$$I=\iint\limits_{S}\left(x^2+y^2\right)z\mathrm{d}S,$$

其中 S 是上半球面 $x^2+y^2+z^2=R^2$ $(z\geqslant 0)$ 在圆柱面 $x^2+y^2=Rx$ 内部的部分, 见示意图 6.20.

解 曲面方程为 $S:z=\sqrt{R^2-x^2-y^2}$, 在 Oxy 平面的投影区域为 $D_{xy}:x^2+y^2\leqslant Rx$, 故所求积分为

$$I=\iint\limits_{S}\left(x^2+y^2\right)z\mathrm{d}S$$

$$= \iint\limits_{D_{xy}} \left(x^2 + y^2\right) \sqrt{R^2 - x^2 - y^2} \sqrt{1 + \left(\frac{\partial z}{\partial x}\right)^2 + \left(\frac{\partial z}{\partial y}\right)^2} \mathrm{d}x\mathrm{d}y.$$

注意到

$$\sqrt{1 + \left(\frac{\partial z}{\partial x}\right)^2 + \left(\frac{\partial z}{\partial y}\right)^2} = \frac{R}{\sqrt{R^2 - x^2 - y^2}},$$

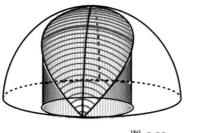

图 6.20

故有

$$I = R \iint\limits_{D_{xy}} \left(x^2 + y^2\right) \mathrm{d}x\mathrm{d}y.$$

作极坐标变换 $x = r\cos\theta$, $y = r\sin\theta$，得

$$\begin{array}{ccc} I & & \dfrac{3}{32}\pi^2 R^5 \\ \| & & \| \\ R\displaystyle\int_{-\frac{\pi}{2}}^{\frac{\pi}{2}} \mathrm{d}\theta \int_0^{R\cos\theta} r^3 \mathrm{d}r & = & R\displaystyle\int_{-\frac{\pi}{2}}^{\frac{\pi}{2}} \frac{1}{4}\pi R^4 \cos^4\theta \mathrm{d}\theta \end{array}$$

从此 U 形等式串的两端即知

$$I = \frac{3}{32}\pi^2 R^5.$$

例 34　求第二型曲面积分：

$$I = \iint\limits_{S} (y-z)\mathrm{d}y\mathrm{d}z + (z-x)\mathrm{d}z\mathrm{d}x + (x-y)\mathrm{d}x\mathrm{d}y,$$

其中 S 是上半球面 $x^2+y^2+z^2=2Rx$ $(z\geqslant 0)$ 被柱面 $x^2+y^2=2rx$ 所截部分的上侧，见例 33 中的示意图 6.20.

解 改写球面方程 $x^2+y^2+z^2=2Rx$ 为

$$(x-R)^2+y^2+z^2=R^2,$$

其外侧的法向量是 $\vec{n}=\left\{\dfrac{x-R}{R},\dfrac{y}{R},\dfrac{z}{R}\right\}$，将所求的第二型曲面积分转化为第一型曲面积分，即

$$I=\iint\limits_{S}(y-z)\,\mathrm{d}y\mathrm{d}z+(z-x)\,\mathrm{d}z\mathrm{d}x+(x-y)\,\mathrm{d}x\mathrm{d}y$$

$$=\iint\limits_{S}\{y-z,z-x,x-y\}\cdot\vec{n}\,\mathrm{d}S$$

$$=\iint\limits_{S}\{y-z,z-x,x-y\}\cdot\left\{\dfrac{x-R}{R},\dfrac{y}{R},\dfrac{z}{R}\right\}\mathrm{d}S$$

$$=\dfrac{1}{R}\iint\limits_{S}-R(y-z)\,\mathrm{d}S=\iint\limits_{S}(z-y)\,\mathrm{d}S.$$

因为 S 关于 Oxz 平面对称，而函数 y 是奇函数，所以

$$\iint\limits_{S}y\,\mathrm{d}S=0.$$

故 $I=\iint\limits_{S}z\,\mathrm{d}S$ 又 $D_{xy}:x^2+y^2\leqslant 2rx$ 的面积为 πr^2，于是有

$$I=\iint\limits_{S}z\,\mathrm{d}S=\iint\limits_{D_{xy}}\sqrt{2Rx-x^2-y^2}\dfrac{R}{\sqrt{2Rx-x^2-y^2}}\mathrm{d}x\mathrm{d}y$$

$$=R\iint\limits_{D_{xy}}\mathrm{d}x\mathrm{d}y=\pi r^2 R.$$

例 35 计算积分:

$$I=\iint\limits_{S}\dfrac{1}{\sqrt{x^2+y^2+(z-a)^2}}\mathrm{d}S,$$

其中 S 为球面 $x^2+y^2+z^2=R^2$, $0 \leqslant a \leqslant +\infty$, $a \neq R$.

解 作球面坐标变换
$$\begin{cases} x = R\sin\varphi\cos\theta, \\ y = R\sin\varphi\sin\theta, \\ z = R\cos\varphi. \end{cases}$$

$$E = \left(\frac{\partial x}{\partial \varphi}\right)^2 + \left(\frac{\partial y}{\partial \varphi}\right)^2 + \left(\frac{\partial z}{\partial \varphi}\right)^2 = R^2,$$
$$F = \frac{\partial x}{\partial \varphi}\cdot\frac{\partial x}{\partial \theta} + \frac{\partial y}{\partial \varphi}\cdot\frac{\partial y}{\partial \theta} + \frac{\partial z}{\partial \varphi}\cdot\frac{\partial z}{\partial \theta} = 0,$$
$$G = \left(\frac{\partial x}{\partial \theta}\right)^2 + \left(\frac{\partial y}{\partial \theta}\right)^2 + \left(\frac{\partial z}{\partial \theta}\right)^2 = R^2\sin^2\varphi,$$

则
$$\sqrt{EG-F^2} = R^2\sin\varphi.$$

应用双参数曲面积分公式 $I = \iint\limits_{D} \sqrt{EG-F^2}\mathrm{d}\theta\mathrm{d}\varphi$, 得

$$\begin{array}{c} I \\ \| \\ \iint\limits_{S} \dfrac{1}{\sqrt{x^2+y^2+(z-a)^2}}\mathrm{d}S \\ \| \\ \int_0^{2\pi}\mathrm{d}\theta\int_0^{\pi}\dfrac{R^2\sin\varphi\mathrm{d}\varphi}{\sqrt{R^2+a^2-2aR\cos\varphi}} \end{array} \quad\begin{array}{c} \dfrac{2\pi R}{a}(R+a-|R-a|) \\ \| \\ \dfrac{2\pi R}{a}\cdot\left.\sqrt{R^2+a^2-2aR\cos\varphi}\right|_0^{\pi} \\ \| \\ =\dfrac{2\pi R}{a}\int_0^{\pi}\dfrac{2Ra\sin\varphi\mathrm{d}\varphi}{2\sqrt{R^2+a^2-2aR\cos\varphi}} \end{array}$$

从此 U 形等式串的两端即知
$$I = \frac{2\pi R}{a}(R+a-|R-a|).$$

例 36 计算积分:
$$\iint\limits_{S_{\text{外}}} x\left(y^2+z^2\right)\mathrm{d}y\mathrm{d}z,$$

其中 $S_\text{外}$ 为以坐标原点为中心的单位球面的外侧.

解 根据第二类曲面积分的计算方法, 有
$$I = \iint\limits_{S_\text{外}} x\left(y^2+z^2\right)\mathrm{d}y\mathrm{d}z = \iint\limits_{D} \sqrt{1-y^2-z^2}\left(y^2+z^2\right)\mathrm{d}x\mathrm{d}y,$$

其中 D 为区域 $y^2+z^2 \leqslant 1$. 取极坐标变换, 则

$$
\begin{array}{cc}
I & \dfrac{4}{15}\pi \\
\| & \| \\
\iint\limits_{r\leqslant 1} \sqrt{1-r^2}\cdot r^2 \cdot r\mathrm{d}r\mathrm{d}\theta & -2\pi\left(\dfrac{1}{5}-\dfrac{1}{3}\right) \\
\| & \| \\
\int_0^{2\pi}\mathrm{d}\theta\int_0^1 r^3\sqrt{1-r^2}\mathrm{d}r & 2\pi\left(\dfrac{\cos^5\theta}{5}-\dfrac{\cos^3\theta}{3}\right)\Big|_0^{\frac{\pi}{2}} \\
\| & \| \\
2\pi\int_0^{\frac{\pi}{2}}\sin^3\theta\cos\theta\cdot\cos\theta\mathrm{d}\theta = 2\pi\int_0^{\frac{\pi}{2}}\left(\cos^2\theta-1\right)\cos^2\theta\mathrm{d}\cos\theta
\end{array}
$$

从此 U 形等式串的两端即知
$$I = \frac{4}{15}\pi.$$

例 37 计算曲面积分:
$$\iint\limits_S (x-y)\mathrm{d}x\mathrm{d}y + x(y-z)\mathrm{d}y\mathrm{d}z,$$

其中 S 是 $x^2+y^2=1$ 与 $z=0, z=3$ 所围成立体的外侧.

解 设所求积分为 I, 由高斯公式有
$$I = \iiint\limits_V \left(\frac{\partial(x-y)}{\partial z}+\frac{\partial(x(y-z))}{\partial x}\right)\mathrm{d}x\mathrm{d}y\mathrm{d}z = \iiint\limits_V (y-z)\mathrm{d}x\mathrm{d}y\mathrm{d}z,$$

其中 V 为 S 所围立体. 再作柱坐标变换
$$\begin{cases} x = r\cos\theta, \\ y = r\sin\theta, \\ z = z, \end{cases}$$

则

$$\begin{array}{ccc} & I & -\dfrac{9}{2}\pi \\ & \| & \| \\ \int_0^{2\pi}\mathrm{d}\theta\int_0^1 r\,\mathrm{d}r\int_0^3(r\sin\theta-z)\,\mathrm{d}z & & \int_0^{2\pi}\left(\sin\theta-\dfrac{9}{4}\right)\mathrm{d}\theta \\ & \| & \| \\ \int_0^{2\pi}\mathrm{d}\theta\int_0^1 r\left(3r\sin\theta-\dfrac{1}{2}\right)\mathrm{d}r & =\int_0^{2\pi}\mathrm{d}\theta\left(r^3\sin\theta-\dfrac{9}{4}r^2\right)\Big|_0^1 \end{array}$$

从此 U 形等式串的两端即知

$$I=-\dfrac{9}{2}\pi.$$

例 38 计算曲面积分:

$$\iint\limits_{S_{外}}\dfrac{x\mathrm{d}y\mathrm{d}z+y\mathrm{d}z\mathrm{d}x+z\mathrm{d}x\mathrm{d}y}{(x^2+y^2+z^2)^{\frac{3}{2}}},$$

其中 S 是 $V=\{(x,y,z)\mid |x|\leqslant 2,|y|\leqslant 2,|z|\leqslant 2\}$ 的边界.

解 作一个以原点为中心, 以 1 为半径的球面 S_1, 则有

$$\iint\limits_{S_{外}}\dfrac{x\mathrm{d}y\mathrm{d}z+y\mathrm{d}z\mathrm{d}x+z\mathrm{d}x\mathrm{d}y}{(x^2+y^2+z^2)^{\frac{3}{2}}}$$

$$=\left\{\iint\limits_{S_{外}+S_{1内}}+\iint\limits_{S_{1外}}\right\}\dfrac{x\mathrm{d}y\mathrm{d}z+y\mathrm{d}z\mathrm{d}x+z\mathrm{d}x\mathrm{d}y}{(x^2+y^2+z^2)^{\frac{3}{2}}}.$$

由高斯公式容易推出

$$\iint\limits_{S_{外}+S_{1内}}\dfrac{x\mathrm{d}y\mathrm{d}z+y\mathrm{d}z\mathrm{d}x+z\mathrm{d}x\mathrm{d}y}{(x^2+y^2+z^2)^{\frac{3}{2}}}=0.$$

而由各个变量的对称性知

$$\iint\limits_{S_{外}}\dfrac{x\mathrm{d}y\mathrm{d}z+y\mathrm{d}z\mathrm{d}x+z\mathrm{d}x\mathrm{d}y}{(x^2+y^2+z^2)^{\frac{3}{2}}}$$

$$= \iint\limits_{S_{1外}} \frac{x\mathrm{d}y\mathrm{d}z + y\mathrm{d}z\mathrm{d}x + z\mathrm{d}x\mathrm{d}y}{(x^2+y^2+z^2)^{\frac{3}{2}}} = 3\iint\limits_{S_{1外}} z\mathrm{d}x\mathrm{d}y, \tag{1}$$

而 $z = \sqrt{1-x^2-y^2}$, 则

$$\iint\limits_{S_{1外}} z\mathrm{d}x\mathrm{d}y \qquad \frac{4}{3}\pi$$
$$\|\qquad\qquad\qquad\|$$
$$2\iint\limits_{x^2+y^2\leqslant 1} \sqrt{1-x^2-y^2}\mathrm{d}x\mathrm{d}y = 2\int_0^{2\pi}\mathrm{d}\theta \int_0^1 r\sqrt{1-r^2}\mathrm{d}r$$

从此 U 形等式串的两端即知

$$\iint\limits_{S_{1外}} z\mathrm{d}x\mathrm{d}y = \frac{4}{3}\pi. \tag{2}$$

联立 (1), (2) 两式得

$$\iint\limits_{S_{外}} \frac{x\mathrm{d}y\mathrm{d}z + y\mathrm{d}z\mathrm{d}x + z\mathrm{d}x\mathrm{d}y}{(x^2+y^2+z^2)^{\frac{3}{2}}} = 3 \cdot \frac{4}{3}\pi = 4\pi.$$

评注 本题在转化完成

$$\iint\limits_{S_{外}} \frac{x\mathrm{d}y\mathrm{d}z + y\mathrm{d}z\mathrm{d}x + z\mathrm{d}x\mathrm{d}y}{(x^2+y^2+z^2)^{\frac{3}{2}}} = \iint\limits_{S_{1外}} \frac{x\mathrm{d}y\mathrm{d}z + y\mathrm{d}z\mathrm{d}x + z\mathrm{d}x\mathrm{d}y}{(x^2+y^2+z^2)^{\frac{3}{2}}}$$

之后, 可以从几何直观上容易得到结果. 事实上, 改写

$$\iint\limits_{S_{1外}} \frac{x\mathrm{d}y\mathrm{d}z + y\mathrm{d}z\mathrm{d}x + z\mathrm{d}x\mathrm{d}y}{(x^2+y^2+z^2)^{\frac{3}{2}}} = \iint\limits_{S_{1外}} \overrightarrow{F} \cdot \overrightarrow{n}\mathrm{d}S,$$

其中 $\overrightarrow{F} = \dfrac{1}{(x^2+y^2+z^2)^{\frac{3}{2}}}\{x,y,z\}$, $\overrightarrow{n} = \dfrac{1}{\sqrt{x^2+y^2+z^2}}\{x,y,z\}$. 而

$$\iint\limits_{S_{1外}} \overrightarrow{F}\cdot\overrightarrow{n}\,\mathrm{d}S \qquad\qquad 4\pi$$
$$\|\qquad\qquad\qquad\qquad\qquad\|$$
$$\iint\limits_{S_{1外}} \dfrac{x^2+y^2+z^2}{(x^2+y^2+z^2)^2}\mathrm{d}S \qquad\qquad \dfrac{1}{R^2}\cdot 4\pi R^2$$
$$\|\qquad\qquad\qquad\qquad\qquad\|$$
$$\iint\limits_{S_{1外}} \dfrac{1}{R^2}\mathrm{d}S\left(R=\sqrt{x^2+y^2+z^2}=1\right) = \dfrac{1}{R^2}\iint\limits_{S_{1外}}\mathrm{d}S$$

从此 U 形等式串的两端即知

$$\iint\limits_{S_{1外}} \overrightarrow{F}\cdot\overrightarrow{n}\,\mathrm{d}S = 4\pi,$$

即得

$$\iint\limits_{S_{1外}} \dfrac{x\mathrm{d}y\mathrm{d}z+y\mathrm{d}z\mathrm{d}x+z\mathrm{d}x\mathrm{d}y}{(x^2+y^2+z^2)^{\frac{3}{2}}} = 4\pi.$$

例 39 计算第二型曲面积分：

$$I = \iint\limits_{S} x^2\mathrm{d}y\mathrm{d}z + y^2\mathrm{d}z\mathrm{d}x + xy\mathrm{d}x\mathrm{d}y,$$

其中 S 为空间体 $\Omega: \dfrac{(x-1)^2}{4} + \dfrac{(y-1)^2}{9} \leqslant z \leqslant 1$ 的外表面.

解 由高斯公式得

$$\iint\limits_{S} x^2\mathrm{d}y\mathrm{d}z + y^2\mathrm{d}z\mathrm{d}x + xy\mathrm{d}x\mathrm{d}y \qquad\qquad \iint\limits_{D} 2(x+y)\,\mathrm{d}x\mathrm{d}y$$
$$\|\qquad\qquad\qquad\qquad\qquad\|$$
$$\iiint\limits_{\Omega} 2(x+y)\,\mathrm{d}x\mathrm{d}y\mathrm{d}z \qquad = \qquad \int_0^1 \mathrm{d}z \iint\limits_{D} 2(x+y)\,\mathrm{d}x\mathrm{d}y$$

从此 U 形等式串的两端即知

$$I = \iint\limits_{D} 2(x+y)\,\mathrm{d}x\mathrm{d}y,$$

其中 D 是 Ω 在 Oxy 平面上的投影. 作变换

$$\begin{cases} u = x - 1, \\ v = y - 1, \end{cases}$$

并将区域 D 映为 D'. 于是 $I = \iint\limits_{D} 2(x+y)\,\mathrm{d}x\mathrm{d}y$, 又

$$\iint\limits_{D} 2(x+y)\,\mathrm{d}x\mathrm{d}y \qquad\qquad 12\int_{-2}^{2} 2\sqrt{4-u^2}\,\mathrm{d}u$$
$$\| \qquad\qquad\qquad\qquad \|$$
$$\iint\limits_{D'} 2(2+u+v)\,\mathrm{d}u\mathrm{d}v = 2\int_{-2}^{2}\mathrm{d}u\int_{-\frac{3}{2}\sqrt{4-u^2}}^{\frac{3}{2}\sqrt{4-u^2}} (2+u+v)\,\mathrm{d}v$$

从此 U 形等式串的两端即知

$$I = 12\int_{0}^{2} 2\sqrt{4-u^2}\,\mathrm{d}u.$$

最后, 注意到 $\int_{0}^{2} \sqrt{4-u^2}\,\mathrm{d}u$ 表示以 2 为半径的圆面积的四分之一, 立即可以写出答案 $I = 24\pi$.

例 40 计算第二型曲面积分:

$$\iint\limits_{S} x^2\,\mathrm{d}y\mathrm{d}z + y^2\,\mathrm{d}z\mathrm{d}x + z^2\,\mathrm{d}x\mathrm{d}y,$$

其中 S 是曲面 $z = x^2 + y^2$ 夹于 $z = 0$ 与 $z = 1$ 之间的部分, 积分沿曲面的下侧.

解 添加辅助曲面 $\Sigma : z = 1\ (x^2 + y^2 \leqslant 1)$, 并取上侧, 且记 S, Σ

所围立体为 V, 则由高斯公式

$$\iint\limits_{S+\Sigma} x^2\mathrm{d}y\mathrm{d}z + y^2\mathrm{d}z\mathrm{d}x + z^2\mathrm{d}x\mathrm{d}y \qquad\qquad \frac{\pi}{2}$$
$$\|\qquad\qquad\qquad\qquad\qquad\qquad\qquad \|$$
$$2\iiint\limits_{V}(x+y+z)\mathrm{d}x\mathrm{d}y\mathrm{d}z = 2\int_0^{2\pi}\mathrm{d}\theta\int_0^1\mathrm{d}r\int_{r^2}^1(r\cos\theta + r\sin\theta + z)r\mathrm{d}z$$

而

$$\iint\limits_{\Sigma} x^2\mathrm{d}y\mathrm{d}z + y^2\mathrm{d}z\mathrm{d}x + z^2\mathrm{d}x\mathrm{d}y = \iint\limits_{x^2+y^2\leqslant 1}\mathrm{d}x\mathrm{d}y = \pi,$$

所以

$$\iint\limits_{S} x^2\mathrm{d}y\mathrm{d}z + y^2\mathrm{d}z\mathrm{d}x + z^2\mathrm{d}x\mathrm{d}y = \frac{\pi}{2} - \pi = -\frac{\pi}{2}.$$

例 41 计算:

$$\iint\limits_{S} x\mathrm{d}y\mathrm{d}z + y\mathrm{d}z\mathrm{d}x + z\mathrm{d}x\mathrm{d}y,$$

其中 S 为螺旋曲面

$$\begin{cases} x = u\cos v, \\ y = u\sin v, \\ z = cv, \end{cases}$$

这里, $0 \leqslant a \leqslant u \leqslant b, 0 \leqslant v \leqslant 2\pi$.

解 由曲面方程有

$$\frac{\partial x}{\partial u} = \cos v, \quad \frac{\partial y}{\partial u} = \sin v, \quad \frac{\partial z}{\partial u} = 0,$$
$$\frac{\partial x}{\partial v} = -u\sin v, \quad \frac{\partial y}{\partial v} = u\cos v, \quad \frac{\partial z}{\partial v} = c.$$

则 x, y, z 关于 u, v 的 Jacobi 行列式为

$$\frac{\partial(y, z)}{\partial(u, v)} = \begin{vmatrix} \sin v & u\cos v \\ 0 & c \end{vmatrix} = c\sin v,$$

$$\frac{\partial(z, x)}{\partial(u, v)} = \begin{vmatrix} 0 & c \\ \cos v & -u\sin v \end{vmatrix} = -c\cos v,$$

$$\frac{\partial(x, y)}{\partial(u, v)} = \begin{vmatrix} \cos v & -u\sin v \\ \sin v & u\cos v \end{vmatrix} = u.$$

$$\rho(u, v) = \sqrt{(c\sin v)^2 + (-c\cos v)^2 + (u)^2} = \sqrt{c^2 + u^2},$$

$$\vec{n} = \left\{ \frac{c\sin v}{\sqrt{c^2 + u^2}}, \frac{-c\cos v}{\sqrt{c^2 + u^2}}, \frac{u}{\sqrt{c^2 + u^2}} \right\}$$
$$= \frac{1}{\sqrt{c^2 + u^2}} \{c\sin v, -c\cos v, u\}.$$

或

$$\vec{n} = \begin{vmatrix} \vec{i} & \vec{j} & \vec{k} \\ \cos v & \sin v & 0 \\ -u\sin v & u\cos v & c \end{vmatrix} = \vec{k}u - \vec{j}c\cos v + \vec{i}c\sin v,$$

则有

$$\{\cos\alpha, \cos\beta, \cos\gamma\} = \frac{1}{\sqrt{c^2 + u^2}} \{c\sin v, -c\cos v, u\}.$$

$$\iint\limits_S x\mathrm{d}y\mathrm{d}z + y\mathrm{d}z\mathrm{d}x + z\mathrm{d}x\mathrm{d}y = \iint\limits_S \vec{r} \cdot \vec{n}\,\mathrm{d}S,$$

其中

$$\vec{r} \cdot \vec{n} = \{u\cos v, u\sin v, cv\} \cdot \frac{1}{\sqrt{c^2 + u^2}} \{c\sin v, -c\cos v, u\}$$
$$= \frac{cuv}{\sqrt{c^2 + u^2}},$$

$$\mathrm{d}S = \rho(u, v)\,\mathrm{d}u\mathrm{d}v.$$

则

$$\iint\limits_S x\mathrm{d}y\mathrm{d}z + y\mathrm{d}z\mathrm{d}x + z\mathrm{d}x\mathrm{d}y \qquad \pi^2 c\left(b^2 - a^2\right)$$

$$\|\qquad\qquad\qquad\qquad\|$$

$$\iint\limits_D \overrightarrow{r}\cdot\overrightarrow{n}\rho\left(u,v\right)\mathrm{d}u\mathrm{d}v \quad = \quad \iint\limits_D cuv\mathrm{d}u\mathrm{d}v$$

从此 U 形等式串的两端即知

$$\iint\limits_S x\mathrm{d}y\mathrm{d}z + y\mathrm{d}z\mathrm{d}x + z\mathrm{d}x\mathrm{d}y = \pi^2 c\left(b^2 - a^2\right).$$

或

$$\iint\limits_D (PA + QB + RC)\,\mathrm{d}u\mathrm{d}v \qquad \pi^2 c\left(b^2 - a^2\right)$$

$$\|\qquad\qquad\qquad\qquad\|$$

$$\iint\limits_D [(u\cos v)(c\sin v) + (u\sin v)(-c\cos v) + (cv)\,u]\,\mathrm{d}u\mathrm{d}v = \iint\limits_D cuv\mathrm{d}u\mathrm{d}v$$

例 42 计算曲面积分:

$$\iint\limits_\Sigma \frac{x}{r^3}\mathrm{d}y\mathrm{d}z + \frac{y}{r^3}\mathrm{d}z\mathrm{d}x + \frac{z}{r^3}\mathrm{d}x\mathrm{d}y,$$

其中 $\Sigma = \{(x,y,z) \mid |x| + |y| + |z| = 1\}, r = \sqrt{x^2 + y^2 + z^2}$, 方向向外.

解 显然有

$$\frac{\partial}{\partial x}\left(\frac{x}{r^3}\right) + \frac{\partial}{\partial y}\left(\frac{y}{r^3}\right) + \frac{\partial}{\partial z}\left(\frac{z}{r^3}\right) = 0, \quad r \neq 0.$$

取 $\varepsilon > 0$ 充分小, 使得 $\Sigma_\varepsilon : x^2 + y^2 + z^2 = \varepsilon^2$ 含于 Σ 内. 利用高斯公

式, 则有

$$\iint\limits_{\Sigma} \frac{x}{r^3}\mathrm{d}y\mathrm{d}z + \frac{y}{r^3}\mathrm{d}z\mathrm{d}x + \frac{z}{r^3}\mathrm{d}x\mathrm{d}y \qquad\qquad 4\pi$$

$$\|\qquad\qquad\qquad\qquad\qquad\qquad \|$$

$$\iint\limits_{\Sigma_\varepsilon} \frac{x}{r^3}\mathrm{d}y\mathrm{d}z + \frac{y}{r^3}\mathrm{d}z\mathrm{d}x + \frac{z}{r^3}\mathrm{d}x\mathrm{d}y \qquad\qquad \frac{1}{\varepsilon^3}\cdot 3\cdot\frac{4}{3}\pi\varepsilon^3$$

$$\|\qquad\qquad\qquad\qquad\qquad\qquad \|$$

$$\frac{1}{\varepsilon^3}\iint\limits_{\Sigma_\varepsilon} x\mathrm{d}y\mathrm{d}z + y\mathrm{d}z\mathrm{d}x + z\mathrm{d}x\mathrm{d}y = \iiint\limits_{x^2+y^2+z^2\leqslant\varepsilon^2} 3\mathrm{d}x\mathrm{d}y\mathrm{d}z$$

从此 U 形等式串的两端即知

$$\iint\limits_{\Sigma} \frac{x}{r^3}\mathrm{d}y\mathrm{d}z + \frac{y}{r^3}\mathrm{d}z\mathrm{d}x + \frac{z}{r^3}\mathrm{d}x\mathrm{d}y = 4\pi.$$

例 43 计算曲面积分:

$$I = \iint\limits_{\Sigma} x^2\mathrm{d}y\mathrm{d}z + y^2\mathrm{d}z\mathrm{d}x + z^2\mathrm{d}x\mathrm{d}y,$$

其中 Σ 为锥面 $z^2 = \dfrac{h^2}{a^2}(x^2+y^2)$, $0\leqslant z\leqslant h$, 方向向外.

解 由于 Σ 不是封闭曲面, 需要补充一部分曲面, 构成一个封闭曲面. 区域

$$\Omega: \frac{h}{a}\sqrt{x^2+y^2}\leqslant z\leqslant h.$$

边界 $\partial\Omega = \Sigma + \Sigma_1$, 方向朝区域外, 其中

$$\Sigma_1: x^2+y^2\leqslant a^2, \quad z = h,$$

方向朝上. 显然

$$\iint\limits_{\Sigma_1} x^2\mathrm{d}y\mathrm{d}z + y^2\mathrm{d}z\mathrm{d}x + z^2\mathrm{d}x\mathrm{d}y \qquad\qquad \pi a^2 h^2$$

$$\|\qquad\qquad\qquad\qquad\qquad\qquad \|$$

$$\iint\limits_{\Sigma_1} z^2\mathrm{d}x\mathrm{d}y \qquad = \iint\limits_{x^2+y^2\leqslant a^2} h^2\mathrm{d}x\mathrm{d}y$$

从此 U 形等式串的两端即知
$$\iint_{\Sigma_1} x^2 \mathrm{d}y\mathrm{d}z + y^2 \mathrm{d}z\mathrm{d}x + z^2 \mathrm{d}x\mathrm{d}y = \pi a^2 h^2.$$

利用高斯公式, 得

$$\iint_{\partial\Omega} x^2 \mathrm{d}y\mathrm{d}z + y^2 \mathrm{d}z\mathrm{d}x + z^2 \mathrm{d}x\mathrm{d}y \qquad 2\int_0^h z\cdot\pi\left(\frac{a}{h}z\right)^2 \mathrm{d}z = \frac{\pi}{2}a^2 h^2$$
$$\|\qquad\qquad\qquad\qquad\qquad\qquad\qquad\|$$
$$2\iiint_{\Omega} (x+y+z)\mathrm{d}x\mathrm{d}y\mathrm{d}z = 2\int_0^h \mathrm{d}z \iint_{x^2+y^2\leqslant\left(\frac{a}{h}z\right)^2}(x+y+z)\mathrm{d}x\mathrm{d}y$$

从此 U 形等式串的两端即知
$$\iint_{\partial\Omega} x^2 \mathrm{d}y\mathrm{d}z + y^2 \mathrm{d}z\mathrm{d}x + z^2 \mathrm{d}x\mathrm{d}y = \frac{\pi}{2}a^2 h^2.$$

于是
$$I = \frac{\pi}{2}a^2 h^2 - \pi a^2 h^2 = -\frac{1}{2}\pi a^2 h^2.$$

例 44 计算曲面积分:
$$\iint_{\Sigma} yz\mathrm{d}y\mathrm{d}z + \left(x^2+z^2\right)y\mathrm{d}z\mathrm{d}x + xy\mathrm{d}x\mathrm{d}y,$$

其中 Σ 为曲面 $4-y=x^2+z^2$, 方向指向外侧.

解 注意到曲面 $4-y=x^2+z^2$ 是抛物线 $4-y=x^2$ 绕 y 轴旋转一周产生的曲面. 如图 6.21 所示, 它是开放式的, 作一个曲面

$$\Sigma_1: \begin{cases} y=0, \\ x^2+z^2=4, \end{cases}$$

它的方向为 y 轴负方向, 则 $\Sigma_1+\Sigma$ 构成封闭曲面. 设 Ω 是 $\Sigma_1+\Sigma$ 包围的立体. 根据高斯公式, 有

$$\iint_{\Sigma+\Sigma_1} yz\mathrm{d}y\mathrm{d}z + \left(x^2+z^2\right)y\mathrm{d}z\mathrm{d}x + xy\mathrm{d}x\mathrm{d}y = \iiint_{\Omega}\left(x^2+z^2\right)\mathrm{d}x\mathrm{d}y\mathrm{d}z.$$

又因为 Σ_1 落在 $y = 0$ 上, 所以

$$\iint\limits_{\Sigma_1} yz\mathrm{d}y\mathrm{d}z + \left(x^2 + z^2\right) y\mathrm{d}z\mathrm{d}x + xy\mathrm{d}x\mathrm{d}y = 0.$$

于是

$$\iint\limits_{\Sigma} yz\mathrm{d}y\mathrm{d}z + \left(x^2 + z^2\right) y\mathrm{d}z\mathrm{d}x + xy\mathrm{d}x\mathrm{d}y = \iiint\limits_{\Omega} \left(x^2 + z^2\right) \mathrm{d}x\mathrm{d}y\mathrm{d}z.$$

因此

$$\iint\limits_{\Sigma} yz\mathrm{d}y\mathrm{d}z + \left(x^2 + z^2\right) y\mathrm{d}z\mathrm{d}x + xy\mathrm{d}x\mathrm{d}y \qquad \frac{32}{3}\pi$$
$$\| \qquad\qquad\qquad \|$$
$$\int_0^4 \mathrm{d}y \iint\limits_{x^2+z^2 \leqslant 4-y} \left(x^2 + z^2\right) \mathrm{d}x\mathrm{d}z \quad = \int_0^4 \mathrm{d}y \int_0^{2\pi} \mathrm{d}\theta \int_0^{\sqrt{4-y}} r^2 \cdot r\mathrm{d}r$$

从此 U 形等式串的两端即知

$$\iint\limits_{\Sigma} yz\mathrm{d}y\mathrm{d}z + \left(x^2 + z^2\right) y\mathrm{d}z\mathrm{d}x + xy\mathrm{d}x\mathrm{d}y = \frac{32}{3}\pi.$$

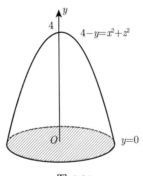

图 6.21

例 45 计算广义重积分:

$$I = \iint\limits_{\mathbb{R}^2} \mathrm{e}^{-\left(x^2 - xy + y^2\right)} \mathrm{d}x\mathrm{d}y.$$

解 作整理
$$x^2 - xy + y^2 = \left(x - \frac{1}{2}y\right)^2 + \left(\frac{\sqrt{3}}{2}y\right)^2,$$
作变换
$$u = x - \frac{1}{2}y, \quad v = \frac{\sqrt{3}}{2}y.$$
因为
$$\frac{\partial(u,v)}{\partial(x,y)} = \begin{vmatrix} 1 & -\frac{1}{2} \\ 0 & \frac{\sqrt{3}}{2} \end{vmatrix} = \frac{1}{2}\sqrt{3},$$
所以 $\dfrac{\partial(x,y)}{\partial(u,v)} = \dfrac{2}{\sqrt{3}}$. 故有

$$\begin{array}{ccc}
I & & \dfrac{2\pi}{\sqrt{3}} \\
\| & & \| \\
\displaystyle\iint_{\mathbb{R}^2} e^{-(x^2-xy+y^2)} dxdy & & \dfrac{2}{\sqrt{3}} \displaystyle\int_0^{+\infty} e^{-r^2} \cdot 2\pi r\, dr \\
\| & & \| \\
\displaystyle\iint_{\mathbb{R}^2} e^{-(u^2+v^2)} \dfrac{2}{\sqrt{3}} dudv & = & \dfrac{2}{\sqrt{3}} \displaystyle\int_0^{2\pi} d\theta \int_0^{+\infty} e^{-r^2} r\, dr
\end{array}$$

从此 U 型等式串的两端即知
$$I = \frac{2\pi}{\sqrt{3}}.$$

例 46 设函数 $f(x)$ 在 $(-\infty, +\infty)$ 上连续, 且 $f(x) > 0$. 已知 $\forall t \in \mathbb{R}$, 有
$$\int_{-\infty}^{+\infty} e^{-|t-x|} f(x)\, dx \leqslant 1.$$
求证: $\forall a, b \in \mathbb{R}$, 且 $a < b$, 有
$$\int_a^b f(x)\, dx \leqslant \frac{b-a}{2} + 1.$$

证明 因为
$$\int_{-\infty}^{+\infty} e^{-|t-x|} f(x) \, dx \leqslant 1,$$
所以对 $\forall a, b \in \mathbb{R}, a < b$ 有
$$\int_a^b e^{-|t-x|} f(x) \, dx \leqslant 1. \tag{1}$$

因此

$$\int_a^b dt \int_a^b e^{-|t-x|} f(x) \, dx \qquad \int_a^b \left(2 - e^{a-x} - e^{x-b}\right) f(x) \, dx$$
$$\|\qquad\qquad\qquad\qquad\qquad\qquad\|$$
$$\int_a^b e^{-|t-x|} dt \int_a^b f(x) \, dx = \int_a^b \left(\int_a^x e^{t-x} dt + \int_x^b e^{x-t} dt\right) f(x) \, dx$$

从此 U 形等式串的两端即知

$$\int_a^b dt \int_a^b e^{-|t-x|} f(x) \, dx = \int_a^b \left(2 - e^{a-x} - e^{x-b}\right) f(x) \, dx. \tag{2}$$

将 (1) 式代入 (2) 式的左边, 即得

$$\int_a^b \left(2 - e^{a-x} - e^{x-b}\right) f(x) \, dx \leqslant b - a,$$

移项化简, 得

$$\int_a^b f(x) \, dx \leqslant \frac{b-a}{2} + \frac{1}{2} \left(\int_a^b e^{a-x} f(x) \, dx + \int_a^b e^{x-b} f(x) \, dx\right). \tag{3}$$

然而

$$\int_a^b e^{a-x} f(x) \, dx = \int_a^b e^{-|a-x|} f(x) \, dx \leqslant \int_{-\infty}^{+\infty} e^{-|a-x|} f(x) \, dx \leqslant 1,$$
$$\int_a^b e^{x-b} f(x) \, dx = \int_a^b e^{-|b-x|} f(x) \, dx \leqslant \int_{-\infty}^{+\infty} e^{-|a-x|} f(x) \, dx \leqslant 1.$$

代入 (3) 式, 即得
$$\int_a^b f(x)\,\mathrm{d}x \leqslant \frac{b-a}{2}+1.$$

例 47 确定函数
$$g(\alpha) = \int_0^{+\infty} \frac{\ln\left(1+x^3\right)}{x^\alpha}\mathrm{d}x$$
的连续范围.

解 $x=0$ 是其可能的奇点, $g(\alpha)$ 可化为
$$g(\alpha) = \int_0^1 \frac{\ln\left(1+x^3\right)}{x^\alpha}\mathrm{d}x + \int_1^{+\infty} \frac{\ln\left(1+x^3\right)}{x^\alpha}\mathrm{d}x = I_1 + I_2,$$
其中 I_1 以 0 为奇点, 且
$$\frac{\ln\left(1+x^3\right)}{x^\alpha} \sim \frac{1}{x^{\alpha-3}} \quad (x\to 0^+),$$
因此当 $\alpha-3<1$ 时, 即 $\alpha<4$ 时, I_1 收敛. 对于 I_2, 当 $\alpha>1$ 时收敛, 故原积分当且仅当 $1<\alpha<4$ 时收敛, 即 $g(\alpha)$ 的定义域为 $(1,4)$.

其次, $\forall \alpha \in (1,4), \exists [a,b]\subset(1,4)$, 使得 $\alpha\in[a,b]$, 当 $0<x\leqslant 1$ 时, 有
$$\left|\frac{\ln\left(1+x^3\right)}{x^\alpha}\right| = \frac{\ln\left(1+x^3\right)}{x^\alpha} \leqslant \frac{\ln\left(1+x^3\right)}{x^b},$$
且 $\int_0^1 \frac{\ln\left(1+x^3\right)}{x^b}\mathrm{d}x$ 收敛, 所以 I_1 在 $[a,b]$ 上一致收敛.

同理可证, L_2 在 $[a,b]$ 上一致收敛. 事实上, 当 $x>1$ 时, 有
$$\left|\frac{\ln\left(1+x^3\right)}{x^\alpha}\right| = \frac{\ln\left(1+x^3\right)}{x^\alpha} \leqslant \frac{\ln\left(1+x^3\right)}{x^a},$$
且 $\int_1^{+\infty} \frac{\ln\left(1+x^3\right)}{x^a}\mathrm{d}x$ 收敛, 所以 L_2 在 $[a,b]$ 上一致收敛. 故 $g(\alpha)$ 在 $[a,b]$ 上一致收敛, 由被积函数的连续性知, $g(\alpha)$ 在 $[a,b]$ 上连续, 从而在 $(1,4)$ 上连续.

例 48 计算积分:

$$I(a) = \int_0^{\frac{\pi}{2}} \ln\left(a^2 - \sin^2 x\right) dx, \quad a > 1.$$

解 法一 记

$$f(x, a) = \ln\left(a^2 - \sin^2 x\right),$$

则

$$f'_a(x, a) = \frac{2a}{a^2 - \sin^2 x}.$$

$\forall a > 1, \exists \varepsilon_0 > 1,$ 使得 $a \in (\varepsilon_0, \varepsilon_0 + 1)$. 在矩形区域 $\left\{(x, a) \mid 0 \leqslant x \leqslant \frac{\pi}{2}, \varepsilon_0 \leqslant a \leqslant \varepsilon_0 + 1\right\}$ 上, $f(x, a)$ 和 $f'_a(x, a)$ 均连续, 因此

$$I'(a) = \int_0^{\frac{\pi}{2}} \frac{2a}{a^2 - \sin^2 x} dx.$$

令 $\tan x = t$, 则

$$\sec^2 x \, dx = dt, \quad \sin^2 x = \frac{t^2}{1 + t^2},$$

从而

$$I'(a)$$
$$\|$$
$$2a \int_0^{+\infty} \frac{1}{a^2 - \frac{t^2}{1+t^2}} \frac{1}{1+t^2} dt \qquad \frac{\pi}{\sqrt{a^2 - 1}}$$
$$\| \qquad \|$$
$$2a \int_0^{+\infty} \frac{dt}{(1+t^2)a^2 - t^2} \quad = \frac{2}{\sqrt{a^2 - 1}} \left.\arctan \frac{\sqrt{a^2 - 1}}{a}\right|_0^{+\infty}$$
$$= \frac{2}{\sqrt{a^2 - 1}} \int_0^{+\infty} \frac{d\left(\frac{\sqrt{a^2 - 1}}{a} t\right)}{1 + \left(\frac{\sqrt{a^2 - 1}}{a} t\right)^2}$$

从此 U 形等式串的两端即知
$$I'(a) = \frac{\pi}{\sqrt{a^2-1}}.$$
积分得
$$I(a) = \pi \ln\left(a + \sqrt{a^2-1}\right) + c, \tag{1}$$
其中 c 为积分常数. 注意到

$$\lim_{a \to 1} I(a) \qquad\qquad -\pi \ln 2$$
$$\|\qquad\qquad\qquad\qquad\|$$
$$\int_0^{\frac{\pi}{2}} \ln\left(1 - \sin^2 x\right) \mathrm{d}x \;=\; \int_0^{\frac{\pi}{2}} 2\ln\cos x \, \mathrm{d}x$$

从此 U 形等式串的两端即知
$$\lim_{a \to 1} I(a) = -\pi \ln 2.$$
于是由 (1) 式推出 $c = -\pi \ln 2$, 且
$$I(a) = \pi \ln\left(a + \sqrt{a^2-1}\right) - \pi \ln 2.$$

法二 记
$$F(b) = \int_0^{\frac{\pi}{2}} \ln\left(b^2 \sin^2 x + a^2 \cos^2 x\right) \mathrm{d}x,$$
则
$$F\left(\sqrt{a^2-1}\right) = I(a).$$
先求出 $F(b)$.

$$F'(b) \qquad\qquad\qquad \frac{\pi}{a+b}$$
$$\|\qquad\qquad\qquad\qquad \|$$
$$\int_0^{\frac{\pi}{2}} \frac{2b \sin^2 x}{b^2 \sin^2 x + a^2 \cos^2 x} \mathrm{d}x \qquad\qquad \frac{2b}{b^2 - a^2}\left(\frac{\pi}{2} - \frac{\pi}{2} \cdot \frac{a}{b}\right)$$
$$\|\qquad\qquad\qquad\qquad \|$$
$$2b \int_0^{+\infty} \frac{t^2}{b^2 t^2 + a^2} \cdot \frac{1}{1+t^2} \mathrm{d}t = \frac{2b}{b^2 - a^2} \int_0^{+\infty} \left(\frac{1}{1+t^2} - \frac{a^2}{b^2 t^2 + a^2}\right) \mathrm{d}t$$

从此 U 形等式串的两端即知

$$F'(b) = \frac{\pi}{a+b}.$$

积分得

$$F(b) = \pi \ln(a+b) + c,$$

其中 c 为积分常数. 令 $b = a$, 则一方面,

$$F(a) = \int_0^{\frac{\pi}{2}} \ln\left(a^2 \sin^2 x + a^2 \cos^2 x\right) dx$$
$$= \int_0^{\frac{\pi}{2}} 2\ln a\, dx = \pi \ln a,$$

另一方面

$$F(a) = \pi \ln(2a) + c,$$

故有

$$\pi \ln(2a) + c = \pi \ln a,$$

即得 $c = -\pi \ln 2$. 于是

$$F(b) = \pi \ln(a+b) - \pi \ln 2.$$

$$I(a) = F\left(\sqrt{a^2-1}\right) = \pi \ln\left(a + \sqrt{a^2-1}\right) - \pi \ln 2.$$

例 49 求证: $F(p) = \int_0^\pi \dfrac{\sin x}{x^p (\pi-x)^{2-p}} dx$ 在 $(0,2)$ 内连续.

证明 设 $0 < a < \pi$, 则有

$$F(p) = \int_0^a + \int_a^\pi = I_1 + I_2.$$

$$\lim_{x \to 0^+} x^{p-1} \frac{\sin x}{x^p (\pi-x)^{2-p}} = \frac{1}{\pi^{2-p}},$$

故当 $p < 2$ 时, I_1 收敛.

$$\lim_{x \to \pi^-} (\pi-x)^{1-p} \frac{\sin x}{x^p (\pi-x)^{2-p}} = \lim_{x \to \pi^-} (\pi-x)^{1-p} \frac{\sin(\pi-x)}{x^p (\pi-x)^{2-p}} = \frac{1}{\pi^p},$$

故当 $p > 0$ 时. I_2 收敛.

综上所述, 当 $p \in (0, 2)$ 时, $F(p)$ 有意义. 当 $p \in [\alpha, \beta] \subset (0, 2)$ 时, 有
$$0 \leqslant \frac{\sin x}{x^p (\pi - x)^{2-p}} \leqslant \frac{\sin x}{x^\alpha (\pi - x)^{2-\beta}}.$$
故 $F(p)$ 在 $[\alpha, \beta]$ 上一致收敛, 因而在 $[\alpha, \beta]$ 上连续. 由 $0 < \alpha < \beta$ 的任意性, $F(p)$ 在 $(0, 2)$ 上连续.

例 50   设 $f(x, y)$ 是 $\mathbb{R}^2$ 上的连续函数. 试作一无界区域 D, 使 $f(x, y)$ 在 D 上的广义积分收敛.

解   首先取 $y_1 > 0$, 使得 $D_1 = [0, 1] \times [0, y_1]$, 满足
$$\iint_{D_1} |f(x, y)| \mathrm{d}x\mathrm{d}y \leqslant \frac{1}{2}.$$
再选取 $y_2 > 0$, 使得 $D_2 = [1, 2] \times [0, y_2]$, 满足
$$\iint_{D_2} |f(x, y)| \mathrm{d}x\mathrm{d}y \leqslant \frac{1}{2^2}.$$
依次选取 $y_n > 0$, 使得 $D_n = [n-1, n] \times [0, y_n]$, 满足
$$\iint_{D_n} |f(x, y)| \mathrm{d}x\mathrm{d}y \leqslant \frac{1}{2^n}.$$
取 $D = \bigcup_{n=1}^{\infty} D_n$, 则 D 是无界区域, $|f(x, y)|$ 在 D 上的广义积分为
$$\iint_D |f(x, y)| \mathrm{d}x\mathrm{d}y \leqslant \sum_{n=1}^{\infty} \frac{1}{2^n} = \frac{1}{2}.$$
由此可见, $f(x, y)$ 在 D 上的广义积分绝对收敛, 从而 $f(x, y)$ 在 D 上的广义积分收敛.

第七章 典型综合题解析

例 1 求证: $\left\{x_n = \int_1^n \dfrac{\cos t}{t^2}\mathrm{d}t\right\}$ 是 Cauchy 列.

证明 对任意正整数 $n < m$, 有

$$\left|\int_n^m \frac{\cos t}{t^2}\mathrm{d}t\right| \qquad \frac{1}{n} - \frac{1}{m}$$

$$\wedge \qquad\qquad \|$$

$$\int_n^m \frac{|\cos t|}{t^2}\mathrm{d}t \leqslant \int_n^m \frac{1}{t^2}\mathrm{d}t$$

从此 U 形等式–不等式串的两端即知

$$\left|\int_n^m \frac{\cos t}{t^2}\mathrm{d}t\right| \leqslant \frac{1}{n} - \frac{1}{m}.$$

因为 $\dfrac{1}{n} \to 0$, 所以存在 $n_0 \geqslant 1$, 使得

$$\frac{1}{n} < \varepsilon, \quad 只要 \quad n \geqslant n_0.$$

因此对 $\forall n, m \geqslant n_0, n < m$, 我们有

$$|x_n - x_m| = \left|\int_n^m \frac{\cos t}{t^2}\mathrm{d}t\right| \leqslant \frac{1}{n} - \frac{1}{m} < \varepsilon.$$

这意味着 $\{x_n\}$ 是 Cauchy 列.

例 2 设 $c_n \geqslant 0, \displaystyle\sum_{n=1}^{\infty} c_n = \infty$. 求证:

$$\sum_{n=1}^{\infty} \frac{c_n}{(c_1 + c_2 + \cdots + c_n)^p} \begin{cases} 收敛, & 当 p > 1 时, \\ 发散, & 当 0 < p \leqslant 1 时. \end{cases}$$

证明 令 $s_n = c_1 + c_2 + \cdots + c_n$, 当 $p > 1$ 时, 因为 $\dfrac{1}{x^p}$ 单调递减, 所以
$$\int_{s_{n-1}}^{s_n} \frac{\mathrm{d}x}{x^p} \geqslant \frac{s_n - s_{n-1}}{s_n^p} = \frac{c_n}{s_n^p},$$

因此
$$\sum_{n=2}^{\infty} \frac{c_n}{s_n^p} \leqslant \sum_{n=2}^{\infty} \int_{s_{n-1}}^{s_n} \frac{\mathrm{d}x}{x^p} = \int_{s_1}^{\infty} \frac{\mathrm{d}x}{x^p} < \infty.$$

当 $0 < p \leqslant 1$ 时, 只要考虑 $p = 1$ 的情况就够了. 这是因为当 $n \to \infty$ 时, $s_n \to \infty$, 所以当 n 充分大时, $s_n > 1$, 故有
$$\frac{1}{s_n^p} \geqslant \frac{1}{s_n}, \quad 0 < p \leqslant 1.$$

下面分两种情况:

情况 1 $\exists n_k$, 使得 $s_{n_k - 1} < c_{n_k}, k = 1, 2, \cdots$. 这时,
$$s_{n_k} = c_{n_k} + s_{n_k - 1} < 2c_{n_k} \Rightarrow \frac{c_{n_k}}{s_{n_k}} > \frac{1}{2}, \quad k = 1, 2, \cdots.$$

因此
$$\varliminf_{n \to \infty} \frac{c_n}{s_n} \geqslant \frac{1}{2} \Rightarrow \frac{c_n}{s_n} \not\to 0, \quad n \to \infty.$$

故 $\displaystyle\sum_{n=2}^{\infty} \frac{c_n}{s_n}$ 发散.

情况 2 $\exists N$, 当 $n \geqslant N$ 时, $s_{n-1} \geqslant c_n$. 这时
$$s_n = c_n + s_{n-1} \leqslant 2 s_{n-1},$$

即
$$\frac{1}{s_n} \geqslant \frac{1}{2} \frac{1}{s_{n-1}},$$

则

$$\sum_{n=N}^{\infty}\frac{c_n}{s_n} \qquad \infty$$
$$\vee \qquad \qquad \|$$
$$\frac{1}{2}\sum_{n=N}^{\infty}\frac{c_n}{s_{n-1}} \qquad \frac{1}{2}\int_{s_N}^{\infty}\frac{1}{x}\mathrm{d}x$$
$$\| \qquad \qquad \|$$
$$\frac{1}{2}\sum_{n=N}^{\infty}\frac{s_n-s_{n-1}}{s_{n-1}} \geqslant \frac{1}{2}\sum_{n=N}^{\infty}\int_{s_{n-1}}^{s_n}\frac{1}{x}\mathrm{d}x$$

从此 U 形等式-不等式串的两端即知

$$\sum_{n=N}^{\infty}\frac{c_n}{s_n} \geqslant \infty,$$

故 $\sum_{n=1}^{\infty}\frac{c_n}{s_n}$ 发散.

例 3 求证：若 $\sum_{n=1}^{\infty}a_n b_n$ 对任意有极限序列 $\{b_n\}$ 收敛，那么 $\sum_{n=1}^{\infty}a_n$ 绝对收敛.

证明 不失普遍性我们可以假设 $a_n \geqslant 0$, 否则用 $-b_n$ 替代 b_n. 用反证法. 如果 $\sum_{n=1}^{\infty}a_n = +\infty$. 一方面, 根据例 2 结果,

$$\sum_{n=1}^{\infty}\frac{a_n}{a_1+a_2+\cdots+a_n} = +\infty. \tag{1}$$

另一方面, 令 $b_n = \dfrac{1}{a_1+a_2+\cdots+a_n}$, 则 $\lim_{n\to\infty}b_n = 0$, 根据假设应该有

$$\sum_{n=1}^{\infty}\frac{a_n}{a_1+a_2+\cdots+a_n} = \sum_{n=1}^{\infty}a_n b_n$$

收敛, 这与 (1) 式矛盾.

例 4 求证: 若 $\sum_{n=1}^{\infty} a_n b_n$ 对任意使得 $\sum_{n=1}^{\infty} b_n^2$ 收敛的 $\{b_n\}$ 都收敛, 那么 $\sum_{n=1}^{\infty} a_n^2$ 也收敛.

证明 用反证法. 如果 $\sum_{n=1}^{\infty} a_n^2 = +\infty$. 在例 2 中, 视 $c_n = a_n^2$, $p = 2$, 便有结果

$$\sum_{n=1}^{\infty} \frac{a_n^2}{(a_1^2 + a_2^2 + \cdots + a_n^2)^2} < +\infty. \tag{1}$$

若令 $b_n = \dfrac{a_n}{a_1^2 + a_2^2 + \cdots + a_n^2}$, 那么 (1) 式可改写成

$$\sum_{n=1}^{\infty} b_n^2 = \sum_{n=1}^{\infty} \left(\frac{a_n}{a_1^2 + a_2^2 + \cdots + a_n^2} \right)^2 < +\infty.$$

因此, 根据假设应该有

$$\sum_{n=1}^{\infty} a_n b_n = \sum_{n=1}^{\infty} \frac{a_n^2}{a_1^2 + a_2^2 + \cdots + a_n^2} < +\infty. \tag{2}$$

但在例 2 中, 若视 $c_n = a_n^2$, $p = 1$, 便有结果

$$\sum_{n=1}^{\infty} a_n b_n = \sum_{n=1}^{\infty} \frac{a_n^2}{a_1^2 + a_2^2 + \cdots + a_n^2} = +\infty. \tag{3}$$

(3) 式与 (2) 式矛盾.

例 5 设 $I_n = \int_0^{\frac{\pi}{2}} \cos^n t\, dt$, 其中 n 为正整数. 求证:

① $(n+2) I_{n+2} = (n+1) I_n$,

② $\lim\limits_{n \to \infty} \dfrac{I_{n+1}}{I_n} = 1$,

③ $\{(n+1) I_n I_{n+1}\}$ 是一常数序列及 $I_n \sim \sqrt{\dfrac{\pi}{2n}}$, $n \to \infty$.

证明 ①

$$I_{n+2} \quad\quad (n+1)\int_0^{\frac{\pi}{2}} \cos^n t \left(1-\cos^2 t\right) \mathrm{d}t$$
$$\| \quad\quad\quad\quad\quad\quad \|$$
$$\int_0^{\frac{\pi}{2}} \cos^{n+1} t \cos t\, \mathrm{d}t \;=\; (n+1)\int_0^{\frac{\pi}{2}} \cos^n t \sin^2 t\, \mathrm{d}t$$

从此 U 形等式串的两端即知

$$I_{n+2} = (n+1)\int_0^{\frac{\pi}{2}} \cos^n t\left(1-\cos^2 t\right)\mathrm{d}t = (n+1)\left(I_n - I_{n+2}\right),$$

由此解得

$$I_{n+2} = \frac{n+1}{n+2} I_n.$$

因此

$$I_{2n} = \frac{(2n-1)!!}{(2n)!!} I_0 = \frac{(2n)!\pi}{2^{2n+1}(n!)^2},$$

$$I_{2n+1} = \frac{(2n)!!}{(2n+1)!!} I_1 = \frac{2^{2n}(n!)^2}{(2n+1)!}.$$

② 因为

$$\cos^{n+1} t \leqslant \cos^n t, \quad t \in \left[0, \frac{\pi}{2}\right],$$

所以 $I_{n+1} \leqslant I_n$,也就是 I_n 单调递减,特别有

$$I_{n+2} \leqslant I_{n+1} \leqslant I_n,$$

并因为 $I_n > 0$,我们得到

$$1 \leqslant \frac{I_{n+1}}{I_{n+2}} \leqslant \frac{I_n}{I_{n+2}} = \frac{n+2}{n+1},$$

根据极限的夹逼准则,便有

$$\lim_{n\to\infty} \frac{I_{n+1}}{I_n} = 1.$$

③ 因为 $I_{n+2} = \dfrac{n+1}{n+2} I_n$, 所以

$$(n+2) I_{n+2} I_{n+1} = (n+1) I_{n+1} I_n, \quad n = 0, 1, 2, \cdots.$$

由此即知, $\{(n+1) I_n I_{n+1}\}$ 是一常数序列. 特别与当 $n=0$ 时的值相等, 即得

$$(n+1) I_n I_{n+1} = I_0 I_1 = \dfrac{\pi}{2}.$$

进一步, 因为

$$\lim_{n \to \infty} \dfrac{n+1}{n} = 1, \quad \lim_{n \to \infty} \dfrac{I_{n+1}}{I_n} = 1,$$

$$n I_n^2 = n I_n^2 \cdot \dfrac{n+1}{n} \cdot \dfrac{I_{n+1}}{I_n} = (n+1) I_n I_{n+1},$$

所以

$$\lim_{n \to \infty} n I_n^2 = \lim_{n \to \infty} (n+1) I_n I_{n+1} = \dfrac{\pi}{2},$$

即知

$$I_n \sim \sqrt{\dfrac{\pi}{2n}}, \quad n \to \infty.$$

例 6 设 $x_n = \dfrac{n!}{\sqrt{n}} \left(\dfrac{\mathrm{e}}{n} \right)^n, n = 1, 2, \cdots.$

① 求证: $\{x_n\}$ 收敛.

② 求 $\lim\limits_{n \to \infty} x_n$.

③ 求证: $n! \sim \left(\dfrac{\mathrm{e}}{n} \right)^n \sqrt{2n\pi}, \quad n \to \infty.$

① **证明** 由于 $x_n > 0, n \geqslant 1$, 故

$$\ln (x_{n+1}) - \ln (x_n) = \ln \dfrac{x_{n+1}}{x_n}$$
$$= \ln \left(\dfrac{(n+1)!}{n!} \cdot \sqrt{\dfrac{n}{n+1}} \cdot \mathrm{e} \cdot \dfrac{n^n}{(n+1)^{n+1}} \right),$$

化简得到

$$\ln (x_{n+1}) - \ln (x_n) = 1 - \left(n + \dfrac{1}{2} \right) \ln \left(1 + \dfrac{1}{n} \right).$$

利用 $\ln(1+x)$ 的 Taylor 展开式, 我们有

$$\ln\left(1+\frac{1}{n}\right) = \frac{1}{n} - \frac{1}{2n^2} + \frac{1}{6n^3} + \frac{\varepsilon_n}{n^3},$$

其中 $\varepsilon_n \to 0, n \to \infty$. 因此

$$\begin{aligned}\ln(x_{n+1}) - \ln(x_n) &= 1 - \left(n+\frac{1}{2}\right)\left(\frac{1}{n} - \frac{1}{2n^2} + \frac{1}{6n^3} + \frac{\varepsilon_n}{n^3}\right) \\ &= -\frac{1}{6n^2} + \frac{1}{4n^2} - \frac{\varepsilon_n}{n^2} - \frac{\varepsilon_n}{2n^3}.\end{aligned}$$

由此推出

$$\lim_{n\to\infty} n^2 \left(\ln(x_{n+1}) - \ln(x_n)\right) = -\frac{1}{6} + \frac{1}{4} = \frac{1}{12}.$$

因为 $\sum\limits_{n=1}^{\infty} \frac{1}{n^2}$ 收敛, 所以级数 $\sum\limits_{n=1}^{\infty} (\ln(x_{n+1}) - \ln(x_n))$ 收敛. 故 $\{\ln(x_n)\}$ 收敛, 从而 $\{x_n\}$ 收敛.

② **解** 设 $l = \lim\limits_{n\to\infty} x_n$, 则有

$$l = \mathrm{e}^{\lim\limits_{n\to\infty} \ln x_n} > 0.$$

由第 ① 小题,

$$\lim_{n\to\infty} \frac{n!}{\sqrt{n}} \left(\frac{\mathrm{e}}{n}\right)^n = l.$$

这可以改写为

$$n! \sim l \left(\frac{n}{\mathrm{e}}\right)^n \sqrt{n}, \quad n \to \infty. \tag{1}$$

又根据例 5, 设

$$I_n = \int_0^{\frac{\pi}{2}} \cos^n t\,\mathrm{d}t, \quad I_n \sim \sqrt{\frac{\pi}{2n}}, \quad n \to \infty.$$

因为 $I_{2n} = \dfrac{(2n)!\pi}{2^{2n+1}(n!)^2}$, 我们得到

$$\sqrt{\frac{\pi}{4n}} \sim \frac{(2n)!\pi}{2^{2n+1}(n!)^2}, \quad n \to \infty.$$

这意味着，
$$\sqrt{\frac{\pi}{4n}} \sim \frac{l(2n)^{2n} \mathrm{e}^{-2n}\sqrt{2n\pi}}{2^{2n+1}l^2(n^n \cdot \mathrm{e}^{-n}\sqrt{2n})^2}.$$
由此解出 $l = \sqrt{2\pi}$.

③ **证明**　将 $l = \sqrt{2\pi}$ 代入 (1) 式，即得
$$n! \sim \left(\frac{\mathrm{e}}{n}\right)^n \sqrt{2n\pi}, \quad n \to \infty.$$

例 7　设 $f(x)$ 在 $[0,\infty)$ 上单调下降且非负. 求证: 对任意固定的整数 N,

① $\sum\limits_{m=N}^{\infty} f(m)$ 收敛的充分必要条件是 $\int_N^{+\infty} f(x)\,\mathrm{d}x$ 收敛.

② 记 $a_n = \sum\limits_{m=N}^{n} f(m) - \int_N^n f(x)\,\mathrm{d}x\, (n \geqslant N)$，则 $\lim\limits_{n\to\infty} a_n$ 存在，并且若设 $\lim\limits_{n\to\infty} a_n = L$，则有 $L \in [0, f(N)]$.

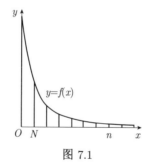

图 7.1

证明　见示意图 7.1. 对 $\forall n \geqslant N, x \geqslant N$，记
$$s_n = \sum_{m=N}^{n} f(m), \quad F(n) = \int_N^n f(x)\,\mathrm{d}x.$$
若 $N \leqslant n \leqslant x \leqslant n+1$，则有
$$f(n+1) \leqslant f(x) \leqslant f(n),$$
$$f(n+1) \leqslant \int_n^{n+1} f(x)\,\mathrm{d}x \leqslant f(n),$$

$$a_n = \sum_{m=N}^{n} f(m) - \int_N^n f(x)\,\mathrm{d}x,$$

$$a_{n+1} = \sum_{m=N}^{n+1} f(m) - \int_N^{n+1} f(x)\,\mathrm{d}x.$$

一方面,

$$\begin{array}{cc} a_n - a_{n+1} & 0 \\ \| & \| \\ \int_n^{n+1} f(x)\,\mathrm{d}x - f(n+1) \geqslant f(n+1) - f(n+1) \end{array}$$

从此 U 形等式-不等式串的两端即知

$$a_n - a_{n+1} \geqslant 0, \quad n \geqslant N. \tag{1}$$

另一方面,

$$\begin{array}{cc} a_n - a_{n+1} & f(n) - f(n+1) \\ \| & \vee \\ -f(n+1) + \int_n^{n+1} f(x)\,\mathrm{d}x = \int_n^{n+1} f(x)\,\mathrm{d}x - f(n+1) \end{array}$$

从此 U 型等式-不等式串的两端即知

$$a_n - a_{n+1} \leqslant f(n) - f(n+1), \quad n \geqslant N. \tag{2}$$

(1) 式意味着 $\{a_n\}$ 单调下降. 由 (2) 式, 对 $n = N, N+1, \cdots, m-1$, 得到

$$a_N - a_{N+1} \leqslant f(N) - f(N+1),$$
$$a_{N+1} - a_{N+2} \leqslant f(N+1) - f(N+2),$$
$$a_{N+2} - a_{N+3} \leqslant f(N+2) - f(N+3),$$
$$\cdots\cdots$$
$$a_{m-1} - a_m \leqslant f(m-1) - f(m).$$

对这一串不等式, $n = N, N+1, \cdots, m-1$ 求和得到
$$0 \leqslant a_N - a_m \leqslant f(N) - f(m).$$
又注意到 $a_N = f(N)$, 故有 $f(m) \leqslant a_m$. 综合之得到
$$0 \leqslant f(m) \leqslant a_m \leqslant f(N). \tag{3}$$
于是 $\{a_n\}$ 是一单调下降有下界的数列, 若设 $\lim\limits_{n\to\infty} a_n = L$, 则有 $L \in [0, f(N)]$. 鉴于
$$s_n = a_n + F(n),$$
则 s_n 与 $F(n)$ 同时收敛或同时发散.

评注 因为 $F(n)$ 单调, 所以 $F(n)$ 与 $F(X)$ $(X \to +\infty)$ 同时收敛或同时发散.

例 8 求证:
$$\sum_{n=1}^{\infty} \frac{1}{n^2 + x^2} \sim \frac{\pi}{2x}, \quad x \to \infty.$$

证明 应用例 7 结果, 取 $N = 1, f(t) = \dfrac{1}{t^2 + x^2}$. 令
$$a_n = \sum_{m=1}^{n} \frac{1}{m^2 + x^2} - \int_1^n \frac{1}{t^2 + x^2} \mathrm{d}t, \quad n \geqslant 1,$$
则有 $\lim\limits_{n\to\infty} a_n = L(x)$, 满足
$$0 \leqslant L(x) \leqslant f(1) = \frac{1}{1 + x^2}.$$
也就是
$$0 \leqslant \sum_{n=1}^{\infty} \frac{1}{n^2 + x^2} - \int_1^{\infty} \frac{1}{t^2 + x^2} \mathrm{d}t = L(x) \leqslant \frac{1}{1 + x^2}. \tag{1}$$
进一步,
$$\int_1^{\infty} \frac{1}{t^2 + x^2} \mathrm{d}t = \frac{\pi - 2\arctan\dfrac{1}{x}}{2x},$$

将它代入 (1) 式, 即得

$$0 \leqslant \sum_{n=1}^{\infty} \frac{1}{n^2+x^2} - \frac{\pi - 2\arctan\frac{1}{x}}{2x} \leqslant \frac{1}{1+x^2},$$

$$\frac{\pi}{2x} \leqslant \sum_{n=1}^{\infty} \frac{1}{n^2+x^2} \leqslant \frac{\pi}{2x} + \frac{1}{1+x^2} - \frac{2\arctan\frac{1}{x}}{2x}.$$

两边乘以 $\dfrac{2x}{\pi}$, 得到

$$1 \leqslant \frac{2x}{\pi} \sum_{n=1}^{\infty} \frac{1}{n^2+x^2} \leqslant 1 + o(1).$$

于是

$$\lim_{x\to\infty} \frac{2x}{\pi} \sum_{n=1}^{\infty} \frac{1}{n^2+x^2} = 1.$$

例 9 ① (幂函数不等式) 设 $x \geqslant 0, y \geqslant 0, 0 < p < 1$. 求证:

$$|x^p - y^p| \leqslant |x-y|^p.$$

② 设函数 $f(x)$ 在 $(0,1]$ 内连续可导, 而且

$$\lim_{x\to 0^+} \sqrt{x} f'(x) = 0.$$

求证: $f(x)$ 在 $(0,1]$ 内一致连续.

证明 ① 若 $x = 0$, 结论显然成立. 若 $x \neq 0$, 则

$$|x^p - y^p| \leqslant |x-y|^p \iff \left|1 - \left(\frac{y}{x}\right)^p\right| \leqslant \left|1 - \frac{y}{x}\right|^p$$
$$\iff |1 - t^p| \leqslant |1-t|^p,$$

其中 $t = \dfrac{y}{x} > 0$. 对 t 分情况讨论:

情况 1 当 $t > 1$ 时,

$$|1-t^p| \leqslant |1-t|^p \iff t^p - 1 \leqslant (t-1)^p. \tag{1}$$

令 $f(t) = t^p - (t-1)^p$, 则有

$$\begin{array}{ccc} f'(t) & & 0 \\ \| & & \vee \\ p \cdot t^{p-1} - p \cdot (t-1)^{p-1} & = p\left(\dfrac{1}{t^{1-p}} - \dfrac{1}{(t-1)^{1-p}}\right) \end{array}$$

从此 U 形等式-不等式串的两端即知

$$f'(t) < 0.$$

由此推出 $f(t)$ 单调递减, 且 $f(t) < f(1) = 1$, 即

$$t^p - (t-1)^p < 1,$$

即 (1) 式成立.

情况 2 当 $0 < t < 1$ 时, 令 $s = \dfrac{1}{t}$, 则 $s > 1$, 用前面结果, 有

$$|1 - s^p| \leqslant |1 - s|^p,$$

两边同除以 s^p, 得到

$$\left|\dfrac{1}{s^p} - 1\right| \leqslant \left|\dfrac{1}{s} - 1\right|^p,$$

即

$$|1 - t^p| \leqslant |1 - t|^p.$$

② 因为 $\lim\limits_{x \to 0^+} \sqrt{x} f'(x) = 0$, 所以 $\exists \delta > 0$, 使得

$$\left|\sqrt{x} f'(x)\right| < 1, \quad 只要 \quad x \in (0, \delta).$$

对 $\forall c$, $\delta \leqslant c < 1$, 因为 $\sqrt{x} f'(x)$ 在 $[\delta, c]$ 上是连续函数, 因而有界, 所以 $\exists M \geqslant 1$, 使得

$$\left|\sqrt{x} f'(x)\right| \leqslant M, \quad \forall x \in (0, c].$$

对 $\forall x_1, x_2 \in (0, c]$, 不妨设 $x_1 < x_2$. 由柯西中值定理, $\exists \xi \in (x_1, x_2)$, 使得
$$\frac{f(x_2) - f(x_1)}{\sqrt{x_2} - \sqrt{x_1}} = \frac{f'(\xi)}{\frac{1}{2\sqrt{\xi}}} = 2\sqrt{\xi} f'(\xi). \tag{1}$$

再由第 ① 小题, $p = \frac{1}{2}$ 情形,
$$|\sqrt{x_2} - \sqrt{x_1}| \leqslant \sqrt{|x_2 - x_1|},$$
$$(1)\text{式} \Rightarrow |f(x_2) - f(x_1)| \leqslant 2M\sqrt{|x_2 - x_1|}.$$

由此可知, $f(x)$ 在 $(0, c]$ 上一致连续, 而 $f(x)$ 在 $[c, 1]$ 上连续, 因而一致连续, 于是有 $f(x)$ 在 $(0, 1]$ 内一致连续.

例 10 设 $f(x)$ 在 $[0, a]$ 上二次可导, 且
$$f(0) = f'(0) = f'(a) = 0, \quad f(a) = 1,$$
并且对 $\forall x \in [0, a]$, 有 $|f''(x)| \leqslant 1$. 设
$$g(x) = \begin{cases} x, & 0 \leqslant x \leqslant \dfrac{a}{2}, \\ a - x, & \dfrac{a}{2} < x \leqslant a. \end{cases}$$

求证: ① $f'(x) \leqslant g(x)$;
② 存在 $x_0 \in (0, a)$, 使得 $f'(x_0) < g(x_0)$;
③ $a > 2$.

证明 应用拉格朗日中值定理, 当 $0 \leqslant x \leqslant \dfrac{a}{2}$ 时,
$$f'(x) = f'(x) - f'(0) = f''(\xi) x \leqslant x, \quad \xi \in (0, x);$$
当 $\dfrac{a}{2} < x \leqslant a$ 时,
$$f'(x) = f'(x) - f'(a) = f''(\eta)(x - a) \leqslant a - x, \quad \eta \in (x, a).$$

综上, 成立 $f'(x) \leqslant g(x)$.

② 用反证法. 若对 $\forall x \in (0, a)$, 有 $f'(x) = g(x)$, 则在 $x = a$ 时, $f''(x)$ 不存在, 矛盾. 所以存在 $x_0 \in (0, a)$, 使得
$$f'(x_0) < g(x_0).$$

③ 由第 ①, ② 小题知, 在 $[0,a]$ 上, $f'(x) \leqslant g(x)$, 但是 $f'(x)$ 与 $g(x)$ 不恒等, 所以

$$\int_0^a f'(x)\,\mathrm{d}x < \int_0^a g(x)\,\mathrm{d}x,$$

即

$$1 = f(a) - f(0) < \frac{1}{2}a \cdot \frac{a}{2} \Rightarrow a > 2.$$

例 11 设 $f(x) = \int_0^{+\infty} \dfrac{t}{2+t^x}\mathrm{d}t$. 令

$$f_n(x) = \sum_{k=0}^{n-1} \frac{1}{n} f\left(x + \frac{k}{n}\right), \quad n = 1, 2, \cdots.$$

求证: $\{f_n(x)\}$ 在 $[3, A]$ 上一致收敛, 其中 $A > 3$.

证明 因为在 $[3, A]$ 上有

$$\left|\frac{t}{2+t^x}\right| \leqslant \frac{t}{2+t^3},$$

所以 $\int_0^{+\infty} \dfrac{t}{2+t^x}\mathrm{d}t$ 在 $[3, A]$ 上一致收敛于 $f(x)$, 从而 $f(x)$ 在 $[3, A]$ 上连续, 于是 $f(x)$ 在 $[3, A]$ 上一致连续. 显然有

$$f_n(x) \to \int_0^1 f(x+t)\,\mathrm{d}t, \quad n \to \infty, 3 \leqslant x \leqslant A.$$

又对 $\forall \varepsilon > 0$, 取 $n_0 > 0$, 对 $\forall x', x'' \in [3, A]$, 只要 $|x' - x''| < \dfrac{1}{n_0}$, 就有

$$|f(x') - f(x'')| < \varepsilon.$$

所以当 $n > n_0$, 及 $x \in [3, A]$ 时, 有

$$\left|f_n(x) - \int_0^1 f(x+t)\,\mathrm{d}t\right| \qquad\qquad \varepsilon$$
$$\| \qquad\qquad \vee$$
$$\left|\sum_{k=0}^{n-1}\frac{1}{n}f\left(x+\frac{k}{n}\right) - \sum_{k=0}^{n-1}\int_{\frac{k}{n}}^{\frac{k+1}{n}} f(x+t)\,\mathrm{d}t\right| \leqslant \sum_{k=1}^{n}\left|f\left(x+\frac{k}{n}\right) - f(x+\xi_k)\right| \cdot \frac{1}{n}$$

从此 U 型等式-不等式串的两端即知, $\{f_n(x)\}$ 在 [3,A] 上一致收敛.

例 12 设
$$f_n(x) = \sum_{k=0}^{n-1} \frac{1}{n} f\left(x + \frac{k}{n}\right),$$
其中 $f(x) = \int_0^{+\infty} \frac{t^2}{1+t^x} \mathrm{d}t$. 求证: $\{f_n(x)\}$ 在 $[4, A]$ $(A \geqslant 4)$ 上一致收敛.

证明 首先可以证明 $f(x)$ 在 $[4, A]$ 上连续, 这是因为当 $t \geqslant 1, x \geqslant 4$ 时,
$$\frac{t^2}{1+t^x} \leqslant \frac{t^2}{1+t^4}.$$
而 $\int_0^{+\infty} \frac{t^2}{1+t^4} \mathrm{d}t$ 收敛. 因此, $\int_0^{+\infty} \frac{t^2}{1+t^x} \mathrm{d}t$ 在 $[4, +\infty)$ 上一致收敛, 又对有限实数 A $(A \geqslant 4)$, $\frac{t^2}{1+t^x}$ 在 $[4, A+1]$ 上为 x 的连续函数, 所以 $f(x)$ 在 $[4, A+1]$ 上连续.

再证 $f_n(x)$ 在 $[4, A]$ 上一致收敛, 为此令
$$F(x) = \int_x^{x+1} f(t) \mathrm{d}t = \sum_{k=1}^{n-1} \int_{x+\frac{k}{n}}^{x+\frac{k+1}{n}} f(t) \mathrm{d}t$$
$$= \sum_{k=0}^{n-1} \frac{1}{n} f\left(x + \frac{k}{n} + \frac{\theta_k}{n}\right),$$
其中 $0 < \theta_k < 1, k = 0, 1, \cdots, n-1$. 由于 $f(x)$ 在 $[4, A+1]$ 上连续, 从而一致连续, 即对任给 $\varepsilon > 0, \exists \delta > 0$, 对任意的 $x', x'' \in [4, A]$, 当 $|x' - x''| < \delta$ 时, 有
$$|f(x') - f(x'')| < \varepsilon.$$
现取 $N \in \left[\frac{1}{\delta}, H\right]$ (H 为定数), 则当 $n > N, x \in [4, A]$ 时, 就有
$$\left|\left(x + \frac{k}{n} + \frac{\theta_k}{n}\right) - \left(x + \frac{k}{n}\right)\right| < \frac{1}{n} < \frac{1}{N} < \delta,$$
并且
$$x + \frac{k}{n} \in [4, A+1], \quad x + \frac{k}{n} + \frac{\theta_k}{n} \in [4, A+1],$$

$$|F(x) - f_n(x)| < \varepsilon.$$

所以 $f_n(x)(n = 1, 2, \cdots)$ 在 $[4, A]$ 上一致收敛于 $F(x)$.

例 13 设 $f(x)$ 在 $(-a, a)$ 上无限次可微,并设 $f^{(n)}(x)$ 在 $(-a, a)$ 上一致收敛,且 $\lim\limits_{n \to \infty} f^{(n)}(0) = 1$. 求 $\lim\limits_{n \to \infty} f^{(n)}(x)$.

解 由于序列 $\{f^{(n)}(x)\}$ 在 $(-a, a)$ 上一致收敛,设其极限函数为 $g(x)$,则由于

$$\left[f^{(n)}(x) \right]' = f^{(n+1)}(x),$$

故序列 $\left\{ \left[f^{(n)}(x) \right]' \right\}$ 在 $(-a, a)$ 上一致收敛,从而由函数序列的逐项微分定理知

$$\lim\limits_{n \to \infty} f^{(n+1)}(x) = \lim\limits_{n \to \infty} \left[f^{(n)}(x) \right]' = g'(x),$$

但

$$\lim\limits_{n \to \infty} f^{(n+1)}(x) = \lim\limits_{n \to \infty} f^{(n)}(x) = g(x).$$

故 $g'(x) = g(x)$. 又由 $g(0) = \lim\limits_{n \to \infty} f^{(n)}(0) = 1$. 于是由

$$\begin{cases} g'(x) = g(x), \\ g(0) = 1, \end{cases} \Rightarrow g(x) = e^x.$$

故 $\lim\limits_{n \to \infty} f^{(n)}(x) = e^x$.

例 14 设 $f(x)$ 为 $[1, 2]$ 上的连续正值函数,令

$$k_n = \int_1^2 x^n f(x) \, \mathrm{d}x, \quad n = 1, 2, \cdots.$$

求证:幂级数 $\sum\limits_{n=1}^{\infty} \dfrac{t^n}{k_n}$ 的收敛半径 r 满足 $1 \leqslant r \leqslant 2$.

证明 由幂级数性质知

$$r = \dfrac{1}{\varlimsup\limits_{n \to \infty} \sqrt[n]{\left| \dfrac{1}{k_n} \right|}}.$$

因为 $f(x)$ 正值, x^n 连续, 所以由积分第一中值定理, 有

$$k_n = \int_1^2 x^n f(x)\,\mathrm{d}x = \xi_n^n \int_1^2 f(x)\,\mathrm{d}x,$$

其中 $1 \leqslant \xi_n \leqslant 2$, 随 n 而定, 于是

$$\sqrt[n]{|k_n|} = |\xi_n| \sqrt[n]{\int_1^2 f(x)\,\mathrm{d}x}.$$

又因为 $\int_1^2 f(x)\,\mathrm{d}x$ 为定数, 所以

$$\lim_{n\to\infty} \sqrt[n]{\int_1^2 f(x)\,\mathrm{d}x} = 1.$$

从而

$$\varlimsup_{n\to\infty} \sqrt[n]{|k_n|} \leqslant 2, \quad \varliminf_{n\to\infty} \sqrt[n]{|k_n|} \geqslant 1,$$

即 $1 \leqslant r \leqslant 2$.

例 15 设 $\{a_n\}, \{b_n\}, \{c_n\}$ 为非负数列, 满足

$$a_{n+1}^2 \leqslant (a_n + b_n)^2 - c_n^2, \quad n = 1, 2, \cdots.$$

求证: ① $\sum_{k=1}^n c_k^2 \leqslant 2\left(a_1 + \sum_{k=1}^n b_k\right)^2$;

② 若 $\sum_{n=1}^\infty b_n^2$ 收敛, 则 $\lim_{n\to\infty} \dfrac{\sum_{k=1}^n c_k^2}{n} = 0$.

证明 ① 由条件 $a_{n+1}^2 \leqslant (a_n + b_n)^2 - c_n^2$ 知

$$a_{n+1}^2 \leqslant (a_n + b_n)^2,$$

得

$$a_{n+1} \leqslant a_n + b_n, \quad 即 \quad a_n - a_{n+1} + b_n \geqslant 0.$$

223

故有

$$c_k^2 \qquad\qquad 2(a_k+b_k)(a_k-a_{k+1}+b_k)$$
$$\wedge| \qquad\qquad |\vee$$
$$(a_k+b_k)^2 - a_{k+1}^2 = (a_k - a_{k+1} + b_k)(a_k + b_k + a_{k+1})$$

又

$$a_k + b_k \leqslant a_{k-1} + b_{k-1} + b_k \leqslant \cdots \leqslant a_1 + \sum_{k=1}^{n} b_k, \quad k \leqslant n.$$

因此

$$\sum_{k=1}^{n} c_k^2 \qquad\qquad 2\left(a_1 + \sum_{k=1}^{n} b_k\right)^2$$
$$\wedge| \qquad\qquad |\vee$$
$$2\sum_{k=1}^{n}(a_k+b_k)(a_k-a_{k+1}+b_k) \leqslant 2\left(a_1 + \sum_{k=1}^{n} b_k\right)\left(a_1 - a_{n+1} + \sum_{k=1}^{n} b_k\right)$$

从此 U 形等式-不等式串的两端即知

$$\sum_{k=1}^{n} c_k^2 \leqslant 2\left(a_1 + \sum_{k=1}^{n} b_k\right)^2.$$

② 类似第 ① 小题证明的方法, 可知

$$\sum_{i=j+1}^{k} c_i^2 \leqslant 2\left(a_{j+1} + \sum_{i=j}^{k} b_i\right)^2.$$

从而

$$\sum_{i=j+1}^{k} c_i^2 \qquad\qquad 4a_{j+1}^2 + 4k\sum_{i=j}^{k} b_i^2$$
$$\wedge| \qquad\qquad |\vee$$
$$4a_{j+1}^2 + 4\left(\sum_{i=j}^{k} b_i\right)^2 \leqslant 4a_{j+1}^2 + 4(k-j+1)\sum_{i=j}^{k} b_i^2$$

从此 U 形等式-不等式串的两端即知
$$\sum_{i=j+1}^{k} c_i^2 \leqslant 4a_{j+1}^2 + 4k\sum_{i=j}^{k} b_i^2,$$
两边除以 k, 得到
$$\frac{1}{k}\sum_{i=j+1}^{k} c_i^2 \leqslant \frac{4}{k}a_{j+1}^2 + 4\sum_{i=j}^{k} b_i^2.$$
因此
$$\frac{1}{k}\sum_{i=1}^{k} c_i^2 = \frac{1}{k}\sum_{i=1}^{j} c_i^2 + \frac{1}{k}\sum_{i=j+1}^{k} c_i^2$$
$$\leqslant \frac{1}{k}\sum_{i=1}^{j} c_i^2 + \frac{4}{k}a_{j+1}^2 + 4\sum_{i=j}^{k} b_i^2$$
$$= \frac{1}{k}\left(\sum_{i=1}^{j} c_i^2 + 4a_{j+1}^2\right) + 4\sum_{i=j}^{k} b_i^2.$$

$$\begin{array}{cc} \dfrac{1}{k}\sum_{i=1}^{k} c_i^2 & I_1 + I_2 \\ \| & \| \end{array}$$
$$\frac{1}{k}\sum_{i=1}^{j} c_i^2 + \frac{1}{k}\sum_{i=j+1}^{k} c_i^2 \leqslant \frac{1}{k}\left(\sum_{i=1}^{j} c_i^2 + 4a_{j+1}^2\right) + 4\sum_{i=j}^{k} b_i^2$$

从此 U 形等式-不等式串的两端即知
$$\frac{1}{k}\sum_{i=1}^{k} c_i^2 = I_1 + I_2, \tag{1}$$

其中 $I_1 = \dfrac{1}{k}\left(\sum_{i=1}^{j} c_i^2 + 4a_{j+1}^2\right)$, $I_2 = 4\sum_{i=j}^{k} b_i^2$. 因为 $\sum_{n=1}^{\infty} b_n^2$ 收敛, 所以对 $\forall \varepsilon > 0$, 我们可取 j 充分大, 使得 $I_2 < \dfrac{\varepsilon}{2}$, 固定 j, 可选 k 充分大, 使得 $I_1 < \dfrac{\varepsilon}{2}$. 从而
$$0 < \frac{1}{k}\sum_{i=1}^{k} c_i^2 < \varepsilon.$$

即有
$$\lim_{n\to\infty} \frac{\sum_{k=1}^{n} c_k^2}{n} = 0.$$

例 16 计算 $I(a) = \int_0^{\frac{\pi}{2}} \ln\left(a^2 - \sin^2 x\right) \mathrm{d}x$,其中 $a > 1$.

解 法一 记 $f(x,a) = \ln\left(a^2 - \sin^2 x\right)$,则
$$f_a'(x,a) = \frac{2a}{a^2 - \sin^2 x}.$$

$\forall a > 1, \exists \varepsilon_0 > 1$,使得 $a \in (\varepsilon_0, \varepsilon_0 + 1)$. 在矩形区域
$$R = \left\{(x,a) \mid 0 \leqslant x \leqslant \frac{\pi}{2}, \varepsilon_0 \leqslant a \leqslant \varepsilon_0 + 1\right\}$$

上,$f(x,a)$ 和 $f_a'(x,a)$ 均连续. 因此
$$I'(a) = \int_0^{\frac{\pi}{2}} \frac{2a}{a^2 - \sin^2 x} \mathrm{d}x.$$

令 $t = \tan x$,则 $\mathrm{d}t = \sec^2 x \, \mathrm{d}x, \sin^2 x = \dfrac{t^2}{1 + t^2}$,从而

$$I'(a) \;=\; 2a \int_0^{+\infty} \frac{\mathrm{d}t}{(1+t^2)a^2 - t^2} \;=\; \frac{2}{\sqrt{a^2-1}} \arctan \frac{\sqrt{a^2-1}}{a} \bigg|_0^{+\infty} \;=\; \frac{\pi}{\sqrt{a^2-1}}$$

从此 U 形等式串的两端即知
$$I'(a) = \frac{\pi}{\sqrt{a^2 - 1}}.$$

积分得
$$I(a) = \pi \ln\left(a + \sqrt{a^2 - 1}\right) + c. \tag{1}$$

为了确定常数 c,在 (1) 中,令 $a \to 1$,即得 $c = \lim\limits_{a \to 1} I(a)$. 由 $I(a)$ 的定义,
$$c = \lim_{a \to 1} \int_0^{\frac{\pi}{2}} \ln\left(a^2 - \sin^2 x\right) \mathrm{d}x = 2 \int_0^{\frac{\pi}{2}} \ln \cos x \, \mathrm{d}x. \tag{2}$$

记 $J = \int_0^{\frac{\pi}{2}} \ln \cos x \, dx$. 令 $x = \frac{\pi}{2} - t$, 即得

$$J = \int_0^{\frac{\pi}{2}} \ln(\sin t) \, dt.$$

再记 $K = \int_0^{\frac{\pi}{4}} \ln(\sin 2x) \, dx$. 令 $x = \frac{1}{2}t$, 即得

$$K = \int_0^{\frac{\pi}{4}} \ln(\sin 2x) \, dx = \frac{1}{2} \int_0^{\frac{\pi}{2}} \ln(\sin t) \, dt,$$

即

$$K = \frac{1}{2} J. \tag{3}$$

又

$$\int_0^{\frac{\pi}{4}} \ln(\cos x) \, dx \xrightarrow{x = \frac{\pi}{2} - u} \int_{\frac{1}{4}\pi}^{\frac{1}{2}\pi} \ln(\sin u) \, du = \int_{\frac{1}{4}\pi}^{\frac{1}{2}\pi} \ln(\sin x) \, dx.$$

故有

$$
\begin{array}{ccc}
K & & \frac{\pi}{4} \ln 2 + J \\
\| & & \| \\
\int_0^{\frac{\pi}{4}} \ln(\sin 2x) \, dx & & \frac{\pi}{4} \ln 2 + \int_0^{\frac{\pi}{2}} \ln(\sin x) \, dx \\
\| & & \| \\
\int_0^{\frac{\pi}{4}} \ln(2 \sin x \cos x) \, dx & = \frac{\pi}{4} \ln 2 + \int_0^{\frac{\pi}{4}} \ln(\sin x) \, dx + \int_0^{\frac{\pi}{4}} \ln(\cos x) \, dx
\end{array}
$$

从此 U 形等式串的两端即知

$$K = \frac{\pi}{4} \ln 2 + J. \tag{4}$$

联立 (3), (4) 两式解得 $J = -\frac{1}{2} \pi \ln 2$. 代入 (2) 式, 即得 $c = -\pi \ln 2$. 于是

$$I(a) = \pi \ln \left(a + \sqrt{a^2 - 1} \right) - \pi \ln 2.$$

解 法二 记
$$F(b) = \int_0^{\frac{\pi}{2}} \ln\left(b^2 \sin^2 x + a^2 \cos^2 x\right) dx,$$
则
$$I(a) = F\left(\sqrt{a^2 - 1}\right).$$
令 $t = \tan x$, 则 $dt = \sec^2 x \, dx, \sin^2 x = \dfrac{t^2}{1+t^2}$, 从而

$$\underset{\parallel}{F'(b)} \qquad\qquad\qquad \underset{\parallel}{\dfrac{\pi}{a+b}}$$

$$\int_0^{\frac{\pi}{2}} \dfrac{2b \sin^2 x}{b^2 \sin^2 x + a^2 \cos^2 x} dx \qquad \dfrac{2b}{a^2 - b^2}\left(\dfrac{1}{2}\pi \dfrac{a}{b} - \dfrac{\pi}{2}\right)$$

$$\parallel \qquad\qquad\qquad\qquad\qquad \parallel$$

$$2b\int_0^{+\infty} \dfrac{t^2}{b^2 t^2 + a^2} \cdot \dfrac{1}{1+t^2} dt = \dfrac{2b}{a^2 - b^2} \int_0^{+\infty}\left(\dfrac{a^2}{a^2 + b^2 t^2} - \dfrac{1}{t^2+1}\right) dt$$

从此 U 形等式串的两端即知
$$F'(b) = \dfrac{\pi}{a+b}.$$
积分得
$$F(b) = \pi \ln(a+b) + c, \quad \text{其中 } c \text{ 为积分常数}.$$
令 $b = a = 1$, 得
$$F(1) = \pi \ln 2 + c = \pi \ln 2 + c.$$
又从 $F(b)$ 的定义式, 得 $F(1) = 0$, 故有 $c = -\pi \ln 2$. 于是
$$F(b) = \pi \ln(a+b) - \pi \ln 2,$$
$$I(a) = F\left(\sqrt{a^2 - 1}\right) = \pi \ln\left(a + \sqrt{a^2 - 1}\right) - \pi \ln 2.$$

例 17 设 $f(x)$ 在 $[a,b]$ 上连续, $h > 0$, 当 $t \notin [a,b]$ 时, $f(t) = 0$. 求证:
$$\int_a^b \left|\dfrac{1}{2h}\int_{x-h}^{x+h} f(t) \, dt\right| dx \leqslant \int_a^b |f(x)| \, dx.$$

证明 可分为 $f(x) = |f(x)|$ 与 $f(x) \neq |f(x)|$ 两种情况讨论:

情况 1 $f(x) = |f(x)|$. 这时 $f(t) \geqslant 0$, $t \in [a,b]$, 考查函数 $f(t+z)$ 在矩形区域 $[a \leqslant t \leqslant b; -h \leqslant z \leqslant h]$ 上的二重积分:

$$\int_a^b \mathrm{d}t \int_{-h}^h f(z+t) \,\mathrm{d}z = \int_{-h}^h \mathrm{d}z \int_a^b f(z+t) \,\mathrm{d}t. \tag{1}$$

因为

$$\int_{-h}^h f(z+t)\,\mathrm{d}z = \int_{t-h}^{t+h} f(x)\,\mathrm{d}x,$$

所以

等式 (1) 左边的积分等于 $\int_a^b \left[\int_{t-h}^{t+h} f(x)\,\mathrm{d}x \right] \mathrm{d}t$. 又因为当 $t \notin [a,b]$ 时, $f(t)=0$, 故当 $z \geqslant 0$ 时,

$$\begin{array}{cc}
\int_a^b f(z+t)\,\mathrm{d}t & \int_a^b f(x)\,\mathrm{d}x \\
\| & \vee\!\!/ \\
\int_{a+z}^{b+z} f(x)\,\mathrm{d}x & -\int_{a+z}^b f(x)\,\mathrm{d}x
\end{array}$$

从此 U 形等式串的两端即知

$$\int_a^b f(z+t)\,\mathrm{d}t \leqslant \int_a^b f(x)\,\mathrm{d}x.$$

当 $z < 0$ 时,

$$\begin{array}{cc}
\int_a^b f(z+t)\,\mathrm{d}t & \int_a^b f(x)\,\mathrm{d}x \\
\| & \vee\!\!/ \\
\int_{a+z}^{b+z} f(x)\,\mathrm{d}x & = \int_a^{b+z} f(x)\,\mathrm{d}x
\end{array}$$

从此 U 形等式串的两端即知

$$\int_a^b f(z+t)\,\mathrm{d}t \leqslant \int_a^b f(x)\,\mathrm{d}x.$$

由此可见, $\forall z, |z| \leqslant h$, 都有
$$\int_a^b f(z+t)\,dt \leqslant \int_a^b f(x)\,dx.$$
因此
$$\int_a^b dx \left[\int_{x-h}^{x+h} f(t)\,dt\right] \qquad 2h\int_a^b f(x)\,dx$$
$$\shortparallel \qquad\qquad\qquad \vee$$
$$\int_a^b dx \left[\int_{-h}^{h} f(z+t)\,dt\right] = 2h\int_a^b f(z+t)\,dt$$

从此 U 形等式串的两端即知
$$\int_a^b dx \left[\int_{x-h}^{x+h} f(t)\,dt\right] \leqslant 2h\int_a^b f(t)\,dx,$$
即
$$\int_a^b dx \left[\frac{1}{2h}\int_{x-h}^{x+h} f(t)\,dt\right] \leqslant \int_a^b f(t)\,dx.$$

以上证明了当 $f(x) = |f(t)|$ 时, 成立
$$\int_a^b \left|\frac{1}{2h}\int_{x-h}^{x+h} f(t)\,dt\right| dx \leqslant \int_a^b |f(x)|\,dx.$$

情况 2 $f(x) \neq |f(x)|$. 这时因为
$$\left|\int_{x-h}^{x+h} f(t)\,dt\right| \leqslant \int_{x-h}^{x+h} |f(t)|\,dt,$$

对 $|f(t)|$ 利用情况 1 的结论即可.

例 18 求证: 对任意实数 x 及正整数 n, 有不等式
$$\left|\sum_{k=1}^n \frac{\sin kx}{k}\right| \leqslant 2\sqrt{\pi}. \tag{1}$$

证明 因为 $f(x) = \left|\sum_{k=1}^n \dfrac{\sin kx}{k}\right|$ 为奇函数, 且以 2π 为周期, 故只需讨论 $x \in [0, \pi]$ 的情况.

当 $x = 0, \pi$ 时, 不等式 (1) 显然成立. 设 $0 < x < \pi$, 令 $m = \left[\dfrac{\sqrt{\pi}}{x}\right]$, 则
$$m \leqslant \frac{\sqrt{\pi}}{x} < m + 1. \tag{2}$$

对 $n > m + 1$,
$$\left|\sum_{k=1}^{n} \frac{\sin kx}{k}\right| \leqslant \sum_{k=1}^{m} \left|\frac{\sin kx}{k}\right| + \left|\sum_{k=m+1}^{n} \frac{\sin kx}{k}\right|.$$

因为 $|\sin t| \leqslant |t|$ $(t \neq 0)$, 故
$$\sum_{k=1}^{m} \left|\frac{\sin kx}{k}\right| \leqslant mx \leqslant \sqrt{\pi}. \tag{3}$$

进一步, 由
$$\begin{aligned}\sin kx &= \frac{1}{2\sin\dfrac{x}{2}} \left[\cos\left(k - \frac{1}{2}\right)x - \cos\left(k + \frac{1}{2}\right)x\right] \\ &= \frac{1}{2\sin\dfrac{x}{2}} \left[\cos\left(k - \frac{1}{2}\right)x - \cos\left((k+1) - \frac{1}{2}\right)x\right],\end{aligned}$$

两端对 k 从 1 到 n 求和, 即得
$$\left|\sum_{k=1}^{n} \sin kx\right| = \left|\frac{\sin\dfrac{nx}{2} \sin\dfrac{(n+1)x}{2}}{\sin\dfrac{x}{2}}\right| \leqslant \frac{1}{\left|\sin\dfrac{x}{2}\right|}. \tag{4}$$

记 $S_k = \displaystyle\sum_{j=1}^{k} \sin jx$, 我们有

$$\sum_{k=m+1}^{n} \frac{\sin kx}{k} \qquad\qquad \sum_{k=m+1}^{n-1} S_k \left(\frac{1}{k} - \frac{1}{k+1}\right) + \frac{S_n}{n}$$
$$\|\qquad\qquad\qquad\qquad\qquad\qquad\qquad \|$$
$$\sum_{k=m+1}^{n} \frac{S_k - S_{k-1}}{k} = S_{m+1}\left(\frac{1}{m+1} - \frac{1}{m+2}\right) + S_{m+2}\left(\frac{1}{m+2} - \frac{1}{m+3}\right) + \cdots + \frac{S_n}{n}$$

从此 U 形等式串的两端即知
$$\sum_{k=m+1}^{n} \frac{\sin kx}{k} = \sum_{k=m+1}^{n-1} S_k \left(\frac{1}{k} - \frac{1}{k+1}\right) + \frac{S_n}{n}.$$

于是由 (4) 式和 (2) 式, 得

$$\left|\sum_{k=m+1}^{n} \frac{\sin kx}{k}\right| \leqslant \frac{1}{(m+1)\left|\sin\frac{x}{2}\right|} \leqslant \frac{x}{\sqrt{\pi}\left|\sin\frac{x}{2}\right|}. \tag{5}$$

最后根据不等式 $\sin t > \frac{2}{\pi} t, 0 < t < \frac{\pi}{2}$, 推出

$$\frac{1}{\left|\sin\frac{x}{2}\right|} < \frac{\pi}{x}.$$

再由 (5) 式, 即得

$$\left|\sum_{k=m+1}^{n} \frac{\sin kx}{k}\right| \leqslant \frac{x}{\sqrt{\pi}} \cdot \frac{\pi}{x} = \sqrt{\pi}. \tag{6}$$

联合 (3), (6) 两式即得 (1) 式.

例 19 设

$$F(y) = \int_{a}^{b} f(x) |y - x| \, dx,$$

其中 $a < b$, 而 $f(x)$ 是可微函数, 求 $F''(x)$.

解 当 $y \in (a, b)$ 时,

$$F(y) = \int_{a}^{b} f(x) |y - x| \, dx = \int_{a}^{y} f(x)(y - x) \, dx + \int_{y}^{b} f(x)(x - y) \, dx$$

于是

$$F'(y) = \int_{a}^{y} f(x) \, dx - \int_{y}^{b} f(x) \, dx,$$

即

$$F'(x) = \int_{a}^{x} f(t) \, dt - \int_{x}^{b} f(t) \, dt,$$

所以

$$F''(x) = f(x) + f(x) = 2f(x).$$

当 $y \geqslant b$ 时,

$$F(y) = \int_{a}^{b} f(x)(y - x) \, dx,$$

从而
$$F'(y) = \int_a^b f(x)\,\mathrm{d}x, \quad F''(y) = 0.$$
同理,当 $y \leqslant a$ 时,$F''(y) = 0$. 因此
$$F''(y) = \begin{cases} 2f(y), & y \in (a,b), \\ 0, & y \notin (a,b). \end{cases}$$

例 20 设函数 $u(x,y)$ 在 $\mathbb{R}^2$ 内有连续的二阶偏导数,且
$$\frac{\partial^2 u}{\partial x^2} + \frac{\partial^2 u}{\partial y^2} = 0.$$
而对任意固定的 $y \in \mathbb{R}$,$u(x,y)$ 的一阶导数是 x 的以 2π 为周期的函数. 求证:
$$f(y) = \int_0^{2a}\left[\left(\frac{\partial u}{\partial x}\right)^2 - \left(\frac{\partial u}{\partial y}\right)^2\right]\mathrm{d}x \equiv c(\text{常数}).$$

证明 记 $F(x,y) = \left(\dfrac{\partial u}{\partial x}\right)^2 - \left(\dfrac{\partial u}{\partial y}\right)^2$,则 $F(x,y)$ 及 $F_y(x,y)$ 在 $\mathbb{R}^2$ 内均连续,因此,
$$f'(y) = \int_0^{2a}\left[\left(\frac{\partial u}{\partial x}\right)^2 - \left(\frac{\partial u}{\partial y}\right)^2\right]'_y \mathrm{d}x. \tag{1}$$
而
$$\underbrace{\left[\left(\frac{\partial u}{\partial x}\right)^2 - \left(\frac{\partial u}{\partial y}\right)^2\right]'_y}_{2\dfrac{\partial u}{\partial x}\dfrac{\partial^2 u}{\partial x \partial y} - 2\dfrac{\partial u}{\partial y}\dfrac{\partial^2 u}{\partial y^2}} = 2\left(\dfrac{\partial u}{\partial x}\dfrac{\partial^2 u}{\partial x \partial y} + \dfrac{\partial u}{\partial y}\dfrac{\partial^2 u}{\partial x^2}\right) = \underbrace{\left(\dfrac{\partial u}{\partial x}\cdot\dfrac{\partial u}{\partial y}\right)'_x}$$

从此 U 形等式串的两端即知
$$\left[\left(\frac{\partial u}{\partial x}\right)^2 - \left(\frac{\partial u}{\partial y}\right)^2\right]'_y = \left(\frac{\partial u}{\partial x}\frac{\partial u}{\partial y}\right)'_x. \tag{2}$$

又因为 $\dfrac{\partial u}{\partial x}$ 和 $\dfrac{\partial u}{\partial y}$ 均是以 2π 为周期的函数, 所以把 (2) 式代入 (1) 式, 即得

$$f'(y) = \dfrac{\partial u}{\partial x} \cdot \dfrac{\partial u}{\partial y}\bigg|_0^{2\pi} = 0.$$

例 21 求证: $\lim\limits_{n\to\infty}\displaystyle\int_0^{+\infty} \mathrm{e}^{-x^n}\mathrm{d}x = 1.$

证明 令 $x^n = t$, 则有 $x = t^{\frac{1}{n}}$, 且

$$\mathrm{d}t = nx^{n-1}\mathrm{d}x, \quad \text{则} \quad \mathrm{d}x = \dfrac{1}{n}\dfrac{1}{x^{n-1}}\mathrm{d}t.$$

应用 Γ 函数的递推公式:

$$\Gamma(\alpha+1) + \alpha\Gamma(\alpha), \quad \alpha > 0.$$

我们有

$$\int_0^{+\infty} \mathrm{e}^{-x^n}\mathrm{d}x \qquad \Gamma\left(1 + \dfrac{1}{n}\right)$$
$$\| \qquad\qquad\qquad \|$$
$$\dfrac{1}{n}\int_0^{+\infty} \mathrm{e}^{-t}t^{\frac{1}{n}-1}\mathrm{d}t = \dfrac{1}{n}\Gamma\left(\dfrac{1}{n}\right)$$

从此 U 形等式串的两端即知

$$\int_0^{+\infty} \mathrm{e}^{-x^n}\mathrm{d}x = \Gamma\left(1 + \dfrac{1}{n}\right).$$

最后因为 Γ 函数的连续性, 即知

$$\lim_{n\to\infty}\int_0^{+\infty} \mathrm{e}^{-x^n}\mathrm{d}x = \lim_{n\to\infty}\Gamma\left(1 + \dfrac{1}{n}\right) = 1.$$

例 22 若 $\displaystyle\int_{-\infty}^{+\infty}|f(x)|\mathrm{d}x$ 存在. 求证: 函数

$$g(\alpha) = \int_{-\infty}^{+\infty} f(x)\cos\alpha x \mathrm{d}x$$

在 $(-\infty, +\infty)$ 上一致连续.

证明 要证 $g(\alpha)$ 在 $(-\infty, +\infty)$ 上一致连续, 即证: 对 $\forall \varepsilon > 0$, $\exists \delta > 0$, 使得当 $|\alpha' - \alpha''| < \delta$ 时,

$$|g(\alpha') - g(\alpha'')| < \varepsilon.$$

事实上, 有

$$|g(\alpha') - g(\alpha'')| \leqslant \int_{-\infty}^{+\infty} |f(x)| |\cos \alpha' x - \cos \alpha'' x| \, \mathrm{d}x. \tag{1}$$

因为 $\int_{-\infty}^{+\infty} |f(x)| \, \mathrm{d}x$ 存在, 对 $\forall \varepsilon > 0$, $\exists A_0 > 0$, 当 $A \geqslant A_0$ 时, 有

$$\int_{-\infty}^{-A} |f(x)| \, \mathrm{d}x < \frac{\varepsilon}{8}, \quad \int_{A}^{+\infty} |f(x)| \, \mathrm{d}x < \frac{\varepsilon}{8}.$$

对此 A, 取 $\delta = \dfrac{\varepsilon}{2A \int_{-\infty}^{+\infty} |f(x)| \, \mathrm{d}x}$, 则当 $|\alpha' - \alpha''| < \delta$ 时, 有

$$\int_{-\infty}^{+\infty} |f(x)| |\cos \alpha' x - \cos \alpha'' x| \, \mathrm{d}x \qquad 2 \cdot \frac{\varepsilon}{8} + 2 \cdot \frac{\varepsilon}{8} + \frac{\varepsilon}{2} = \varepsilon$$

$$\begin{pmatrix} 2 \int_{-\infty}^{-A} |f(x)| \, \mathrm{d}x \\ + \\ 2 \int_{A}^{+\infty} |f(x)| \, \mathrm{d}x \\ + \\ 2 \int_{-A}^{A} |f(x)| \left| \sin \frac{\alpha' - \alpha''}{2} \right| \left| \sin \frac{\alpha' + \alpha''}{2} \right| \mathrm{d}x \end{pmatrix} \leqslant \begin{pmatrix} 2 \int_{-\infty}^{-A} |f(x)| \, \mathrm{d}x \\ + \\ 2 \int_{A}^{+\infty} |f(x)| \, \mathrm{d}x \\ + \\ A |\alpha' - \alpha''| \int_{-\infty}^{+\infty} |f(x)| \, \mathrm{d}x \end{pmatrix}$$

从此 U 形等式串的两端即知

$$\int_{-\infty}^{+\infty} |f(x)| |\cos \alpha' x - \cos \alpha'' x| \, \mathrm{d}x < \varepsilon.$$

再看 (1) 式, 即知 $|g(\alpha') - g(\alpha'')| < \varepsilon$.

例 23 设积分区域 $D = \{(x,y) \mid 0 \leqslant x \leqslant 1, 0 \leqslant y \leqslant 1\}$，求证：二重积分 $\iint\limits_{D} \dfrac{x-y}{(x+y)^3} \mathrm{d}x \mathrm{d}y$ 发散.

证明 令
$$\begin{cases} x+y = u, \\ x-y = v, \end{cases}$$

即
$$x = \frac{1}{2}u + \frac{1}{2}v, \quad y = \frac{1}{2}u - \frac{1}{2}v.$$

则有
$$J = \begin{vmatrix} \dfrac{\partial x}{\partial u} & \dfrac{\partial x}{\partial v} \\ \dfrac{\partial y}{\partial u} & \dfrac{\partial y}{\partial v} \end{vmatrix} = -\frac{1}{2},$$

于是
$$D' = \{(u,v) \mid 0 \leqslant u+v \leqslant 2, 0 \leqslant u-v \leqslant 2\},$$

见示意图 7.2, 则
$$\iint\limits_{D} \frac{x-y}{(x+y)^3} \mathrm{d}x\mathrm{d}y = \frac{1}{2} \iint\limits_{D'} \frac{v}{u^3} \mathrm{d}u\mathrm{d}v.$$

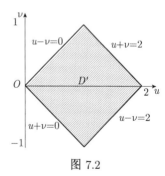

图 7.2

由于二、三重广义积分与一元函数广义积分的一个差别在于：f 广义可积 $\iff$ $|f|$ 广义可积. 因此只需考虑积分

$$\iint\limits_{D'} \left|\frac{v}{u^3}\right| \mathrm{d}u\mathrm{d}v = 2\iint\limits_{\substack{D' \\ v \geqslant 0}} \left|\frac{v}{u^3}\right| \mathrm{d}u\mathrm{d}v.$$

$(0,0)$ 是唯一的奇点,又敛散性仅与奇点附近有关,故只需考虑 $u \leqslant 1$ 部分上的积分,即

$$\iint\limits_{\substack{D' \\ v \geqslant 0, u \leqslant 1}} \left|\frac{v}{u^3}\right| \mathrm{d}u \mathrm{d}v \qquad -\frac{1}{2}\lim_{\varepsilon \to 0^+}\ln\varepsilon = +\infty$$

$$\parallel \qquad\qquad\qquad \parallel$$

$$\lim_{\varepsilon \to 0^+}\int_\varepsilon^1 \mathrm{d}u \int_0^u \frac{v}{u^3}\mathrm{d}v = \lim_{\varepsilon \to 0^+}\frac{1}{2}\int_\varepsilon^1 \frac{1}{u}\mathrm{d}u$$

从此 U 形等式串的两端即知

$$\iint\limits_{\substack{D' \\ v \geqslant 0, u \leqslant 1}} \left|\frac{v}{u^3}\right| \mathrm{d}u\mathrm{d}v = \infty.$$

故 $\iint\limits_{D} \frac{x-y}{(x+y)^3} \mathrm{d}x\mathrm{d}y$ 发散.

例 24 设 $0 < \xi < 1, f(x)$ 是非常数函数,且在 $[0,\xi]$ 上单调增加,在 $[\xi,1]$ 上单调减少,$f(\xi) = M$. 又设

$$\Delta_n = \int_0^1 f(x)\,\mathrm{d}x - \frac{1}{n}\left[f\left(\frac{1}{n}\right) + f\left(\frac{2}{n}\right) + \cdots + f\left(\frac{n}{n}\right)\right].$$

求证: $\dfrac{M-f(0)}{n} \leqslant \Delta_n \leqslant \dfrac{M-f(1)}{n}$.

证明 $\forall n \in \mathbb{N}, \exists m \in \mathbb{N}$, 使得

$$\frac{m-1}{n} \leqslant \xi < \frac{m}{n}.$$

因为 $f(x)$ 在 $[0,\xi]$ 上单调增加,在 $[\xi,1]$ 上单调减少,所以当 $k < m$ 时,在 $\left[\dfrac{k-1}{n}, \dfrac{k}{n}\right]$ 上,

$$f(x) - f\left(\frac{k}{n}\right) \leqslant 0.$$

$$\begin{gathered} \Delta_n \qquad\qquad \sum_{k=m}^{n}\int_{\frac{k-1}{n}}^{\frac{k}{n}}\left[f(x)-f\left(\frac{k}{n}\right)\right]\mathrm{d}x \\ \| \qquad\qquad\qquad \vee \\ \sum_{k=1}^{n}\int_{\frac{k-1}{n}}^{\frac{k}{n}}f(x)\,\mathrm{d}x-\sum_{k=1}^{n}\int_{\frac{k-1}{n}}^{\frac{k}{n}}f\left(\frac{k}{n}\right)\mathrm{d}x=\sum_{k=1}^{n}\int_{\frac{k-1}{n}}^{\frac{k}{n}}\left[f(x)-f\left(\frac{k}{n}\right)\right]\mathrm{d}x \end{gathered}$$

从此 U 形等式–不等式串的两端即知

$$\Delta_n\leqslant\sum_{k=m}^{n}\int_{\frac{k-1}{n}}^{\frac{k}{n}}\left[f(x)-f\left(\frac{k}{n}\right)\right]\mathrm{d}x. \tag{1}$$

而

$$\begin{aligned} &\sum_{k=m}^{n}\int_{\frac{k-1}{n}}^{\frac{k}{n}}\left[f(x)-f\left(\frac{k}{n}\right)\right]\mathrm{d}x \\ &=\int_{\frac{m-1}{n}}^{\frac{m}{n}}\left[f(x)-f\left(\frac{m}{n}\right)\right]\mathrm{d}x \\ &\quad+\sum_{k=m+1}^{n}\int_{\frac{k-1}{n}}^{\frac{k}{n}}\left[f(x)-f\left(\frac{k}{n}\right)\right]\mathrm{d}x. \end{aligned} \tag{2}$$

因为当 $k\geqslant m$ 时, $\dfrac{k}{n}\in[\xi,1]$, $f(x)$ 在 $[\xi,1]$ 上单调减少, 所以

$$f(x)\leqslant f\left(\frac{k-1}{n}\right).$$

故有

$$\begin{aligned} \int_{\frac{m-1}{n}}^{\frac{m}{n}}\left[f(x)-f\left(\frac{m}{n}\right)\right]\mathrm{d}x &\leqslant \int_{\frac{m-1}{n}}^{\frac{m}{n}}\left[M-f\left(\frac{m}{n}\right)\right]\mathrm{d}x \\ &=\frac{M-f\left(\frac{m}{n}\right)}{n}, \end{aligned} \tag{3}$$

$$\begin{aligned} &\sum_{k=m+1}^{n}\int_{\frac{k-1}{n}}^{\frac{k}{n}}\left[f(x)-f\left(\frac{k}{n}\right)\right]\mathrm{d}x \\ &\leqslant\frac{1}{n}\sum_{k=m+1}^{n}\left[f\left(\frac{k-1}{n}\right)-f\left(\frac{k}{n}\right)\right]=\frac{1}{n}\left(f\left(\frac{m}{n}\right)-f(1)\right). \end{aligned} \tag{4}$$

把 (3), (4) 两式代入 (2) 式, 即得
$$\sum_{k=m}^{n} \int_{\frac{k-1}{n}}^{\frac{k}{n}} \left[f(x) - f\left(\frac{k}{n}\right)\right] dx \leqslant \frac{M - f(1)}{n}.$$

返回 (1) 式, 即知
$$\Delta_n \leqslant \frac{M - f(1)}{n}.$$

类似可证 $\dfrac{M - f(0)}{n} \leqslant \Delta_n$.

例 25 设 $f(x)$ 在 $[0,1]$ 上连续可微, 又设
$$\Delta_n = \int_0^1 f(x) dx - \frac{1}{n}\left[f\left(\frac{1}{n}\right) + f\left(\frac{2}{n}\right) + \cdots + f\left(\frac{n}{n}\right)\right].$$

求证: $\lim\limits_{n \to \infty} n\Delta_n = \dfrac{1}{2}(f(0) - f(1))$.

证明 记
$$m_k = \min\left\{f'(x) \,\middle|\, \frac{k-1}{n} \leqslant x \leqslant \frac{k}{n}\right\},$$
$$M_k = \max\left\{f'(x) \,\middle|\, \frac{k-1}{n} \leqslant x \leqslant \frac{k}{n}\right\}.$$

由上面的例 24, 可得
$$-\Delta_n = \sum_{k=1}^{n} \int_{\frac{k-1}{n}}^{\frac{k}{n}} \left[f\left(\frac{k}{n}\right) - f(x)\right] dx. \tag{1}$$

在每个区间 $\left[\dfrac{k-1}{n}, \dfrac{k}{n}\right]$ 上应用微分中值定理, $\exists \xi_k \in \left[\dfrac{k-1}{n}, \dfrac{k}{n}\right]$, 使得
$$f\left(\frac{k}{n}\right) - f(x) = f'(\xi_k)\left(\frac{k}{n} - x\right), \quad k = 1, \cdots, n.$$

于是接 (1) 式右端, 得

$$\begin{array}{cc} -\Delta_n & \dfrac{1}{2n^2}\sum_{k=1}^{n} m_k \\ \| & \| \\ \sum_{k=1}^{n} \int_{\frac{k-1}{n}}^{\frac{k}{n}} \left[f\left(\dfrac{k}{n}\right) - f(x)\right] dx \geqslant \sum_{k=1}^{n} m_k \int_{\frac{k-1}{n}}^{\frac{k}{n}} \left(\dfrac{k}{n} - x\right) dx \end{array}$$

从此 U 形等式-不等式串的两端即知

$$-\Delta_n \geqslant \frac{1}{2n^2} \sum_{k=1}^{n} m_k.$$

类似有

$$-\Delta_n \leqslant \frac{1}{2n^2} \sum_{k=1}^{n} M_k.$$

故

$$-\frac{1}{2} \cdot \frac{1}{n} \sum_{k=1}^{n} M_k \leqslant n\Delta_n \leqslant -\frac{1}{2} \cdot \frac{1}{n} \sum_{k=1}^{n} m_k. \tag{2}$$

因为 $f'(x)$ 连续, 所以 $f'(x)$ 在 $[0,1]$ 上可积, 故有

$$\lim_{n \to \infty} \frac{1}{n} \sum_{k=1}^{n} M_k = \lim_{n \to \infty} \frac{1}{n} \sum_{k=1}^{n} m_k = \int_0^1 f'(x) \, \mathrm{d}x = f(1) - f(0).$$

于是由极限的夹逼准则, 由 (2) 式即得

$$\lim_{n \to \infty} n\Delta_n = -\frac{1}{2}(f(1) - f(0)).$$

例 26 设 $u_n = \dfrac{1}{n+1} + \dfrac{1}{n+2} + \cdots + \dfrac{1}{2n}$, 求证:

$$\lim_{n \to \infty} n(\ln 2 - u_n) = \frac{1}{4}.$$

证明 令 $f(x) = \dfrac{1}{1+x}$, $x \in [0,1]$. 应用例 25 定义的符号:

$$\Delta_n = \int_0^1 f(x) \, \mathrm{d}x - \frac{1}{n}\left[f\left(\frac{1}{n}\right) + f\left(\frac{2}{n}\right) + \cdots + f\left(\frac{n}{n}\right)\right] = \ln 2 - u_n.$$

再应用例 25 的结果,

$$\lim_{n \to \infty} n\Delta_n = -\frac{1}{2}(f(1) - f(0)),$$

即得

$$\lim_{n \to \infty} n(\ln 2 - u_n) = -\frac{1}{2}(f(1) - f(0)) = \frac{1}{4}.$$

例 27 设 $\varphi(x)$ 是 $(-\infty, +\infty)$ 上的周期为 1 的连续函数，且 $\int_0^1 \varphi(x)\,\mathrm{d}x = 0$，又 $f(x)$ 在 $[0,1]$ 上可微且有连续的一阶导数，令

$$a_n = \int_0^1 f(x)\varphi(nx)\,\mathrm{d}x, \quad n = 1, 2, \cdots.$$

求证：$\sum_{n=1}^{\infty} a_n^2$ 收敛.

证明 令

$$M_1 = \max\{|f'(x)| \mid x \in [0,1]\},$$
$$M_2 = \max\{|\varphi(x)| \mid x \in [0,1]\},$$
$$F(x) = \int_0^x \varphi(nt)\,\mathrm{d}t.$$

则有 $F(0) = 0$，且

$$\begin{array}{ccc} F(1) & & 0 \\ \| & & \| \\ \int_0^1 \varphi(nt)\,\mathrm{d}t & = & \dfrac{1}{n}\int_0^n \varphi(u)\,\mathrm{d}u \end{array}$$

从此 U 形等式串的两端即知

$$F(1) = 0.$$

故

$$\begin{array}{ccc} a_n & & f(x)F(x)\big|_0^1 - \int_0^1 f'(x)F(x)\,\mathrm{d}x = -\int_0^1 f'(x)F(x)\,\mathrm{d}x \\ \| & & \| \\ \int_0^1 f(x)\varphi(nx)\,\mathrm{d}x & = & \int_0^1 f(x)F'(x)\,\mathrm{d}x \end{array}$$

从此 U 形等式串的两端即知

$$a_n = -\int_0^1 f'(x)F(x)\,\mathrm{d}x.$$

故

$$|a_n| \leqslant \int_0^1 |f'(x)||F(x)|\,\mathrm{d}x \leqslant M_1 \int_0^1 |F(x)|\,\mathrm{d}x \tag{1}$$

又

$$F(x) \overset{\|}{=} \int_0^x \varphi(nt)\,dt = \frac{1}{n}\int_0^{nx}\varphi(u)\,du = \overset{\frac{1}{n}\int_0^{nx-[nx]}\varphi(u)\,du}{\frac{1}{n}\int_{[nx]}^{nx}\varphi(u)\,du}$$

从此 U 形等式串的两端即知

$$F(x) = \frac{1}{n}\int_0^{nx-[nx]}\varphi(u)\,du.$$

故

$$|F(x)| \leqslant \frac{1}{n}M_2. \tag{2}$$

联合 (1), (2) 两式, 即得

$$|a_n| \leqslant \frac{1}{n}M_1M_2,$$

则 $|a_n|^2 \leqslant M_1^2 M_2^2 \dfrac{1}{n^2}$, 故 $\sum\limits_{n=1}^{\infty} a_n^2$ 收敛.

例 28 设 $0 < x < 1, 0 < y < +\infty$. 求证: $yx^y(1-x) < \dfrac{1}{e}$.

证明 令

$$f(x,y) = yx^y(1-x), \quad (x,y) \in (0,1) \times (0,+\infty).$$

$\forall y \in (0,+\infty)$, 由

$$\dfrac{\partial f(x,y)}{\partial x} \begin{cases} > 0, & 0 < x < \dfrac{y}{y+1}, \\ = 0, & x = \dfrac{y}{y+1}, \\ < 0, & \dfrac{y}{y+1} < x < 1 \end{cases}$$

$$\overset{\|}{-y(x^y y - x^{y-1}y + x^y)} = -y(y+1)x^{y-1}\left(x - \dfrac{y}{y+1}\right)$$

从此 U 形等式串的两端即知

$$\frac{\partial f(x,y)}{\partial x} \begin{cases} > 0, & 0 < x < \dfrac{y}{y+1}, \\ = 0, & x = \dfrac{y}{y+1}, \\ < 0, & \dfrac{y}{y+1} < x < 1. \end{cases}$$

由此即知, 当 $x = \dfrac{y}{y+1}$ 时, f 对固定的 y 取最大值. $\forall x \in (0,1)$, 由

$$\frac{\partial f(x,y)}{\partial y} \begin{cases} > 0, & 0 < y < -\dfrac{1}{\ln x}, \\ = 0, & y = -\dfrac{1}{\ln x}, \\ < 0, & y > -\dfrac{1}{\ln x} \end{cases}$$

$$\parallel \qquad\qquad\qquad \Uparrow$$

$$-x^y(y\ln x + 1)(x-1) = x^y(1-x)\left(y + \frac{1}{\ln x}\right)\ln x$$

从此 U 形等式串的两端即知

$$\frac{\partial f(x,y)}{\partial y} \begin{cases} > 0, & 0 < y < -\dfrac{1}{\ln x}, \\ = 0, & y = -\dfrac{1}{\ln x}, \\ < 0, & y > -\dfrac{1}{\ln x}. \end{cases}$$

由此即知, 当 $y = -\dfrac{1}{\ln x}$ 时, f 对固定的 x 取最大值.

综上所述, 可知 $f(x,y)$ 在满足方程组

$$\begin{cases} x = \dfrac{y}{y+1}, \\ y = -\dfrac{1}{\ln x} \end{cases} \tag{1}$$

的点 (x,y) 上取最大值. 换句话说,

$$f(x,y) \leqslant f(x,y)|_{(x,y)\text{满足}(1)\text{式}}.$$

由 (1) 式可得

$$\begin{cases} y(1-x) = x, \\ x^y = \dfrac{1}{e}, \end{cases}$$

因此, 当 $0 < x < 1, 0 < y < +\infty$ 时,

$$yx^y(1-x) = f(x,y) \leqslant \frac{x}{e} < \frac{1}{e}.$$

例 29 将

$$\int_0^1 dy \int_{-\sqrt{y-y^2}}^{\sqrt{y-y^2}} dx \int_0^{\sqrt{3(x^2+y^2)}} f\left(\sqrt{x^2+y^2+z^2}\right) dz$$

变为柱坐标、球坐标形式.

解 首先将三次积分化为三重积分. 由 z 的积分限可知积分区域介于 x,y 平面与锥面 $z = \sqrt{3(x^2+y^2)}$ 之间. 由另两个积分限可以看出 Ω 在 x,y 平面的投影区域为

$$x^2 + y^2 \leqslant y \text{ 或 } x^2 + \left(y - \frac{1}{2}\right)^2 \leqslant \left(\frac{1}{2}\right)^2.$$

由此得出, Ω 由锥面 $z = \sqrt{3(x^2+y^2)}$、柱面 $x^2 + \left(y - \dfrac{1}{2}\right)^2 = \left(\dfrac{1}{2}\right)^2$ 及平面 $z = 0$ 所围成, 见示意图 7.3.

图 7.3

① 作柱坐标变换

$$\begin{cases} x = r\cos\theta, & 0 \leqslant \theta \leqslant \pi, \\ y = r\sin\theta, & 0 \leqslant r \leqslant \sin\theta, \\ z = z, & 0 \leqslant z \leqslant \sqrt{3r^2}, \end{cases}$$

则

$$原积分 = \int_0^\pi d\theta \int_0^{\sin\theta} r dr \int_0^{\sqrt{3}r} f\left(r^2 + z^2\right) dz.$$

② 作球坐标变换

$$\begin{cases} x = r\sin\varphi\cos\theta, & 0 \leqslant \theta \leqslant \pi, \\ y = r\sin\varphi\sin\theta, & \dfrac{\pi}{6} \leqslant \varphi \leqslant \dfrac{\pi}{2}, \\ z = r\cos\varphi, & 0 \leqslant r \leqslant \dfrac{\sin\theta}{\sin\varphi}, \end{cases}$$

则

$$原积分 = \int_0^\pi d\theta \int_{\frac{\pi}{6}}^{\frac{\pi}{2}} \sin\varphi d\varphi \int_0^{\frac{\sin\theta}{\sin\varphi}} f(r) r^2 dr.$$

例 30 设 $f(x)$ 在 $[0, +\infty)$ 上正值、单调减小, 且 $\int_0^{+\infty} f(x) dx$ 收敛. 求证:

$$\lim_{h \to 0^+} h \sum_{n=1}^\infty f(nh) = \int_0^{+\infty} f(x) dx,$$

并由此求 $\lim\limits_{h \to 0^+} h \sum\limits_{n=0}^\infty e^{-(nh)^2}$ 之值.

解 因为 $\int_0^{+\infty} f(x) dx$ 收敛及 $f(x)$ 在 $[0, +\infty)$ 上正值、单调减小, 所以必有

$$f(x) \to 0, \quad x \to +\infty.$$

245

由此对固定的 $h > 0$ 及正整数 m, 有

$$\int_h^{(m+1)h} f(x)\,\mathrm{d}x \qquad \int_0^{mh} f(x)\,\mathrm{d}x$$
$$\|\qquad\qquad\qquad\qquad\|$$
$$\sum_{k=1}^m \int_{kh}^{(k+1)h} f(x)\,\mathrm{d}x \qquad \sum_{k=1}^m \int_{(k-1)h}^{kh} f(x)\,\mathrm{d}x$$
$$\wedge\!\!\!\qquad\qquad\qquad\qquad\vee\!\!\!$$
$$\sum_{k=1}^m \int_{kh}^{(k+1)h} f(kh)\,\mathrm{d}x \;=\; \sum_{k=1}^m hf(kh)$$

从此 U 形等式–不等式串的两端即知

$$\int_h^{(m+1)h} f(x)\,\mathrm{d}x \leqslant \sum_{k=1}^m hf(kh) \leqslant \int_0^{mh} f(x)\,\mathrm{d}x.$$

令 $m \to \infty$,

$$\int_h^\infty f(x)\,\mathrm{d}x \leqslant h \sum_{k=1}^\infty f(kh) \leqslant \int_0^{+\infty} f(x)\,\mathrm{d}x,$$

再令 $h \to 0^+$, 即得

$$\lim_{h \to 0^+} h \sum_{n=1}^\infty f(nh) = \int_0^{+\infty} f(x)\,\mathrm{d}x.$$

特别对于 $f(x) = \mathrm{e}^{-x^2}$, 有

$$\lim_{h \to 0^+} h \sum_{n=0}^\infty \mathrm{e}^{-(nh)^2} = \int_0^{+\infty} \mathrm{e}^{-x^2}\,\mathrm{d}x = \frac{\sqrt{\pi}}{2}.$$

例 31 求证:

$$\lim_{t \to 1^-} (1-t)\left(\frac{t}{1+t} + \frac{t^2}{1+t^2} + \cdots + \frac{t^n}{1+t^n} + \cdots\right) = \ln 2.$$

证明 令

$$f(x) = \frac{\mathrm{e}^{-x}}{1+\mathrm{e}^{-x}} = \frac{1}{1+\mathrm{e}^x},$$

易知 $f(x)$ 在 $[0,+\infty)$ 上单调，且

$$\int_0^{+\infty} f(x)\,\mathrm{d}x = \int_0^{+\infty} \frac{\mathrm{e}^{-x}}{1+\mathrm{e}^{-x}}\,\mathrm{d}x = \int_0^1 \frac{\mathrm{d}y}{1+y} = \ln 2. \tag{1}$$

令 $t = \mathrm{e}^{-h}$，$h > 0$，于是 $0 < t < 1$，则

$$\begin{array}{ccc}
h\displaystyle\sum_{k=1}^{\infty} f(kh) & \dfrac{\ln\frac{1}{t}}{1-t}(1-t)\displaystyle\sum_{k=1}^{\infty}\dfrac{t^k}{1+t^k} \\
\| & \| \\
h\displaystyle\sum_{k=1}^{\infty}\dfrac{\mathrm{e}^{-kh}}{1+\mathrm{e}^{-kh}} = & \ln\dfrac{1}{t}\displaystyle\sum_{k=1}^{\infty}\dfrac{t^k}{1+t^k}
\end{array}$$

从此 U 形等式串的两端即知

$$h\sum_{k=1}^{\infty} f(kh) = \frac{\ln\frac{1}{t}}{1-t}(1-t)\sum_{k=1}^{\infty}\frac{t^k}{1+t^k}.$$

当 $t \to 1^-$ 时，$h \to 0^+$，由例 30 知，

$$\begin{array}{ccc}
\displaystyle\lim_{t\to 1^-}\dfrac{\ln\frac{1}{t}}{1-t}(1-t)\sum_{k=1}^{\infty}\dfrac{t^k}{1+t^k} & & \ln 2 \\
\| & & \|(1)\text{ 式} \\
\displaystyle\lim_{h\to 0^+} h\sum_{k=1}^{\infty} f(kh) & = & \displaystyle\int_0^{+\infty} f(x)\,\mathrm{d}x
\end{array}$$

又 $\displaystyle\lim_{t\to 1^-}\dfrac{\ln\frac{1}{t}}{1-t} = 1$，故

$$\lim_{t\to 1^-}(1-t)\sum_{k=1}^{\infty}\frac{t^k}{1+t^k} = \ln 2.$$

例 32 设 $xf(x)$ 当 $x > a$ 时是单调增加的连续函数，且

$$F(x) = \int_a^x f(t)\,\mathrm{d}t \sim Ax^m, \quad m > 0, x \to +\infty.$$

求证: 当 $x \to +\infty$ 时, $f(x) \sim mAx^{m-1}$.

证明　不妨设 $A = 1$, 于是
$$F(x) = x^m + o(x^m), \quad x \to +\infty.$$

设 $0 < \delta < 1$, 则
$$\int_x^{x+\delta x} f(t)\,\mathrm{d}t = \int_a^{x+\delta x} f(t)\,\mathrm{d}t - \int_a^x f(t)\,\mathrm{d}t \sim (x+\delta x)^m - x^m.$$

故有

$$\begin{array}{ccc} F(x+\delta x) - F(x) & & m\delta x^m + O(m^2\delta^2 x^m) + o(x^m) \\ \| & & \| \\ \int_x^{x+\delta x} f(t)\,\mathrm{d}t & = & [(1+\delta)^m - 1]x^m + o(x^m) \end{array}$$

从此 U 形等式串的两端即知

$$F(x+\delta x) - F(x) = m\delta x^m + O(m^2\delta^2 x^m) + o(x^m). \tag{1}$$

但 $xf(x)$ 是增函数, 所以

$$\begin{array}{ccccc} \int_x^{x+\delta x} f(t)\,\mathrm{d}t & & & & \dfrac{\delta x f(x)}{1+\delta} \\ \| & & & & \wedge \\ \int_x^{x+\delta x} tf(t)\dfrac{\mathrm{d}t}{t} & = & xf(x)\int_x^{x+\delta x}\dfrac{\mathrm{d}t}{t} & = & xf(x)\ln(1+\delta) \end{array}$$

从此 U 形等式-不等式串的两端即知

$$\int_x^{x+\delta x} f(t)\,\mathrm{d}t \geqslant \frac{\delta x f(x)}{1+\delta}. \tag{2}$$

联合 (1), (2) 两式, 即得

$$\frac{\delta x f(x)}{1+\delta} \leqslant m\delta x^m + O(m^2\delta^2 x^m) + o(x^m),$$

两边同乘以 $\dfrac{1+\delta}{\delta x^m}$ 得到

$$\frac{f(x)}{x^{m-1}} \leqslant m(1+\delta) + O(\delta m^2) + o(1).$$

由于 δ 可以任意小, 上式给出

$$\varlimsup_{x\to+\infty}\frac{f(x)}{x^{m-1}}\leqslant m. \tag{3}$$

类似地, 从

$$F(x)-F(x-\delta x)=\int_{x-\delta x}^{x}f(t)\mathrm{d}t$$

出发, 可以证得

$$\varliminf_{x\to+\infty}\frac{f(x)}{x^{m-1}}\geqslant m. \tag{4}$$

联立 (3), (4) 两式, 即得

$$f(x)\sim mAx^{m-1},\quad x\to+\infty.$$

例 33 (黎曼 (Riemann) 引理) 设 $f(x)$ 在 $[a,b]$ 上可积, 求证:

$$\lim_{n\to\infty}\int_{a}^{b}f(x)\sin nx\mathrm{d}x=0,\quad \lim_{n\to\infty}\int_{a}^{b}f(x)\cos nx\mathrm{d}x=0.$$

证明 因为 $f(x)$ 可积, 故有界, 即存在常数 $M>0$, 使得

$$|f(x)|\leqslant M,\quad x\in[a,b].$$

令 $K=[\sqrt{n}]$, 则

$$x_i=a+\frac{i}{K}(b-a),$$

$$\omega_i=\sup_{x',x''\in[x_i,x_{i+1}]}|f(x')-f(x'')|,\quad i=0,1,2,\cdots,K.$$

根据可积的充分必要条件, 有

$$\lim_{K\to\infty}\sum_{i=0}^{K-1}\omega_i\Delta x_i=0,$$

$$\int_{a}^{b}f(x)\sin nx\mathrm{d}x=\sum_{i=0}^{K-1}\int_{x_i}^{x_{i+1}}f(x)\sin nx\mathrm{d}x$$

$$= \sum_{i=0}^{K-1} \int_{x_i}^{x_{i+1}} (f(x) - f(x_i)) \sin nx \mathrm{d}x$$
$$+ \sum_{i=0}^{K-1} f(x_i) \int_{x_i}^{x_{i+1}} \sin nx \mathrm{d}x,$$

其中右端第一项

$$\sum_{i=0}^{K-1} \int_{x_i}^{x_{i+1}} (f(x) - f(x_i)) \sin nx \mathrm{d}x$$
$$= O\left(\sum_{i=0}^{K-1} \omega_i \Delta x_i\right) = o(1), \quad n \to \infty;$$

右端第二项

$$\sum_{i=0}^{K-1} f(x_i) \int_{x_i}^{x_{i+1}} \sin nx \mathrm{d}x = O\left(\frac{K}{n}\right) = o(1), \quad n \to \infty.$$

综合之, 得

$$\int_a^b f(x) \sin nx \mathrm{d}x = o(1) = 0, \quad n \to \infty.$$

同理可证

$$\lim_{n \to \infty} \int_a^b f(x) \cos nx \mathrm{d}x = 0.$$

例 34 设 $f(x)$ 在 $[0, +\infty)$ 上连续, 广义积分 $\int_0^{+\infty} f(x) \mathrm{d}x$ 绝对收敛, 求证:

$$\lim_{n \to \infty} \int_0^{+\infty} f(x) \sin^4 nx \mathrm{d}x = 0 \iff \int_0^{+\infty} f(x) \mathrm{d}x = 0.$$

证明 利用

$$\sin^4 nx = \frac{1}{8} \cos 4nx - \frac{1}{2} \cos 2nx + \frac{3}{8},$$

及黎曼引理, 即得所证.

例 35 设 $f(x)$ 在 $[0,a]$ 上连续可微, 又
$$I_n = \int_0^a f(x) \cos nx \mathrm{d}x.$$
求证: $\{nI_n\}$ 不收敛, 但是有界.

证明

$$\begin{array}{ccc} nI_n & & f(a)\sin na - \int_0^a f'(x)\sin nx\mathrm{d}x \\ \| & & \| \\ n\int_0^a f(x)\cos nx\mathrm{d}x & = & f(x)\sin nx\Big|_0^a - \int_0^a f'(x)\sin nx\mathrm{d}x \end{array}$$

从此 U 形等式串的两端即知
$$nI_n = f(a)\sin na - \int_0^a f'(x)\sin nx \mathrm{d}x.$$

由黎曼引理知
$$\lim_{n\to\infty}\int_0^a f'(x)\sin nx\mathrm{d}x = 0,$$

故易知 $\{nI_n\}$ 有界. 又 $\{f(a)\sin na\}$ 不收敛, 因此 $\{nI_n\}$ 不收效.

例 36 设 $f(x)$ 在 $[a,b]$ 上可积, 求证:
$$\lim_{n\to\infty}\int_a^b f(x)|\sin nx|\mathrm{d}x = \frac{2}{\pi}\int_a^b f(x)\mathrm{d}x.$$

证明 取正整数 m, 使得 $[-m\pi,\ m\pi] \supset [a,b]$, 作辅助函数
$$F(x) = \begin{cases} f(x), & x \in [a,b], \\ 0, & [-m\pi,\ m\pi]\setminus[a,b], \end{cases}$$

易知
$$\int_a^b f(x)|\sin nx|\mathrm{d}x = \int_{-m\pi}^{m\pi} F(x)|\sin nx|\mathrm{d}x, \quad n = 1,2,\cdots. \tag{1}$$

将 $[-m\pi,\ m\pi]$ 等分成 $2mn$ 份, 得分法 L:
$$-\frac{mn}{n}\pi < -\frac{mn-1}{n}\pi < \cdots < -\frac{1}{n}\pi < 0 < \frac{1}{n}\pi < \cdots < \frac{mn-1}{n}\pi < \frac{mn}{n}\pi,$$

于是

$$\int_{-m\pi}^{m\pi} F(x) |\sin nx| \, \mathrm{d}x = \sum_{k=-mn}^{mn-1} \int_{\frac{k\pi}{n}}^{\frac{(k+1)\pi}{n}} F(x) |\sin nx| \, \mathrm{d}x. \quad (2)$$

显然对每个 $k = 1, 2, \cdots, n$, 在 $\left[\dfrac{k\pi}{n}, \dfrac{(k+1)\pi}{n}\right]$ 上, $|\sin nx| \geqslant 0$, $F(x)$ 可积, 则 $F(x)$ 在 $\left[\dfrac{k\pi}{n}, \dfrac{(k+1)\pi}{n}\right]$ 上必有上确界 M_k 与下确界 m_k, 由第一积分中值定理, $\exists C_k \in [m_k, M_k]$, 使得

$$\int_{\frac{k\pi}{n}}^{\frac{(k+1)\pi}{n}} F(x) |\sin nx| \, \mathrm{d}x = C_k \int_{\frac{k\pi}{n}}^{\frac{(k+1)\pi}{n}} |\sin nx| \, \mathrm{d}x. \quad (3)$$

$$\begin{array}{ccc} \displaystyle\int_{\frac{k\pi}{n}}^{\frac{(k+1)\pi}{n}} |\sin nx| \, \mathrm{d}x & & \dfrac{2}{n} \\ x = \dfrac{1}{n}(t+k\pi) || & & || \\ \dfrac{1}{n}\displaystyle\int_{k\pi}^{(k+1)\pi} |\sin t| \, \mathrm{d}t & = & \dfrac{1}{n}\displaystyle\int_0^{\pi} |\sin t| \, \mathrm{d}t \end{array}$$

从此 U 形等式串的两端即知

$$\int_{\frac{k\pi}{n}}^{\frac{(k+1)\pi}{n}} |\sin nx| \, \mathrm{d}x = \frac{2}{n}. \quad (4)$$

把 (4) 式代入 (3) 式, 得

$$\int_{\frac{k\pi}{n}}^{\frac{(k+1)\pi}{n}} F(x) |\sin nx| \, \mathrm{d}x = \frac{2C_k}{n}, \quad k = -mn, -mn+1, \cdots, 0, \cdots, mn-1.$$

将这一串值代入 (2) 式中, 即得

$$\int_{-m\pi}^{m\pi} F(x) |\sin nx| \, \mathrm{d}x = \sum_{k=-mn}^{mn-1} \frac{2C_k}{n} = \frac{2}{\pi} \sum_{k=-mn}^{mn-1} C_k \frac{\pi}{n}. \quad (5)$$

把 (5) 式代入 (1) 式, 得

$$\int_a^b f(x) |\sin nx| \, \mathrm{d}x = \frac{2}{\pi} \sum_{k=-mn}^{mn-1} C_k \frac{\pi}{n}.$$

由于 $\sum_{k=-mn}^{mn-1} C_k \dfrac{\pi}{n}$ 介于 $F(x)$ 在分法 L 下的上下达布和之间,故当 $n \to \infty$ 时,

$$\lim_{n\to\infty} \int_a^b f(x)|\sin nx|\,\mathrm{d}x \qquad \dfrac{2}{\pi}\int_a^b f(x)\,\mathrm{d}x$$
$$\|\qquad\qquad\qquad\qquad\|$$
$$\dfrac{2}{\pi}\cdot\lim_{n\to\infty}\sum_{k=-mn}^{mn-1} C_k \dfrac{\pi}{n} \;=\; \dfrac{2}{\pi}\int_{-m\pi}^{m\pi} F(x)\,\mathrm{d}x$$

从此 U 形等式串的两端即知

$$\lim_{n\to\infty}\int_a^b f(x)|\sin nx|\,\mathrm{d}x = \dfrac{2}{\pi}\int_a^b f(x)\,\mathrm{d}x.$$

例 37 设函数 $f(x)$ 以 T 为周期且 $\int_0^{+\infty} f(x)\mathrm{e}^{-\beta x}\mathrm{d}x$ 收敛 $(T>0,\beta>0)$. 求证:

$$\int_0^{+\infty} f(x)\mathrm{e}^{-\beta x}\mathrm{d}x = \dfrac{1}{1-\mathrm{e}^{-\beta T}}\int_0^T f(x)\mathrm{e}^{-\beta x}\mathrm{d}x.$$

证明 令 $t=x-kT$,则 $\mathrm{d}x=\mathrm{d}t$,且

$$x: kT \to (k+1)T, \quad t: 0 \to T.$$
$$f(x) = f(t+kT) = f(t),$$
$$\mathrm{e}^{-\beta x} = \mathrm{e}^{-\beta(t+kT)} = \mathrm{e}^{-\beta t}\mathrm{e}^{-\beta kT}.$$

因此,对 $\forall$ 自然数 n,

$$\int_0^{(n+1)T} f(x)\mathrm{e}^{-\beta x}\mathrm{d}x \qquad \int_0^T f(t)\mathrm{e}^{-\beta t}\mathrm{d}t \cdot \sum_{k=0}^n \left(\mathrm{e}^{-\beta T}\right)^k$$
$$\|\qquad\qquad\qquad\qquad\|$$
$$\sum_{k=0}^n \int_{kT}^{(k+1)T} f(x)\mathrm{e}^{-\beta x}\mathrm{d}x \;=\; \sum_{k=0}^n \int_0^T f(t)\mathrm{e}^{-\beta t}\mathrm{e}^{-\beta kT}\mathrm{d}t$$

从此 U 形等式串的两端即知

$$\int_0^{(n+1)T} f(x)\mathrm{e}^{-\beta x}\mathrm{d}x = \int_0^T f(t)\mathrm{e}^{-\beta t}\mathrm{d}t \cdot \sum_{k=0}^n \left(\mathrm{e}^{-\beta T}\right)^k,$$

两边令 $n \to \infty$, 即得

$$\int_0^\infty f(x) e^{-\beta x} dx = \frac{1}{1 - e^{-\beta T}} \int_0^T f(t) e^{-\beta t} dt.$$

例 38　设 f 在 $[0, +\infty)$ 上可导, 且 $\int_0^\infty f(x) dx$ 收敛. 求证: 存在 $\{x_n\}$, 满足 $\lim\limits_{n \to \infty} x_n = +\infty$, 且 $\lim\limits_{n \to \infty} f'(x_n) = 0$.

证明　令

$$u_n = \int_n^{n+1} f(x) dx, \quad n = 1, 2, \cdots.$$

由 $\int_0^\infty f(x) dx$ 收敛知,

$$\lim_{n \to \infty} u_n = 0.$$

又由积分第一中值定理知, $\exists \xi_n \in [n, n+1]$, 使

$$u_n = f(\xi_n).$$

再由微分中值定理知, $\exists x_n \in (\xi_n, \xi_{n+2})$, 使

$$\frac{f(\xi_{n+2}) - f(\xi_n)}{\xi_{n+2} - \xi_n} = f'(x_n).$$

易知 $\lim\limits_{n \to \infty} x_n = +\infty$, 且因为 $1 \leqslant |\xi_{n+2} - \xi_n| \leqslant 3$, 故有

$$\frac{1}{3} |f(\xi_{n+2}) - f(\xi_n)| \leqslant |f'(x_n)| \leqslant |f(\xi_{n+2}) - f(\xi_n)|,$$

即

$$\frac{1}{3} |u_{n+2} - u_n| \leqslant |f'(x_n)| \leqslant |u_{n+2} - u_n|.$$

由 $\lim\limits_{n \to \infty} u_n = 0$ 知 $\lim\limits_{n \to \infty} f'(x_n) = 0$.

例 39　设 f 在任意有限区间上可积, 且

$$\int_{-\infty}^{+\infty} f(x) dx = A < +\infty,$$

令 $F(u) = \int_{-u}^{u} f(t) \, \mathrm{d}t$, 求证:

$$\lim_{B \to +\infty} \frac{1}{B} \int_0^B F(u) \, \mathrm{d}u = A.$$

证明 分情况证明:

情况 1 当 $-\infty < A < +\infty$ 时. $\forall \varepsilon > 0$, $\exists U > 0$, 使得对 $\forall u \geqslant U$, 有

$$|F(u) - A| < \frac{\varepsilon}{2}. \tag{1}$$

因为 F 是可积函数的变限积分, 所以 $F \in C[0, U]$, 故 $\exists M > 0$, 使得 $\forall u \in [0, U]$, 有

$$|F(u)| \leqslant M.$$

由 $\lim_{B \to +\infty} \frac{U}{B}(M + |A|) = 0$ 知, $\exists \overline{B} > U$, 使得 $\forall B > \overline{B}$, 有

$$\frac{U}{B}(M + |A|) < \frac{\varepsilon}{2}. \tag{2}$$

因此对 $\forall B > \overline{B}$, 有

$$\left| \frac{1}{B} \int_0^B F(u) \, \mathrm{d}u - A \right| = \frac{1}{B} \int_0^B (F(u) - A) \, \mathrm{d}u$$
$$\leqslant \frac{1}{B} \int_0^U (|F(u)| + |A|) \, \mathrm{d}u + \frac{1}{B} \int_U^B |F(u) - A| \, \mathrm{d}u.$$

上式右端第一项,

$$\frac{1}{B} \int_0^U (|F(u)| + |A|) \, \mathrm{d}u \leqslant \frac{U}{B}(M + |A|) < \frac{\varepsilon}{2};$$

右端第二项, 由 (1) 式, 有

$$\frac{1}{B} \int_U^B |F(u) - A| \, \mathrm{d}u \leqslant \frac{1}{B}(B - U) \frac{\varepsilon}{2} < \frac{\varepsilon}{2}.$$

故有

$$\left| \frac{1}{B} \int_0^B F(u) \, \mathrm{d}u - A \right| < \frac{\varepsilon}{2} + \frac{\varepsilon}{2} = \varepsilon,$$

即得
$$\lim_{B \to +\infty} \frac{1}{B} \int_0^B F(u)\,\mathrm{d}u = A.$$

情况 2 当 $A = -\infty$ 时. $\forall M > 0$, 由 $\int_{-\infty}^{+\infty} f(x)\,\mathrm{d}x = -\infty$ 知, $\exists u_0 > 0$, 使得
$$F(u) < -M - 1. \tag{1}$$

取 $\overline{B} \geqslant 2u_0$, 且使 $\forall B > \overline{B}$, 有
$$\frac{1}{B} \int_0^{u_0} F(u)\,\mathrm{d}u < 1. \tag{2}$$

因此, $\forall B > \overline{B}$, 有
$$\frac{1}{B} \int_0^B F(u)\,\mathrm{d}u = \frac{1}{B} \int_0^{u_0} F(u)\,\mathrm{d}u + \frac{1}{B} \int_{u_0}^B F(u)\,\mathrm{d}u. \tag{3}$$

上式右端第一项, 根据 (2) 式, 有
$$\frac{1}{B} \int_0^{u_0} F(u)\,\mathrm{d}u < 1; \tag{4}$$

右端第二项, 根据积分中值定理, $\exists \xi \in [u_0, B]$, 使得
$$\frac{1}{B} \int_{u_0}^B F(u)\,\mathrm{d}u = \frac{B - u_0}{B} F(\xi) < F(\xi).$$

于是由 (1) 式知,
$$\frac{1}{B} \int_{u_0}^B F(u)\,\mathrm{d}u < -M - 1. \tag{5}$$

联合 (3), (4), (5) 式, 即知
$$\frac{1}{B} \int_0^B F(u)\,\mathrm{d}u < -M.$$

从而
$$\lim_{B \to +\infty} \frac{1}{B} \int_0^B F(u)\,\mathrm{d}u = -\infty.$$

例 40　求 $(x^2+y^2)^2 + z^4 = y$ 所围立体的体积.

解　设曲面 $(x^2+y^2)^2 + z^4 = y$ 所围立体为 Ω, 其体积为 V. 从方程可以看出, $\forall (x,y,z) \in \Omega, y \geqslant 0$.

当 $z=0$ 时,
$$(x^2+y^2)^2 = y, \quad \text{则} \quad x = \pm\left(\sqrt{y} - y^2\right)^{\frac{1}{2}}.$$

当 $x=0$ 时,
$$z = \pm(y - y^4)^{\frac{1}{4}}.$$

当 $y=0$ 时,
$$x = 0, \quad z = 0,$$

这意味着, 此时曲面在点 $(0,0,0)$ 与平面 $y=0$ 相切.

根据这些可以画出 Ω 的轮廓图, 见示意图 7.4. 立体 Ω 上下对称, 前后对称. 用 Ω_1 表示位于第一象限的部分, 则
$$\frac{1}{4} V = \iiint\limits_{\Omega_1} \mathrm{d}x\mathrm{d}y\mathrm{d}z.$$

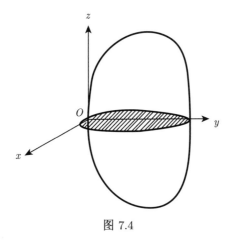

图 7.4

令
$$\begin{cases} x = \sqrt{\rho \sin\varphi} \cos\theta, & 0 \leqslant \theta \leqslant \dfrac{\pi}{2}, \\ y = \sqrt{\rho \sin\varphi} \sin\theta, & 0 \leqslant \varphi \leqslant \dfrac{\pi}{2}, \\ z = \sqrt{\rho \cos\varphi}, & 0 \leqslant \rho \leqslant \sqrt[3]{\sin\varphi \sin^2\theta}. \end{cases}$$

$$\frac{\partial(x,y,z)}{\partial(\rho,\varphi,\theta)} = \begin{vmatrix} \dfrac{1}{2\sqrt{\rho}}\sqrt{\sin\varphi}\cos\theta & \sqrt{\rho}\dfrac{\cos\varphi}{2\sqrt{\sin\varphi}}\cos\theta & -\sqrt{\rho\sin\varphi}\sin\theta \\ \dfrac{1}{2\sqrt{\rho}}\sqrt{\sin\varphi}\sin\theta & \sqrt{\rho}\dfrac{\cos\varphi}{2\sqrt{\sin\varphi}}\sin\theta & \sqrt{\rho\sin\varphi}\cos\theta \\ \dfrac{1}{2\sqrt{\rho}}\sqrt{\cos\varphi} & \sqrt{\rho}\dfrac{-\sin\varphi}{2\sqrt{\cos\varphi}} & 0 \end{vmatrix} = \dfrac{1}{4}\sqrt{\dfrac{\rho}{\cos\varphi}}$$

$$= \dfrac{1}{2\sqrt{\rho}}\dfrac{\sqrt{\rho}}{2}\sqrt{\rho\sin\varphi} \begin{vmatrix} \sqrt{\sin\varphi}\cos\theta & \dfrac{\cos\varphi}{\sqrt{\sin\varphi}}\cos\theta & -\sin\theta \\ \sqrt{\sin\varphi}\sin\theta & \dfrac{\cos\varphi}{\sqrt{\sin\varphi}}\sin\theta & \cos\theta \\ \sqrt{\cos\varphi} & \dfrac{-\sin\varphi}{\sqrt{\cos\varphi}} & 0 \end{vmatrix} = \dfrac{1}{4}\sqrt{\rho\sin\varphi} \times \dfrac{1}{\sqrt{\cos\varphi}\sqrt{\sin\varphi}}$$

$$\dfrac{\sqrt{\rho}}{4\sqrt{\cos\varphi}}$$

从此 U 形等式串的两端即知

$$\frac{\partial(x,y,z)}{\partial(\rho,\varphi,\theta)} = \frac{1}{4}\sqrt{\frac{\rho}{\cos\varphi}}.$$

故

$$V = 4 \cdot \frac{1}{4}\int_0^{\frac{\pi}{2}} \mathrm{d}\theta \int_0^{\frac{\pi}{2}} \frac{\mathrm{d}\varphi}{\sqrt{\cos\varphi}} \int_0^{\sqrt[3]{\sin\varphi\sin^2\theta}} \sqrt{\rho}\,\mathrm{d}\rho. \tag{1}$$

又因为

$$\int_0^{\sqrt[3]{\sin\varphi\sin^2\theta}} \sqrt{\rho}\,\mathrm{d}\rho = \frac{2}{3}\left(\sqrt[3]{\sin\varphi\sin^2\theta}\right)^{\frac{3}{2}} = \frac{2}{3}\sqrt{\sin\varphi}\sin\theta,$$

所以 (1) 式简化为

$$V = \frac{2}{3}\int_0^{\frac{\pi}{2}} \sqrt{\tan\varphi}\,\mathrm{d}\varphi.$$

令 $\tan\varphi = t^2$,即得

$$V = \frac{4}{3}\int_0^{+\infty} \frac{t^2}{1+t^4}\mathrm{d}t. \tag{2}$$

因为

$$\int \frac{t^2}{1+t^4}\mathrm{d}t \qquad\qquad \frac{1}{2\sqrt{2}}\arctan\frac{t^2-1}{\sqrt{2}t} + \frac{1}{4\sqrt{2}}\ln\left|\frac{t+\frac{1}{t}-\sqrt{2}}{t+\frac{1}{t}+\sqrt{2}}\right| + C$$

$$\|\qquad\qquad\qquad\qquad\qquad\qquad\qquad\|$$

$$\frac{1}{2}\int\frac{1+\frac{1}{t^2}}{t^2+\frac{1}{t^2}}\mathrm{d}t + \frac{1}{2}\int\frac{1-\frac{1}{t^2}}{t^2+\frac{1}{t^2}}\mathrm{d}t = \frac{1}{2}\int\frac{\mathrm{d}\left(t-\frac{1}{t}\right)}{\left(t-\frac{1}{t}\right)^2+2}\mathrm{d}t + \frac{1}{2}\int\frac{\mathrm{d}\left(t+\frac{1}{t}\right)}{\left(t+\frac{1}{t}\right)^2-2}\mathrm{d}t$$

从此 U 形等式串的两端即知

$$\int_0^{+\infty}\frac{t^2}{1+t^4}\mathrm{d}t = \frac{1}{2\sqrt{2}}\arctan\frac{t^2-1}{\sqrt{2}t} + \frac{1}{4\sqrt{2}}\ln\left|\frac{t+\frac{1}{t}-\sqrt{2}}{t+\frac{1}{t}+\sqrt{2}}\right| + C.$$

又

$$\lim_{t\to+\infty}\arctan\frac{t^2-1}{\sqrt{2}t} = \frac{1}{2}\pi,\quad \lim_{t\to 0^+}\arctan\frac{t^2-1}{\sqrt{2}t} = -\frac{1}{2}\pi,$$

$$\lim_{t\to+\infty}\ln\left|\frac{t+\frac{1}{t}-\sqrt{2}}{t+\frac{1}{t}+\sqrt{2}}\right| = 0,\quad \lim_{t\to 0^+}\ln\left|\frac{t+\frac{1}{t}-\sqrt{2}}{t+\frac{1}{t}+\sqrt{2}}\right| = 0.$$

所以

$$\int_0^{+\infty}\frac{t^2}{1+t^4}\mathrm{d}t = \frac{\pi}{2\sqrt{2}},$$

将上式代入 (2) 式, 即得 $V = \dfrac{\sqrt{2}}{3}\pi.$

例 41 设

$$\varphi(x) = -\frac{1}{2} + \cos x + \sum_{n=2}^{\infty}\frac{(-1)^n}{n^2-1}\cos nx,\quad x\in[-\pi,\pi],$$

令 $f(x) = \displaystyle\int_0^x \varphi(t)\,\mathrm{d}t.$ 求 $f(x),\, x\in[-\pi,\pi].$

解 因为

$$\varphi(x) = -\frac{1}{2} + \cos x + \sum_{n=2}^{\infty}\frac{(-1)^n}{n^2-1}\cos nx,\quad x\in[-\pi,\pi],$$

所以
$$f(x) = \int_0^x \varphi(t)\,dt = -\frac{1}{2}x + \sin x + \sum_{n=2}^\infty \frac{(-1)^n}{n(n^2-1)}\sin nx. \qquad (1)$$

将 $-\frac{1}{2}x$ 在 $[-\pi,\pi]$ 上展开成 Fourier 级数, 得到
$$-\frac{1}{2}x = \sum_{n=1}^\infty \frac{(-1)^n \sin nx}{n} = -\sin x + \sum_{n=2}^\infty \frac{(-1)^n \sin nx}{n},$$

所以
$$-\frac{1}{2}x + \sin x = \sum_{n=2}^\infty \frac{(-1)^n \sin nx}{n}.$$

将上式代入 (1) 式, 得到
$$f(x) = \sum_{n=2}^\infty \frac{(-1)^n}{n}\sin nx + \sum_{n=2}^\infty \frac{(-1)^n}{n(n^2-1)}\sin nx.$$

又因为
$$\frac{(-1)^n}{n} + \frac{(-1)^n}{n(n^2-1)} = (-1)^n \frac{n}{n^2-1},$$

所以
$$f(x) = \sum_{n=2}^\infty (-1)^n \frac{n}{n^2-1}\sin nx.$$

例 42 设 $f(x)$ 在 $[0,\pi]$ 上连续, 并且有平方可积的导函数 $f'(x)$, 如果下列情形: ① $\int_0^\pi f(x)\,dx = 0$; ② $f(0) = f(\pi) = 0$ 中有一个成立, 则
$$\int_0^\pi [f'(x)]^2\,dx \geqslant \int_0^\pi [f(x)]^2\,dx.$$

而且在情形 ① 时, 只当 $f(x) = A\cos x$ 时等号成立, 在情形 ② 时, 只当 $f(x) = B\sin x$ 时等号成立.

证明 ① 将 $f(x)$ 作偶开拓, 在 $[0,\pi]$ 上展开为余弦级数, 所设条件给出 $a_0 = 0$, 所以, 可假设
$$f(x) \sim \sum_{n=1}^\infty a_n \cos nx.$$

根据 $f(x)$ 的连续性, 及 $f(-\pi) = f(\pi)$, 我们有

$$f'(x) \sim -\sum_{n=1}^{\infty} n a_n \sin nx.$$

根据帕斯瓦尔 (Parseval) 等式有

$$\frac{2}{\pi} \int_0^{\pi} [f(x)]^2 \, dx = \sum_{n=1}^{\infty} a_n^2,$$

$$\frac{2}{\pi} \int_0^{\pi} [f'(x)]^2 \, dx = \sum_{n=1}^{\infty} n^2 a_n^2.$$

因此

$$\int_0^{\pi} [f'(x)]^2 \, dx \geqslant \int_0^{\pi} [f(x)]^2 \, dx,$$

且仅当 $a_k = 0 \ (k \geqslant 2)$ 时, 等号成立, 即仅当 $f(x) = a_1 \cos x$ 时, 等号成立.

② 将 $f(x)$ 作奇开拓, 并类似于情形 ① 得到结论.

例 43 设

$$f(x) = \sum_{n=0}^{\infty} a_n x^n, \quad \text{其中 } |x| < \infty, a_n > 0,$$

且 $\sum_{n=0}^{\infty} a_n n!$ 收敛. 求证:

$$\int_0^{+\infty} e^{-x} f(x) \, dx = \sum_{n=0}^{\infty} a_n n!.$$

证明 从指数函数 $e^x \ (-\infty < x < +\infty)$ 带有 Lagrange 余项的 Taylor 公式

$$e^x = 1 + x + \cdots + \frac{x^n}{n!} + \frac{e^{\theta x}}{(n+1)!} x^{n+1}$$

易知, 当 $x > 0$ 时, $e^x > \dfrac{x^n}{n!}$, 即 $x^n e^{-x} < n!$, 因此 $a_n x^n e^{-x} \leqslant a_n n!$. 这推出 $\displaystyle\sum_{n=0}^{\infty} a_n x^n e^{-x}$ 一致收敛. 于是对 $\forall A > 0$, 逐项积分 $\displaystyle\int_0^A$ 得

$$\int_0^A \sum_{n=0}^{\infty} a_n x^n e^{-x} dx = \sum_{n=0}^{\infty} a_n \int_0^A x^n e^{-x} dx. \tag{1}$$

又由

$$\int_0^A x^n e^{-x} dx \leqslant \int_0^{\infty} x^n e^{-x} dx = n!,$$

推出 (1) 式右端级数对 $\forall A > 0$ 一致收敛, 因此 (1) 式两边可令 $A \to \infty$, 这得出

$$\int_0^{+\infty} \sum_{n=0}^{\infty} a_n x^n e^{-x} dx = \sum_{n=0}^{\infty} a_n \int_0^{+\infty} x^n e^{-x} dx,$$

即

$$\int_0^{+\infty} e^{-x} f(x) dx = \sum_{n=0}^{\infty} a_n n!.$$

例 44 过抛物线 $y = x^2$ 上的一点 (a, a^2) 作切线, 确定 a 的取值, 使得该切线与另一抛物线 $y = -x^2 + 4x - 1$ 所围成的面积最小, 并求最小面积的值.

解 抛物线 $y = x^2$ 在点 (a, a^2) 处的切线为

$$y - a^2 = 2a(x - a), \quad 即 \quad y = 2ax - a^2.$$

该切线与另一条抛物线 $y = -x^2 + 4x - 1$ 的交点 (ξ, η) 满足

$$2a\xi - a^2 = -\xi^2 + 4\xi - 1,$$

解得

$$\xi = 2 - a \pm \sqrt{2a^2 - 4a + 3}.$$

于是

$$S(a) = \int_{2-a-\sqrt{2a^2-4a+3}}^{2-a+\sqrt{2a^2-4a+3}} \left[(-x^2 + 4x - 1) - (2ax - a^2)\right] dx.$$

$$-\int_{2-a-\sqrt{2a^2-4a+3}}^{2-a+\sqrt{2a^2-4a+3}} 2(x-a)\,\mathrm{d}x = -(x-a)^2\Big|_{2-a-\sqrt{2a^2-4a+3}}^{2-a+\sqrt{2a^2-4a+3}}$$

其中上端为 $S'(a)$，下端为 $8(a-1)\sqrt{2a^2-4a+3}$.

从此 U 形等式串的两端即知

$$S'(a) = 8(a-1)\sqrt{2a^2-4a+3} \begin{cases} <0, & a<1, \\ =0, & a=1, \\ >0, & a>1. \end{cases}$$

于是当 $a = 1$ 时,

$$\min_a S(a) = S(1) = \int_0^2 (2x-x^2)\,\mathrm{d}x = \frac{4}{3}$$

从此 U 形等式串的两端即知

$$\min_a S(a) = \frac{4}{3}.$$

例 45 设 n 是一个正整数. 求证: 方程 $x^n + nx - 1 = 0$ 有唯一的正实根 x_n, 并且当 $\alpha > 1$ 时, 级数 $\sum_{n=1}^{\infty} x_n^\alpha$ 收敛.

证明 设 $f(x) = x^n + nx - 1, x \in \mathbb{R}$. 显然 $f(x)$ 为 $\mathbb{R}$ 上的连续函数, 且

$$f(0) = -1 < 0, \quad f\left(\frac{1}{n}\right) = \left(\frac{1}{n}\right)^n > 0.$$

由连续函数的介值定理, $\exists \alpha_n \in \left(0, \frac{1}{n}\right)$, 使得

$$f(\alpha_n) = 0.$$

进一步, 记

$$g(x) = x^n, \quad h(x) = 1 - nx,$$

则有 $g(x)$ 在 $(0,+\infty)$ 上严格单调增加, $h(x)$ 在 $(0,+\infty)$ 上严格单调减少, 且有 $g(\alpha_n) = h(\alpha_n)$, 所以

$$f(x) = g(x) - h(x) \begin{cases} < 0, & x \in (0, \alpha_n), \\ = 0, & x = \alpha_n, \\ > 0, & x \in (\alpha_n, +\infty). \end{cases}$$

故 $f(x) = 0$ 只有一个正实根

$$\alpha_n = x_n, \quad x_n \in \left(0, \frac{1}{n}\right).$$

因为当 $\beta > 1$ 时, $\sum\limits_{n=1}^{\infty} \dfrac{1}{n^\beta}$ 收敛, 根据比较判别法, $\sum\limits_{n=1}^{\infty} x_n^\alpha$ 收敛.

例 46 设 $f(x,y)$ 在 $D = \{(x,y) \mid x^2 + y^2 \leqslant 1\}$ 上二阶连续可微, 且 $\dfrac{\partial^2 f}{\partial x^2} + \dfrac{\partial^2 f}{\partial y^2} = x^2 y^2$. 求:

$$\iint\limits_{D} \left(\frac{x}{\sqrt{x^2+y^2}} \frac{\partial f}{\partial x} + \frac{y}{\sqrt{x^2+y^2}} \frac{\partial f}{\partial y} \right) \mathrm{d}x\mathrm{d}y.$$

解 设 $P(x,y), Q(x,y)$ 在有界闭域 D 上有连续一阶偏导数, D 的边界 L 是逐段光滑曲线, 则有格林公式

$$\oint\limits_{L^+} P\mathrm{d}x + Q\mathrm{d}y = \iint\limits_{D} \left(\frac{\partial Q}{\partial x} - \frac{\partial P}{\partial y} \right) \mathrm{d}x\mathrm{d}y.$$

当 (P,Q) 替换为 $(-HQ, HP)$ 时, 得到

$$\oint\limits_{L^+} H(x,y)(P\mathrm{d}y - Q\mathrm{d}x) \qquad \iint\limits_{D} [(H_x P + H_y Q) + (P_x + Q_y)H] \mathrm{d}x\mathrm{d}y$$

$$\| \qquad \qquad \|$$

$$\iint\limits_{D} \left(\frac{\partial(HP)}{\partial x} + \frac{\partial(HQ)}{\partial y} \right) \mathrm{d}x\mathrm{d}y = \iint\limits_{D} [(H_x P + HP_x) + (H_y Q + HQ_y)] \mathrm{d}x\mathrm{d}y$$

从此 U 形等式串的两端即知

$$\oint\limits_{L^+} H(x,y)(P\mathrm{d}y - Q\mathrm{d}x) = \iint\limits_{D} [(H_x P + H_y Q) + (P_x + Q_y)H] \mathrm{d}x\mathrm{d}y,$$

移项即得

$$\iint\limits_{D}(H_xP+H_yQ)\mathrm{d}x\mathrm{d}y=\oint\limits_{L^+}H(x,y)(P\mathrm{d}y-Q\mathrm{d}x)$$
$$-\iint\limits_{D}(P_x+Q_y)H\mathrm{d}x\mathrm{d}y. \quad (1)$$

令

$$H(x,y)=\sqrt{x^2+y^2},\quad P(x,y)=f_x(x,y),\quad Q(x,y)=f_y(x,y).$$

注意到, 由题设,

$$P_x+Q_y=f_{xx}(x,y)+f_{yy}(x,y)=x^2y^2.$$

在 L 上, $x^2+y^2=1$. 由 (1) 式, 得

$$\iint\limits_{D}\left(\frac{x}{\sqrt{x^2+y^2}}\frac{\partial f}{\partial x}+\frac{y}{\sqrt{x^2+y^2}}\frac{\partial f}{\partial y}\right)\mathrm{d}x\mathrm{d}y$$
$$=\oint\limits_{L^+}\sqrt{x^2+y^2}(f_x\mathrm{d}y-f_y\mathrm{d}x)-\iint\limits_{D}x^2y^2\sqrt{x^2+y^2}\mathrm{d}x\mathrm{d}y$$
$$=\oint\limits_{L^+}(f_x\mathrm{d}y-f_y\mathrm{d}x)-\iint\limits_{D}x^2y^2\sqrt{x^2+y^2}\mathrm{d}x\mathrm{d}y. \quad (2)$$

接着对 (2) 式中的第一项, 应用格林公式, 得

$$\oint\limits_{L^+}(f_x\mathrm{d}y-f_y\mathrm{d}x)=\iint\limits_{D}(f_{xx}+f_{yy})\mathrm{d}x\mathrm{d}y=\iint\limits_{D}x^2y^2\mathrm{d}x\mathrm{d}y.$$

再将上式代入 (2) 式, 即得

$$\iint\limits_{D}\left(\frac{x}{\sqrt{x^2+y^2}}\frac{\partial f}{\partial x}+\frac{y}{\sqrt{x^2+y^2}}\frac{\partial f}{\partial y}\right)\mathrm{d}x\mathrm{d}y$$
$$=\iint\limits_{D}x^2y^2\mathrm{d}x\mathrm{d}y-\iint\limits_{D}x^2y^2\sqrt{x^2+y^2}\mathrm{d}x\mathrm{d}y$$

$$= \iint_D x^2 y^2 \left(1 - \sqrt{x^2 + y^2}\right) \mathrm{d}x\mathrm{d}y$$
$$= \int_0^{2\pi} \sin^2\theta \cos^2\theta \mathrm{d}\theta \int_0^1 r^5 (1 - r)\, \mathrm{d}r$$
$$= \frac{1}{4}\pi \cdot \frac{1}{42} = \frac{\pi}{168}.$$

例 47 设 $f(x,y)$ 为 $\mathbb{R}^2$ 上的可微函数, 满足

$$\lim_{r \to +\infty} \left(xf'_x + yf'_y\right) = a > 0, \quad r = \sqrt{x^2 + y^2}. \tag{1}$$

求证: $f(x,y)$ 在 $\mathbb{R}^2$ 上存在最小值.

证明 由条件 (1) 式, 依据极限保号性, $\exists r_0 > 0$, 当 $r > r_0$ 时,

$$xf'_x + yf'_y > 0.$$

因 f 可微, 故当 $r > r_0$ 时, f 沿 r 方向的方向导数

$$f'_r = (f'_x, f'_y) \cdot \frac{1}{r}\overrightarrow{r} = \frac{1}{r}\left(xf'_x + yf'_y\right) > 0. \tag{2}$$

这说明: 当 $r > r_0$ 时, $f(x,y)$ 的值沿 $\overrightarrow{r}$ 方向是递增的. 见示意图 7.5, $\forall P(x,y)$, 则

$$\overrightarrow{r} = \overrightarrow{OP},$$

且 $|\overrightarrow{r}| = |OP| > r_0$, OP 与圆 $x^2 + y^2 = r_0^2$ 交于点 $P_0(x_0, y_0)$. 由 (2) 式, 必有

$$f(x,y) > f(x_0, y_0).$$

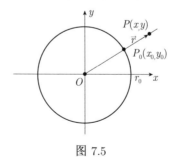

图 7.5

这表示: $f(x,y)$ 在有界闭域 $x^2+y^2 \leqslant r_0^2$ 上所存在的最小值, 也就是它在 $\mathbb{R}^2$ 上的最小值.

例 48 求证: $\int_0^{\frac{\pi}{4}} \tan^\alpha x \mathrm{d}x \geqslant \dfrac{\pi}{4+2\alpha\pi}$, 其中 $\alpha > 0$.

证明 注意到当 $0 < 2x < \dfrac{\pi}{2}$ 时, $\sin 2x > \dfrac{4x}{\pi}$, 我们有

$$\left(1+\frac{\pi\alpha}{2}\right)\int_0^{\frac{\pi}{4}}\tan^\alpha x\mathrm{d}x \qquad\qquad \frac{\pi}{4}$$
$$\parallel \qquad\qquad\qquad\qquad\qquad\qquad\qquad \parallel$$
$$\int_0^{\frac{\pi}{4}}\tan^\alpha x\mathrm{d}x + \int_0^{\frac{\pi}{4}}\alpha\tan^{\alpha-1}x\cdot\frac{1}{\cos x}\left(\frac{\frac{\pi}{2}\sin 2x}{2\cos x}\right)\mathrm{d}x \qquad x\tan^\alpha x\Big|_{x=0}^{x=\frac{\pi}{4}}$$
$$\vee\!\!\vert \qquad\qquad\qquad\qquad\qquad\qquad\qquad \parallel$$
$$\int_0^{\frac{\pi}{4}}\tan^\alpha x\mathrm{d}x + \int_0^{\frac{\pi}{4}}\alpha\tan^{\alpha-1}x\cdot\frac{1}{\cos x}\left(\frac{2x}{2\cos x}\right)\mathrm{d}x \;=\; \int_0^{\frac{\pi}{4}}(\tan^\alpha x$$
$$+\alpha x\tan^{\alpha-1}x\sec^2 x)\mathrm{d}x$$

从此 U 形等式-不等式串的两端即知

$$\left(1+\frac{\pi\alpha}{2}\right)\int_0^{\frac{\pi}{4}}\tan^\alpha x\mathrm{d}x \geqslant \frac{\pi}{4}.$$

因此

$$\int_0^{\frac{\pi}{4}}\tan^\alpha x\mathrm{d}x \geqslant \frac{\frac{\pi}{4}}{1+\frac{\pi\alpha}{2}} = \frac{\pi}{4+2\alpha\pi}.$$

例 49 设 $\{a_n\}$ 定义为

$$a_1 = 1, \quad a_{n+1} = \frac{1}{a_1+a_2+\cdots+a_n} - \sqrt{2}, \quad n \geqslant 1.$$

求 $\sum\limits_{n=1}^{\infty} a_n$.

解 设 $S_n = a_1 + a_2 + \cdots + a_n$, 则

$$S_{n+1} = S_n + a_{n+1} = S_n + \frac{1}{S_n} - \sqrt{2}.$$

考虑函数

$$f(x) = x + \frac{1}{x} - \sqrt{2}, \quad x > 0.$$

若 $\lim\limits_{n\to\infty} S_n = S$, 则 $f(S) = S$, 即

$$S + \frac{1}{S} - \sqrt{2} = S,$$

其唯一解是 $\frac{1}{\sqrt{2}}$. 换句话说, 只要 S_n 有极限, 其极限必是 $\frac{1}{\sqrt{2}}$. 因为

$$\frac{\mathrm{d}}{\mathrm{d}x}\left(f(f(x)) - x\right) = -\frac{2}{x^2} \frac{x^2+1}{(x^2-\sqrt{2}x+1)^2} \left(x - \frac{1}{2}\sqrt{2}\right)^2 < 0,$$

所以 $f(f(x)) - x$ 在 $\left(\frac{1}{\sqrt{2}}, 1\right)$ 单调下降, 从而

$$f(f(x)) - x < f\left(f\left(\frac{1}{\sqrt{2}}\right)\right) - \frac{1}{\sqrt{2}} = 0, \quad x \in \left(\frac{1}{\sqrt{2}}, 1\right). \tag{1}$$

又

$$f'(x) = 1 - \frac{1}{x^2} < 0, \quad x \in (0,1),$$

所以 $f(x)$ 在 $(0,1)$ 内单调下降, 故有对 $\forall x \in \left(\frac{1}{\sqrt{2}}, 1\right)$, 有

$$f(x) < f\left(\frac{1}{\sqrt{2}}\right),$$

$$f(f(x)) > f\left(f\left(\frac{1}{\sqrt{2}}\right)\right) = \frac{1}{\sqrt{2}}, \quad x \in \left(\frac{1}{\sqrt{2}}, 1\right). \tag{2}$$

联合 (1), (2) 两式, 即得

$$\frac{1}{\sqrt{2}} < f(f(x)) < x, \quad x \in \left(\frac{1}{\sqrt{2}}, 1\right). \tag{3}$$

(3) 式的第一个不等式, 代入 $x = S_{2n-1}$, 即有

$$\begin{array}{cc} S_{2n+1} & S_{2n-1} \\ \parallel & \vee \\ f(S_{2n}) = f(f(S_{2n-1})) \end{array}$$

从此 U 形等式-不等式串的两端即知
$$S_{2n+1} < S_{2n-1},$$
即 $\{S_{2n-1}\}$ 是单调下降序列.

(3) 式的第二个不等式, 代入 $x = S_{2n-1}$, 即知 $\{S_{2n-1}\}$ 有下界. 因此 $\{S_{2n-1}\}$ 收敛, 且 $\lim\limits_{n\to\infty} S_{2n-1} = \dfrac{1}{\sqrt{2}}$. 进一步,

$$\begin{array}{ccc} \lim\limits_{n\to\infty} S_{2n} & & \dfrac{1}{\sqrt{2}} \\ \| & & \| \\ \lim\limits_{n\to\infty} f(S_{2n-1}) & = & f\left(\dfrac{1}{\sqrt{2}}\right) \end{array}$$

从此 U 形等式串的两端即知
$$\lim_{n\to\infty} S_{2n} = \dfrac{1}{\sqrt{2}}.$$

故
$$\sum_{n=1}^{\infty} a_n = \lim_{n\to\infty} S_n = \dfrac{1}{\sqrt{2}}.$$

例 50 设
$$f_n(x) = \sum_{k=0}^{n-1} \dfrac{1}{n} f\left(x + \dfrac{k}{n}\right), \quad 其中\ f(x) = \int_0^{+\infty} \dfrac{t^2}{1+t^x} \mathrm{d}t.$$

求证: $f_n(x)$ 在 $[4, A]$ $(A \geqslant 4)$ 上一致收敛.

证明 首先可以证明 $f(x)$ 在 $[4, A]$ 上连续, 这是因为当 $t \geqslant 1, x \geqslant 4$ 时,
$$\dfrac{t^2}{1+t^x} \leqslant \dfrac{t^2}{1+t^4}.$$

而 $\int_0^{+\infty} \dfrac{t^2}{1+t^4} \mathrm{d}t$ 收敛. 因此, $\int_0^{+\infty} \dfrac{t^2}{1+t^x} \mathrm{d}t$ 在 $[4, +\infty)$ 上一致收敛, 又对有限实数 A $(A \geqslant 4)$, $\dfrac{t^2}{1+t^x}$ 在 $[4, A+1]$ 上为 x 的连续函数, 所以 $f(x)$ 在 $[4, A+1]$ 上连续.

再证 $f_n(x)$ 在 $[4, A]$ 上一致收敛,为此令

$$F(x) = \int_x^{x+1} f(t)\,dt = \sum_{k=1}^{n-1} \int_{x+\frac{k}{n}}^{x+\frac{k+1}{n}} f(t)\,dt = \sum_{k=0}^{n-1} \frac{1}{n} f\left(x + \frac{k}{n} + \frac{\theta_k}{n}\right),$$

其中 $0 < \theta_k < 1, k = 0, 1, \cdots, n-1$. 由于 $f(x)$ 在 $[4, A+1]$ 上连续,从而一致连续,即对任给 $\varepsilon > 0, \exists \delta > 0$,对任意的 $x', x'' \in [4, A]$,当 $|x' - x''| < \delta$ 时,有

$$|f(x') - f(x'')| < \varepsilon.$$

现取 $N \in \left[\dfrac{1}{\delta}, H\right]$ (H 为定数),则当 $n > N, x \in [4, A]$ 时,就有

$$\left|\left(x + \frac{k}{n} + \frac{\theta_k}{n}\right) - \left(x + \frac{k}{n}\right)\right| < \frac{1}{n} < \frac{1}{N} < \delta,$$

并且

$$x + \frac{k}{n} \in [4, A+1], \quad x + \frac{k}{n} + \frac{\theta_k}{n} \in [4, A+1],$$

则

$$|F(x) - f_n(x)| < \varepsilon.$$

所以 $f_n(x)\,(n = 1, 2, \cdots)$ 在 $[4, A]$ 上一致收敛于 $F(x)$.

例 51 设 $f(x)$ 在开区间 $(-a, a)$ 上无限次可微,并设 $\{f^{(n)}(x)\}$ 在 $(-a, a)$ 上一致收敛,且 $\lim\limits_{n\to\infty} f^{(n)}(0) = 1$. 求 $\lim\limits_{n\to\infty} f^{(n)}(x)$.

解 由于导函数序列 $\{f^{(n)}(x)\}$ 在 $(-a, a)$ 上一致收敛,设其极限函数为 $g(x)$,则由于

$$\left[f^{(n)}(x)\right]' = f^{(n+1)}(x),$$

故导函数序列 $\{[f^{(n)}(x)]'\}$ 在 $(-a, a)$ 上一致收敛,从而由函数序列的逐项微分定理知

$$\lim_{n\to\infty} f^{(n+1)}(x) = \lim_{n\to\infty} \left[f^{(n)}(x)\right]' = g'(x),$$

但

$$\lim_{n\to\infty} f^{(n+1)}(x) = \lim_{n\to\infty} f^{(n)}(x) = g(x).$$

故 $g'(x) = g(x)$. 又由

$$g(0) = \lim_{n \to \infty} f^{(n)}(0) = 1.$$

于是由

$$\begin{cases} g'(x) = g(x), \\ g(0) = 1 \end{cases} \Rightarrow g(x) = e^x.$$

故

$$\lim_{n \to \infty} f^{(n)}(x) = e^x.$$

例 52 设 $f(x)$ 为 $[1,2]$ 上的连续正值函数, 令

$$k_n = \int_1^2 x^n f(x) \, dx, \quad n = 1, 2, \cdots.$$

求证: 幂级数 $\sum_{n=1}^{\infty} \dfrac{t^n}{k_n}$ 的收敛半径 r 满足 $1 \leqslant r \leqslant 2$.

证明 由幂级数性质知

$$r = \frac{1}{\varlimsup\limits_{n \to \infty} \sqrt[n]{\left|\dfrac{1}{k_n}\right|}}.$$

因为 $f(x)$ 正值, x^n 连续, 所以由积分第一中值定理

$$k_n = \int_1^2 x^n f(x) \, dx = \xi_n^n \int_1^2 f(x) \, dx,$$

其中 $1 \leqslant \xi_n \leqslant 2$, 随 n 而定. 于是

$$\sqrt[n]{|k_n|} = |\xi_n| \sqrt[n]{\int_1^2 f(x) \, dx}.$$

又因为 $\int_1^2 f(x) \, dx$ 为定数, 所以

$$\lim_{n \to \infty} \sqrt[n]{\int_1^2 f(x) \, dx} = 1.$$

从而
$$\varlimsup_{n\to\infty} \sqrt[n]{|k_n|} \leqslant 2, \quad \varliminf_{n\to\infty} \sqrt[n]{|k_n|} \geqslant 1,$$
即 $1 \leqslant r \leqslant 2$.

例 53 设 $a_1 = 0, a_{n+1} = \left(\dfrac{1}{4}\right)^{a_n}, n \geqslant 1$. 求证: $\lim\limits_{n\to\infty} a_n = \dfrac{1}{2}$.

证明 令 $f(x) = \left(\dfrac{1}{4}\right)^x$ 和 $F(x) = f(f(x)) - x$. 首先, 我们证明 $F'(x) < 0, x > 0$. 事实上,
$$f(f(x)) = \left(\frac{1}{4}\right)^{\left(\frac{1}{4}\right)^x},$$
$$F'(x) = \left(\frac{1}{4}\right)^{\left(\frac{1}{4}\right)^x + x} \ln^2 4 - 1.$$
因此, $F'(x) < 0$ 当且仅当
$$\left(\frac{1}{4}\right)^{\left(\frac{1}{4}\right)^x + x} < \frac{1}{\ln^2 4}. \tag{1}$$
记不等式 (1) 左端函数的对数为
$$g(x) = -\left(\left(\frac{1}{4}\right)^x + x\right) \ln 4,$$
则
$$g'(x) = \frac{1}{x + \left(\frac{1}{4}\right)^x} \left(\left(\frac{1}{4}\right)^x \ln 4 - 1\right) \begin{cases} > 0, & x > \dfrac{\ln \ln 4}{\ln 4}, \\ = 0, & x = \dfrac{\ln \ln 4}{\ln 4}, \\ < 0, & x < \dfrac{\ln \ln 4}{\ln 4}. \end{cases}$$
由此可见, $x = \dfrac{\ln \ln 4}{\ln 4}$ 是 $g(x)$ 的唯一极值点并且是极大点, 从而 $g\left(\dfrac{\ln \ln 4}{\ln 4}\right)$ 是最大值. 因为一个函数与其取了对数的函数达到最大值的点是一样的, 所以函数 $\left(\dfrac{1}{4}\right)^{\left(\frac{1}{4}\right)^x + x}$ 也在 $x = \dfrac{\ln \ln 4}{\ln 4}$ 处达到最大值, 这时
$$\left(\frac{1}{4}\right)^x = \frac{1}{\ln 4}.$$

$$\max\left(\frac{1}{4}\right)^{\left(\frac{1}{4}\right)^x+x} \qquad \frac{1}{\operatorname{e}\ln 4}$$
$$\|\qquad\qquad\qquad\|$$
$$\operatorname{e}^{g\left(\frac{\ln\ln 4}{\ln 4}\right)} \quad = \quad \operatorname{e}^{-(1+\ln\ln 4)}$$
$$\|\qquad\qquad\qquad\|$$
$$\left(\frac{1}{4}\right)^{\frac{1}{\ln 4}+\frac{\ln\ln 4}{\ln 4}} \quad = \quad \left(\operatorname{e}^{-\ln 4}\right)^{\frac{1}{\ln 4}+\frac{\ln\ln 4}{\ln 4}}$$

从此 U 形等式串的两端即知

$$\max\left(\frac{1}{4}\right)^{\left(\frac{1}{4}\right)^x+x} = \frac{1}{\operatorname{e}\ln 4}.$$

见示意图 7.6. 因为 $\ln 2 < 1$, 所以

$$2\ln 2 < 2 < \operatorname{e}, \quad 则\quad \frac{1}{\operatorname{e}\ln 4} < \frac{1}{\ln^2 4}.$$

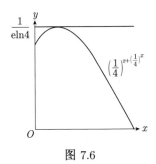

图 7.6

由 (1) 式, $F'(x) < 0$. 进一步, $F\left(\dfrac{1}{2}\right) = 0$, 因此

$$\begin{cases} F(x) > 0, & 0 < x < \dfrac{1}{2}, \\ F(x) = 0, & x = \dfrac{1}{2}, \\ F(x) < 0, & x > \dfrac{1}{2}. \end{cases}$$

因此
$$f(f(x)) < x, \quad x > \frac{1}{2}.$$
因为 $a_2 = 1 > \frac{1}{2}$, 所以
$$a_4 = f(f(a_2)) < a_2, \quad \cdots,$$
推得 $\{a_{2n}\}$ 是严格单调下降序列, 且 $a_{2n} > \frac{1}{2}$, 又因为
$$a_3 = \left(\frac{1}{4}\right)^{a_2} = \frac{1}{4} < \frac{1}{2}, \quad f(f(x)) > x, \quad x < \frac{1}{2}.$$
所以
$$a_5 = f(f(a_3)) > a_3, \quad a_{2n+1} = f(f(a_{2n-1})).$$
推得 $\{a_{2n-1}\}$ 是严格单调上升序列, 且 $a_{2n-1} < \frac{1}{2}$. 于是设
$$\lim_{n\to\infty} a_{2n} = \xi, \quad \lim_{n\to\infty} a_{2n-1} = \eta,$$
因为 $a_{n+1} = \left(\frac{1}{4}\right)^{a_n}$, 所以只要 $\{a_{n_k}\}$ 收敛, 其极限 x 必是方程 $x = \left(\frac{1}{4}\right)^x$ 的根. 因为方程左边是严格上升的, 右边是严格下降的, 只有唯一根 $x = \frac{1}{2}$. 见示意图 7.7. 所以
$$\lim_{n\to\infty} a_n = \frac{1}{2}.$$

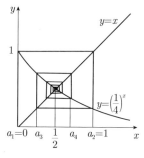

图 7.7